W0389038

Aline Nippert

HYDROGÈNE MANIA

Enquête sur le totem de la croissance verte

Ce livre a été publié avec le soutien de la région Bretagne.

© 2024, le passager clandestin

www.lepassagerclandestin.fr

Création et réalisation de la couverture : Quentin Poilvet

Création de la maquette intérieure : Quentin Poilvet

Préparation de copie : Vincent Langlois

Corrections : Vladimir Sichler

À ma famille nucléaire adorée
(sans mauvais jeu de mots)

J'suis un enfant
De la pollution
Le nez au vent
Je respire à fond
Moi le smog
C'est ma drogue
Je n'peux plus m'en passer
La nature
Et l'air pur
Ça m'fait plutôt tousser

« Un enfant de la pollution »,
Starmania, 1978

INTRODUCTION

« En sociologie, toute proposition qui contredit les idées reçues est exposée au soupçon de parti pris idéologique, de prise de parti politique. Elle heurte des intérêts sociaux : les intérêts des dominants qui ont partie liée avec le silence, avec le “bon sens” (qui dit que ce qui est doit être, ou ne peut pas être autrement) ; les intérêts des porte-parole, des haut-parleurs, qui ont besoin d'idées simples, simplistes, de slogans. »

Pierre Bourdieu, *Questions de sociologie*, Minuit, 2002 [1981], p. 24.

« *Hydrogen rocks, and today, it's a rock-star ready to go*[1] *!* »

Discours de Frans Timmermans, alors vice-président exécutif de la Commission européenne, lors du Sommet mondial de l'hydrogène, à Rotterdam, le 10 mai 2022.

Dans le hall 11 du parc des expositions de Bruxelles, les stands des exposants se suivent et se ressemblent : un périmètre rectangulaire, plus ou moins spacieux en fonction de la somme déboursée par l'entreprise, est équipé d'une ou deux tables pour échanger avec la clientèle potentielle, et orné de pancartes clamant les bienfaits écologiques des activités de la firme. Nous sommes fin novembre 2023, et je sillonne les allées du plus grand salon industriel consacré au business de l'hydrogène en

1 « L'hydrogène déchire, et c'est aujourd'hui une rock star prête à se lancer ! »

Europe. Des mocassins en cuir et escarpins à talon trop pressés trottent par petits groupes sur la moquette bleu turquoise. Derrière une cloison recouverte de plantes vertes, je découvre enfin le stand star de l'événement, doté de son propre espace d'accueil, et idéalement situé en plein milieu de la salle d'exposition. Au bord de l'immense pavillon, dont le revêtement au sol luit de blancheur, des lettres géantes de couleur bleu-vert forment les mots « H2 Europe », le nom du lobby européen de la filière hydrogène[1]. H2 Europe, plus connu sous le nom d'*Hydrogen Europe**[2], coorganise la foire dédiée à l'industrie de l'hydrogène avec la Commission européenne. Oui, oui, vous avez bien lu : l'association chargée de défendre les intérêts de la filière européenne de l'hydrogène auprès de responsables politiques – Hydrogen Europe –, main dans la main avec l'organe qui élabore et met en œuvre les lois européennes – la Commission européenne –, l'une des institutions les plus puissantes de l'Union européenne. Bienvenue en « hydrocratie »

La gouvernance de l'Union européenne, a fortiori celle de la Commission, repose moins sur une légitimité électorale que sur des compétences techniques et diplomatiques, ce qui lui vaut le sobriquet, pas toujours très flatteur, de « technocratie[3] ». Dans

---

1 Hydrogen Europe rassemble quelque 525 multinationales, grandes entreprises, PME et startups de l'ensemble de la filière européenne hydrogène. Voir : « Membership Brochure », hydrogeneurope.eu, consulté le 10 janvier 2024.
2 Les mots et noms propres suivis d'un astérisque sont définis et contextualisés dans le glossaire, en fin d'ouvrage (p. 271-310); seule la première occurrence est signalée.
3 Didier Georgakakis, « Gouvernance européenne et technocratie », academia.edu.

le cas des politiques dites «climatiques», parmi lesquelles les réglementations et les mécanismes de soutien au développement d'un marché de l'hydrogène bas-carbone, les expert·es et diplomates de l'administration européenne coconstruisent la législation avec le monde des affaires, et ce n'est un secret pour personne. La présidente de la Commission, Ursula von der Leyen, revendique d'ailleurs cette conception néolibérale de l'action publique dans la vidéo d'ouverture du salon hydrogène auquel j'ai participé : «La coopération avec le secteur privé a toujours été la logique même du Green Deal européen. Nous offrons des règles claires et des incitations de manière que vous, inventeurs et investisseurs, puissiez engager la transition écologique. Avec vous, le monde de l'industrie, qui êtes aux commandes[1].» Les magnats de l'hydrogène ont donc façonné l'hydrogène mania ; cette idée folle, qui confine désormais à l'obsession, selon laquelle le gaz hydrogène pourrait *se substituer* aux énergies fossiles, et nous dispenserait de changer nos styles de vie. Doté d'une fonction symbolique similaire à l'animal totem, chargé de protéger un clan, le totem hydrogène défend les modes d'existence occidentaux et se dresse contre toutes les réflexions qui pourraient remettre en question leur viabilité.

Dans les pages qui suivent, je vous propose une plongée dans le «monde de l'industrie», une immersion avec ces personnes non élues, indépendantes de l'influence directe ou indirecte de la souveraineté populaire et que la Commission européenne décide pourtant de mettre «aux commandes». Vous ferez connaissance

1 Ursula von der Leyen lors du salon européen de l'hydrogène, à Bruxelles, le 20 novembre 2023.

avec le dandy de la politique Jorgo Chatzimarkakis, président d'Hydrogen Europe, et avec Philippe Boucly, vieil ingénieur indocile qui met à profit toute son expérience dans l'industrie du *gaz fossile** pour présider *France Hydrogène**, le lobby national du secteur. Vous découvrirez Thierry Lepercq, un serial entrepreneur aux projets mégalos et serial auteur d'apologies du capitalisme industriel[1], ainsi que Matthieu Guesné, qui se sert de son rôle de père, inquiet pour la planète qu'il laissera à ses enfants, pour légitimer son parcours entrepreneurial. Je vous emmènerai au cœur des usines de fabrication de l'hydrogène dans l'optique de donner à voir les enjeux énergétiques dans toute leur matérialité, point qui me tient particulièrement à cœur. Nous participerons aussi aux salons professionnels de la filière, aux échelons national et européen, de grandes messes où se retrouvent capitaines d'industrie, ingénieur·es, scientifiques, investisseur·ses, responsables politiques et toutes les personnes animées par le rêve de faire émerger une « civilisation hydrogène ».

Grâce à ce voyage en terre hydrocratique, vous comprendrez les espoirs – sans doute sincères – et l'enthousiasme – sans doute excessif – que suscite cette « molécule miracle » pour lutter contre le changement climatique. Très riche en énergie, la molécule H_2 peut en effet être utilisée en tant que combustible. Et pas n'importe lequel : un combustible qui n'émet pas de

1 Thierry Lepercq, *Mégavagues. Scénario pour un monde post-carbone*, Dunod, 2021; Thierry Lepercq, *Hydrogène, le nouveau pétrole*, Le Cherche-Midi, 2019; André Joffre, « Thierry Lepercq : "L'hydrogène, la révolution d'un gaz solaire à grande échelle" », tecsol.blogs.com, 27 août 2019; Thierry Lepercq, « Photovoltaïque : n'ayons pas peur de passer à une logique de marché », actu-environnement.com, 31 mars 2012.

CO_2 lorsqu'il est brûlé ! Par une sorte de synecdoque, qui permet d'exprimer la partie pour le tout, ce qu'on appelle couramment « l'hydrogène[1] » désigne en fait la molécule de dihydrogène (H_2), composée d'une paire d'atomes « hydrogène » (H), et donc dépourvue d'atomes de carbone (C). Ainsi, de l'industrie lourde aux secteurs de la mobilité routière et de l'aviation, en passant par le chauffage des bâtiments et même la production d'électricité, l'hydrogène offre, sur le papier, la possibilité de *décarboner* toutes sortes d'activités humaines polluantes ; c'est ce *potentiel* de décarbonation qui pousse les plus optimistes à crier au miracle.

Sur son site internet, la société française McPhy, qui vend des électrolyseurs – les machines capables de produire de l'hydrogène à partir d'électricité –, soutient par exemple que, « lorsqu'il est d'origine renouvelable, l'hydrogène ne génère aucune émission de particules polluantes ou de carbone au point d'utilisation, participant ainsi à la décarbonation de tous les pans de l'économie et à l'émergence d'un modèle de société plus neutre en carbone[2] ». Contrairement aux *énergies primaires** (hydrocarbures, vent, rayonnement solaire, biomasse, etc.), l'hydrogène ne s'extrait pas directement dans l'environnement[3]. L'hydrogène est fabriqué par le biais de procédés industriels, très émetteurs en CO_2, qui se nourrissent de gaz fossile ou de charbon. Les

---

1 Pour alléger la lecture, et parce que la formule est entrée dans le langage courant, ce que j'appelle « hydrogène » dans le livre renvoie donc à la molécule de « dihydrogène » (H_2). Voir également l'encadré « L'hydrogène, la molécule providentielle ? » p. 13.
2 « Énergie bas-carbone », mcphy.com, consulté le 6 mai 2024.
3 À l'exception de l'hydrogène « naturel », extrait en toute petite quantité dans un puits situé au Mali.

défenseur·ses de l'économie hydrogène rétorquent qu'il existe d'autres méthodes de production, bien plus vertueuses pour le climat. La plus connue, et la plus défendue, étant l'*électrolyse de l'eau** alimentée par de l'électricité renouvelable, dont McPhy vante les bénéfices sur sa page web. Tout au long de l'enquête, les données collectées par des organismes reconnus pour leurs expertises dans le domaine de l'énergie, en particulier ceux de l'Agence internationale de l'énergie (*AIE**) et de l'Agence internationale pour les énergies renouvelables (*Irena**), m'ont permis de confronter les narratifs de la filière hydrogène à la situation réelle des marchés internationaux de l'énergie et aux tendances qui s'amorcent. Et le miracle sonne comme un simple oracle, sans prise sur le réel, dès l'amont de la chaîne de valeur : les modes de fabrication peu carbonés concernent moins de 1 % de l'hydrogène actuellement consommé, et de nouvelles usines capables de transformer les hydrocarbures en hydrogène sortent encore de terre pour répondre à la hausse de la demande mondiale. Ce n'est pas mieux au niveau aval ; la majorité du volume d'hydrogène actuellement produit est dédié aux raffineries de pétrole et aux usines de production d'*ammoniac**, l'un des secteurs de la chimie lourde les plus polluants.

Mais l'histoire n'est pas écrite, et la mise au jour de l'état actuel du secteur ne suffit pas à confirmer ou à discréditer les pouvoirs théoriques prêtés à la molécule H_2. Se projetant hors des incohérences du présent, le constructeur automobile japonais Toyota garantit que « les véhicules électriques à hydrogène ont tout ce qu'il faut pour révolutionner notre mobilité », arguant que chaque trajet « n'émet que quelques gouttes d'eau [et] ne consomme pas d'air, au contraire, il le purifie[1] !». Cependant, la multinationale omet plusieurs informations indispensables pour se forger un avis éclairé sur le sujet : Comment le carburant hydrogène est-il, ou sera-t-il, fabriqué ? Quelle quantité de gaz à effet de serre cela génère-t-il ? Quels sont les métaux nécessaires au fonctionnement d'une voiture à hydrogène ? Quel est le bilan environnemental de leur extraction ? Pour un même trajet, et en admettant que l'hydrogène soit fabriqué à partir d'électricité renouvelable, une voiture à hydrogène consomme-t-elle plus ou moins d'énergie électrique qu'une voiture à batterie ? Et pour quel coût ?

Pour contrer l'arsenal de communication déployé par la future filière, recouper leurs informations, les compléter et les confronter aux autres alternatives techniques existantes, mon travail d'enquête repose sur des sources scientifiques – qu'il s'agisse de rapports du *Giec**, dont les informations font l'objet d'un consensus scientifique international, ou bien d'articles de revues scientifiques soumis au processus de relecture par les pairs. Évaluer le potentiel *réel* de l'hydrogène en tant que solution d'atténuation du changement climatique[2] suppose de documenter les éventuelles réductions des émissions de CO_2

1 « Découvrez l'électrique à hydrogène », fr.toyota.ch, consulté le 18 janvier 2024.

2 Les politiques publiques relatives au climat se classent généralement en deux grandes catégories. La première, comprenant les mesures d'« adaptation », vise à réduire la vulnérabilité et l'exposition des populations aux impacts des changements climatiques. La seconde, à laquelle se rattachent les textes sur l'hydrogène bas-carbone, correspond aux initiatives d'« atténuation », et ambitionne de modérer l'ampleur de l'emballement climatique en baissant les émissions de gaz à effet de serre.

associées aux techniques promues, bien sûr, mais aussi, par exemple, d'appréhender la surface au sol que monopoliseraient les projets hydrogéniques, ou bien les ressources en eau et en matériaux nécessaires à leur construction et à leur fonctionnement. La catastrophe écologique, multiforme, ne s'appréhende pas avec un simple bilan carbone. Dans une telle perspective, le miracle tourne encore davantage au mirage.

L'hydrogène mania, qui recycle en fait un vieux fantasme, sévit pourtant dans le monde entier depuis le début des années 2020; « régler » les changements climatiques sans toucher à nos modes de vie polluants se transforme en ambition mondiale à la portée du gaz hydrogène. Les stratégies gouvernementales visant à créer un marché H_2 bas-carbone le plus rapidement possible se multiplient, et des milliards d'euros de subventions publiques sont débloqués pour lancer des giga-projets hydrogène : *giga-usines** de production des machines capables de fabriquer et de consommer l'hydrogène, giga-zones pour produire l'hydrogène en masse, giga-réseaux d'hydrogénoducs dédiés au transport de l'hydrogène à travers les continents. L'idéal défendu, celui d'instaurer une « économie hydrogène », n'a rien de neutre ou de purement rationnel. Ce modèle civilisationnel brasse des valeurs, reflète une certaine vision du monde, s'inscrit dans un projet politique. Pour caractériser le terreau idéologique, souvent impensé, sur lequel se fonde l'engouement actuel pour l'hydrogène, je m'appuie sur des concepts et des savoirs forgés en histoire des techniques, en philosophie des sciences, en sociologie et en socio-anthropologie de l'énergie, en économie, en sciences de l'information et de la communication. Outre les sciences physiques et de l'ingénieur, l'enquête que je vous propose se nourrit donc de sciences, de *toutes* les sciences, y compris les sciences humaines et sociales.

Derrière les pages de ce livre se cache mon obsession pour l'idée de dévoiler la nature *sociale, politique* et donc *contingente* de l'hydrogène, et des techniques énergétiques en général. Et quelle obsession libératrice ! Comme le défend l'historien David Edgerton, l'histoire de l'invention n'est pas celle d'un futur inéluctable auquel nous devons nous soumettre sous peine de disparaître[1]. Libre à nous de refuser les techniques que nous n'aimons pas et de proposer des solutions alternatives. À contre-courant du récit *technosolutionniste* dominant, selon lequel la transition écologique repose sur un développement technologique tout tracé et qu'il faut donc nous dépêcher d'innover – autrement dit nous plier à l'arrivée inéluctable de techniques aux inconvénients multiples –, j'essaie de montrer au fil des chapitres que d'autres voies, plus sobres, plus démocratiques, plus conviviales, sont possibles.

L'hydrogène, la molécule providentielle ?

L'hydrogène, dont la formule chimique est H_2, est composé de 2 atomes hydrogène (H), ce lui explique pourquoi, en toute rigueur, cette molécule s'appelle le dihydrogène. L'hydrogène présente l'avantage d'être riche en énergie et dépourvu d'atome de carbone. Ainsi, la combustion de 1 kg d'hydrogène sous forme gazeuse libère

1 David Edgerton, *Quoi de neuf ? Du rôle des techniques dans l'histoire globale*, Seuil, 2013, p. 276.

environ trois fois plus d'énergie que 1 kg d'essence[1] et ne produit que de l'eau ($2H_2 + O_2 \rightarrow 2H_2O$)[2]. C'est pourquoi l'hydrogène pourrait théoriquement être utilisé en tant que *vecteur énergétique** « bas-carbone » ; un potentiel à l'origine de la frénésie hydrogène. Pour l'heure, l'hydrogène est peu utilisé comme une énergie à part entière, il est quasi exclusivement consommé par l'industrie de la pétrochimie et de l'ammoniac en tant que matière première.

Si l'hydrogène est très abondant à la surface de la Terre, il se trouve généralement lié à d'autres éléments chimiques, en particulier avec l'oxygène (O) dans les molécules d'eau (H_2O), ou bien avec le carbone (C) dans le cas du *méthane** (CH_4). Avant de pouvoir exploiter le potentiel énergétique de la molécule H_2, celle-ci doit être dissociée des autres éléments chimiques au sein d'usines de production dédiés, ce qui génère des émissions de gaz à effet de serre. La fabrication de l'hydrogène, qui repose actuellement sur les énergies fossiles, a rejeté 900 Mt (millions de tonnes) de CO_2 dans l'atmosphère en 2022, ce qui représente 2 % des émissions mondiales de CO_2[3].

Outre les modes de production, le stockage et le transport de l'hydrogène représentent d'autres obstacles majeurs au déploiement d'une filière hydrogène bas-carbone. Très peu dense, la molécule H_2 prend beaucoup de place en volume par rapport aux autres combustibles : pour générer autant d'énergie qu'avec un litre d'essence, il faut 4,6 l d'hydrogène comprimé à 700 bar[4]. De plus, l'hydrogène, particulièrement explosif et inflammable, contribue à l'effet de serre de manière *indirecte* lorsqu'il fuit dans les airs ; la maîtrise des fuites représente un enjeu sanitaire et climatique d'importance.

1 120 MJ/kg (mégajoules par kilogramme) contre 45 MJ/kg pour l'essence.
2 « Caractéristiques de l'hydrogène », cea.fr, consulté le 6 mai 2024.
3 Voir schéma page 309 pour plus de précisions.
4 *Ibid.*

L'HYDROGÈNE DE L'ABONDANCE

L'ascenseur ouvre ses portes, et me voilà sur le palier d'une pièce gorgée de lumière, semblable à l'idée que je me fais du salon-loft des nouveaux riches, où des plantes vertes égayent les murs couleur indigo et des tapis à poils longs habillent le parquet en chêne clair. J'hésite à m'essuyer les pieds avant d'entrer dans cet « espace de coworking » des beaux quartiers de Paris, situé à deux pas de la Concorde. Pas le temps de délibérer, l'homme assis sur le canapé en velours qui me fait face s'élance vers moi. Thierry Lepercq, cheveux blancs et mocassins en cuir, est à l'origine du plus gigantesque projet industriel de production d'hydrogène à partir d'électricité renouvelable du monde : « *HyDeal Ambition**[1] ». Lancé en 2021, il promettait à ses débuts de produire 3,6 millions de tonnes d'hydrogène

1 Le classement de 2022 de l'Agence internationale pour les énergies renouvelables (Irena) classait HyDeal Ambition en tête des projets mondiaux en termes de capacité de production annoncées. Les ambitions ont très largement été revues à la baisse depuis (voir : « Ça va encore faire pschitt ? », p. 245). Irena, « Geopolitics of the Energy Transformation: The Hydrogen Factor », 2022, p. 87.

chaque année à destination du marché européen[1], soit quatre fois la consommation annuelle de la France[2]. Érigé en modèle à suivre, Thierry Lepercq incarne le héros d'un capitalisme industriel des temps modernes[3], égérie masculine sexagénaire au regard fier, à la peau blanche et rasée de près. « J'ai acquis une conviction qui ne m'a jamais quitté : les entrepreneurs changeront le monde », déclare-t-il au cours de notre entretien. « Certains prétendent que la technologie, c'est mauvais. Mais si l'alternative, c'est la famine et la misère, puis la guerre et le terrorisme... À choisir, je préfère l'abondance à la disette. Et l'hydrogène dont je parle, c'est l'hydrogène de l'abondance *(sic)* ! » expose-t-il en clôture de notre échange[4]. L'hydrogène s'inscrit dans un projet politique bien précis, défendu par les gouvernements du monde entier et concrétisé par des industriels et entrepreneurs à l'image de Thierry Lepercq : la croissance verte.

1 Cela revient à installer 67 GW d'électrolyseurs alimentés par de l'électricité solaire. « 30 energy players initiate an integrated value chain to deliver green hydrogen across Europe at the price of fossil fuels », communiqué de presse de McPhy, 11 février 2021.

2 La France consomme 900 000 t/an d'hydrogène. « Hydrogène vert en France : promesse de 50 000 à 150 000 emplois », communiqué de presse de Business France, 3 avril 2023.

3 En témoignent les 34 pages consacrées à Thierry Lepercq dans le livre édité par Hydrogen Europe : Justin Jin, *Heroes of Hydrogen*, 2022.

4 Entretien avec Thierry Lepercq, le 5 septembre 2023, dans les locaux loués par HyDeal Ambition, rue Royale à Paris.

L'hydrogène est politique

La croissance verte repose sur la croyance (d'aucuns diraient « l'ambition ») selon laquelle il est possible de dissocier l'augmentation du produit intérieur brut (PIB), c'est-à-dire l'expansion quantitative des volumes de production dans un pays, des destructions écologiques provoquées par le niveau de pression que les activités humaines exercent sur l'environnement. Cette dissociation s'appelle le « *découplage** ». Les fidèles de l'écologie marchande partagent la même foi dans le progrès technologique et prient très fort pour que vive l'esprit d'innovation[1]. « Avec l'hydrogène, vous aurez la possibilité d'assurer nos déplacements, de produire, d'avoir de l'énergie à bas carbone et, donc, de réconcilier l'aventure industrielle, la croissance économique avec la décarbonation de nos économies et la bataille pour le climat », explique l'un des prosélytes de la croissance verte les plus influents en France, Emmanuel Macron, lors d'une visite dans les locaux de l'entreprise *Genvia**, future « championne française » de l'industrie hydrogène bas-carbone. « Le fameux "en même temps" est possible grâce à ces innovations. Et donc, ce n'est pas moins consommer, ce n'est pas renoncer à des activités, ce n'est pas supprimer des choses. Non. C'est, par l'innovation, réussir à concilier les deux », précise encore le président de la République[2]. Dans cette religion toute

---

1 J'emprunte l'expression « écologie marchande » à Hélène Tordjman, *La croissance verte contre la nature. Critique de l'écologie marchande*, La Découverte, 2021.
2 « Devenir le leader de l'hydrogène vert, voilà notre objectif avec France 2030 ! », discours prononcé par Emmanuel Macron dans le cadre d'une intervention devant les équipes de Genvia le 16 novembre 2021.

contemporaine qu'est la croissance verte, l'hydrogène incarne la technologie totem.

À la recherche d'un « nouveau pétrole »

À l'instar de l'animal totem protecteur d'un clan, l'hydrogène serait en mesure de protéger les modes de vie occidentaux malgré le dépassement acté ou prochain des *limites planétaires** : l'emballement climatique, la sixième extinction de masse, l'artificialisation des sols, le siphonnage de l'eau, la perturbation des cycles biogéochimiques de l'azote et du phosphore, l'acidification des océans, l'appauvrissement de la couche d'ozone, la pollution chimique et la hausse des aérosols dans l'atmosphère. En remplaçant les combustibles carbonés dans l'industrie et les transports par la molécule totem (H_2), dépourvue d'atomes de carbone (C), la « transition écologique » adviendrait en effet de manière totalement indolore pour les gouvernant·es et les gouverné·es. Ni baisse de la consommation à planifier, ni fermeture d'activités polluantes à ordonner, ni changement dans les habitudes à orchestrer. Miracle ! Dans un tel cadre de pensée, l'hydrogène rafle le titre de « nouveau pétrole », comme en témoigne le titre du livre publié par Thierry Lepercq en 2019[1]. « Pour autant qu'il y ait des capacités de production et de transport, dès que l'hydrogène est à prix compétitif, vous arrivez à la démonstration scientifique, absolue et totalement irréfutable que cette molécule remplace tout, le pétrole, le gaz, le charbon,

1 Thierry Lepercq, *Hydrogène, le nouveau pétrole*, *op. cit.*

affirme le chantre de l'écologie marchande en faisant claquer ses doigts. Il peut remplacer *tous* les combustibles fossiles du jour au lendemain[1] ». Sa voix s'étrangle au mot « tous ».

Sans revendiquer une telle ambition, complètement fantasmatique, ni même qualifier l'hydrogène de « nouveau pétrole », la stratégie européenne hydrogène de juillet 2020 s'inscrit dans la même perspective : le combustible miracle s'appréhende en tant que futur *substitut* à l'existant sans que l'origine du problème – notre modèle de développement productiviste et extractiviste – soit remise en question[2]. D'après ce document de 30 pages rédigées dans l'austère police Times New Roman et truffé de notes de bas de page, la principale urgence consiste donc à construire de gigantesques usines prêtes à fabriquer, de manière à peu près bas-carbone, plusieurs millions de tonnes de molécules H_2 chaque année. Les industriels et entrepreneur·ses tels que Thierry Lepercq qui ambitionnent de fabriquer de l'hydrogène à partir d'électricité éolienne et solaire en très grande quantité figurent logiquement parmi les chouchous de la technocratie européenne[3]. Toujours d'après le document

---

1 Entretien avec Thierry Lepercq, le 5 septembre 2023.

2 Commission européenne, « A hydrogen strategy for a climate-neutral Europe. Communication from the Commission to the European Parliament, the Council, the European Economic and Social Committee and the Committee of the Regions », 8 juillet 2020.

3 En témoigne la participation de Thierry Lepercq, le 8 février 2024, à la délégation de l'UE en Mauritanie, qui se positionne comme futur exportateur d'hydrogène, aux côtés de la présidente de la Commission, Ursula von der Leyen, du premier ministre espagnol, Pedro Sanchez, et du président d'Hydrogen Europe, Jorgo Chatzimarkakis. Thierry Lepercq, « *I was happy to take part on February 8th in the EU delegation to Mauritania* [...] », linkedin.com, février 2024.

stratégique, le gaz totem devra prioritairement décarboner le secteur de la chimie et de la sidérurgie, ainsi que les transports lourds et longue distance (camions, bus, trains). Pas le temps de pinailler sur le mode de gouvernance centralisée qu'implique le gigantisme des projets envisagés, ni la complexité technique et capitalistique du chantier à entreprendre : « C'est maintenant qu'il faut agir[1] », est-il noté dans la feuille de route sur un ton moins ascétique que l'écriture type de l'administration européenne.

Une hypothèse erronée

Avant de flécher l'argent public vers des projets industriels conçus dans le cadre de la croissance verte, l'impératif serait de s'assurer de l'existence réelle du phénomène de découplage et de son véritable bénéfice climatique. D'après une étude publiée dans la revue *Lancet Planetary Health*, seulement 11 pays à hauts revenus ont réussi à augmenter leur PIB et à baisser les effets délétères sur les écosystèmes en même temps, concrétisant ainsi ce qu'on appelle un *découplage absolu**[2]. Pas de quoi se réjouir pour autant : le découplage reste trop lent et trop limité géographiquement pour être salutaire, en plus il ne concerne

1 Commission européenne, « A hydrogen strategy for a climate-neutral Europe. », *op. cit.*, p. 3.
2 36 pays ont été scrutés dans cette étude. Vincent Lucchese, « Climat et croissance sont incompatibles, constatent des scientifiques », *Reporterre*, 7 septembre 2023, à partir de Jefim Vogel, Jason Hickel, « Is green growth happening? An empirical analysis of achieved versus Paris-compliant CO_2-GDP decoupling in high-income countries », *Lancet Planet Health*, 2023.

que les émissions de CO_2. Le respect de l'accord de Paris sur le climat suppose une chute des émissions de CO_2 de l'ordre de 30 % par an à partir de 2025, puis de 38 % par an dès 2030. La France, l'Allemagne, le Royaume-Uni et les autres pays en situation de découplage absolu ont réduit leurs émissions de CO_2 d'à peine 1,6 % par an entre 2013 et 2019. Dit autrement : si la tendance baissière se poursuit au même rythme, le groupe de pays qui mène les politiques de découplage les plus efficaces requerrait... plus de 220 ans pour réduire ses rejets de CO_2 de 95 %. La croissance verte ne permet donc pas d'atteindre la *neutralité carbone** en 2050, l'objectif climatique officiel, et le réchauffement moyen de la planète risque fort de dépasser les fatidiques + 2 °C. « Avec les politiques actuelles, on sait qu'on atteindrait environ + 3° C de réchauffement moyen planétaire à la fin du siècle. À + 3° C, les écosystèmes qui permettent la vie sur Terre vont mourir. La planète va continuer, mais sans les écosystèmes qui nous permettent de vivre, donc probablement sans nous », résume Yamina Saheb, ingénieure et docteure en énergétique, autrice principale du sixième rapport du groupe 3 du Giec, dans une émission diffusée par *Mediapart*. « Les scénarios qui visent l'objectif de température de l'accord de Paris – soit +2°C de réchauffement moyen planétaire maximum en 2100 – montrent qu'il faudrait une baisse rapide, drastique des émissions, et donc des énergies fossiles, là maintenant, avant 2030. Ça se joue dans cette décennie[1]. » Ces résultats scientifiques, qui devraient déclencher un cyclone politique,

1 « "TotalEnergies construit et organise le chaos climatique" », mediapart.fr, 16 avril 2024.

ne parviennent pourtant même pas à faire vaciller le totem hydrogène.

Dans la salle de réunion morose de France Hydrogène, le lobby de l'industrie française de l'hydrogène, Philippe Boucly esquisse un sourire. Je viens de lui demander quel « scénario de transition » représente à ses yeux le chemin idéal pour atteindre la neutralité carbone en 2050, et il a bien compris où je cherchais à l'emmener. « Je suis contre la décroissance », répond-il simplement. Reconnaissable à sa raie coiffée sur le côté avec application, le septuagénaire fut jusqu'en 2013 directeur général de GRTgaz, l'entreprise chargée de gérer une partie du transport du gaz fossile en France, et préside désormais France Hydrogène. Ce lobby, ou « association professionnelle » selon la formule officielle, réunit les entreprises françaises du secteur dans le but de promouvoir et de défendre leurs intérêts. « La décroissance n'est pas un avenir souhaitable ni désirable. Ne plus manger de viande, ne plus prendre l'avion... c'est la sobriété à outrance ! ajoute-t-il. Oui, il faut faire de l'efficacité énergétique et de la sobriété. Mais je suis pour trouver une solution technologique propre, respectueuse de l'environnement. Et je ne suis pas prêt à sacrifier l'industrie française pour le climat[1] ! »

Philippe Boucly n'est sans doute pas le seul à préférer l'industrie au climat, quoique cela soit difficile à admettre publiquement. Si la rhétorique prohydrogène officielle s'est emparée de la dichotomie industrie/climat, elle promet de défendre les intérêts de l'industrie française et européenne non

1 Entretien avec Philippe Boucly, le 11 juillet 2023.

pas *contre* le climat, mais au contraire *pour* le sauver. La ficelle semble un peu grosse, il s'agit pourtant du discours dominant au sujet de l'hydrogène, intégré par les plus hautes sphères de l'État français et des institutions européennes. Retour sur une stratégie d'influence savamment orchestrée, aidée par quelques coups du sort.

Opportunisme politique

À quelques rues de la Commission européenne, au premier étage d'un immeuble donnant sur une grande avenue embouteillée, Jorgo Chatzimarkakis, le président d'Hydrogen Europe, me tend un livret intitulé « De l'hydrogène vert pour un Green Deal européen ». Il s'agit d'un plan clef en main pour déployer l'industrie de l'hydrogène européenne, publié en mars 2020 et cosigné par un certain « Prof. Dr. Ad van Wijk ». Retenez bien ce nom : Ad van Wijk. Nous sommes à Bruxelles, dans les locaux du lobby européen de l'hydrogène[1]. « Quand la pandémie éclate, l'ensemble du Green Deal européen est menacé », commence Jorgo Chatzimarkakis. En 2020, et même en 2021, la lutte contre le Covid-19 devient en effet la priorité numéro un de la Commission européenne, reléguant au second plan les politiques dites climatiques, rassemblées sous l'étiquette « Green Deal européen » (appelé aussi « Pacte vert pour l'Europe »). Au-delà des questions d'agenda, les opposant·es du Green Deal ont également profité de la paralysie brutale de l'économie mondiale

1 Entretien avec Jorgo Chatzimarkakis, à Bruxelles, le 12 septembre 2023.

pour affaiblir les ambitions du texte. D'après *Le Monde*, Business Europe, le syndicat patronal européen, a par exemple officiellement demandé à l'exécutif européen de faire preuve de « flexibilité » dans la mise en œuvre du texte ; European Plastics Converters, le lobby européen de l'industrie du plastique, a quant à lui appelé à abandonner une directive qui interdit les produits en plastique à usage unique, comme les pailles ; l'Association des constructeurs européens d'automobiles a de son côté envoyé un courrier à la Commission pour quémander sa compréhension. Sans compter les nombreuses sollicitations des représentant·es des compagnies aériennes, alors clouées au sol[1]. « Les gens ne pensent plus à la lutte contre le changement climatique, les gens veulent survivre ! » Jorgo Chatzimarkakis, presque 60 ans, doté de la double nationalité allemande et grecque, fait danser ses mains et remue ses sourcils en parlant. Un joli mouchoir en soie sort de la poche gauche de son veston. Avant de devenir le visage de l'industrie européenne de l'hydrogène, Jorgo Chatzimarkakis était eurodéputé pour la droite libérale allemande (le FPD), et non capitaine d'industrie comme c'est souvent le cas dans les lobbys. Il était donc déjà un dandy de la politique. « Tout est une question d'*architecture politique* : délivrer le bon message au bon moment », me soutient-il. À cette règle d'or du lobbying, ajoutons qu'Hydrogen Europe, dont les membres principaux sont des industriels du pétrole et du gaz, de la chimie, de l'automobile et de l'aviation, a dépensé au moins 58 millions d'euros en 2020 pour tenter d'influencer

1 Virginie Malingre, « Le coronavirus met le Green Deal européen à l'épreuve », *Le Monde*, 16 avril 2020.

l'élaboration des politiques à Bruxelles, comme le révèle un rapport de trois ONG européennes[1].

La pandémie éclate en mars 2020, la stratégie hydrogène européenne est publiée par la Commission en juillet 2020. Pour comprendre la vivacité de l'administration européenne, pourtant peu connue pour son agilité, il faut sortir d'une analyse purement institutionnelle et se replacer à hauteur d'individus. Rappelons d'abord qu'en 2020 la personne chargée du Pacte vert européen, et donc responsable de sa survie, est également le vice-président exécutif de la Commission européenne, ce qui révèle l'importance politique du texte. Frans Timmermans, homme politique et diplomate néerlandais, membre du parti social-démocrate de son pays (le Parti travailliste), occupe ce double poste depuis le lancement du plan climatique européen à la fin de l'année 2019[2]. À la tête de son cabinet, Timmermans a choisi de placer un concitoyen, Diederik Samsom, également membre du Parti travailliste néerlandais. Dit autrement : Diederik Samsom dirige l'équipe qui compose le cabinet du

1 Corporate Europe Observatory, Food and Water Action Europe (FWAE) et Re:Common, « The hydrogen hype: gas industry fairy tale or climate horror story? », décembre 2020. Dans la même veine, parmi les 100 principaux groupes de pression européens, il y a 25 acteurs impliqués dans le secteur de l'hydrogène : 17 entreprises (Shell, ExxonMobil, Dow, BASF, Robert Bosch, Siemens, TotalEnergies, Equinor, Yara, BP, BMW, Électricité de France, ENEL, Engie, Neste, RWE et Siemens Energy), 7 associations professionnelles (dont Hydrogen Europe) ainsi qu'un groupe de réflexion (Concawe, lié à Fuels Europe). Voir aussi Corporate Europe Observatory, « The dirty truth about the EU's hydrogen push », 3 octobre 2023.
2 Frans Timmermans a quitté ses fonctions à la Commission en août 2023 pour présenter sa candidature aux élections nationales.

vice-président de l'une des institutions européennes les plus puissantes, un poste hautement stratégique[1].

Avant de se lancer dans une carrière politique au début des années 2000, Diederik Samsom étudie la physique nucléaire à l'université technologique de Delft aux Pays-Bas. Cela n'est pas un détail : parmi les enseignant·es, l'université technologique de Delft comptait un temps… le « Prof. Dr. Ad van Wijk », le mystérieux signataire du livret que m'a offert Jorgo Chatzimarkakis lors de notre rencontre. Si Ad van Wijk n'a pas enseigné la physique à Diederik Samsom, les deux hommes sont proches, ils se seraient rencontrés après une action militante controversée de Greenpeace à la fin des années 1990, rapporte le média d'investigation *Follow the Money*[2]. En résumé : Diederik Samsom, chef du cabinet responsable de l'opération sauvetage du Pacte vert européen, connaît personnellement Ad van Wijk, mi-professeur de physique, mi-consultant pour le privé, dont la signature sert de caution scientifique au lobby européen de l'hydrogène. D'autant plus que Diederik Samsom et Ad van Wijk parlent la même langue; le néerlandais, certes, mais surtout le langage de la physique. « Je crois que je n'ai pas besoin de vous faire un

---

1 Précisons que la Commission européenne se structure autour d'un secrétariat général (le cabinet du président ou de la présidente) et de directions générales (DG), chargées d'un domaine en particulier (économie, agriculture, justice, énergie, etc.), un peu à l'image des ministères qui composent un gouvernement à l'échelle nationale. Frans Timmermans fut nommé vice-président exécutif en sa qualité de commissaire européen à l'Action pour le climat (la « DG Climat » dans le jargon bruxellois). Diederik Samsom dirigeait donc le cabinet de la DG Climat.

2 Jesse Pinster, « How one professor made the EU fall in love with hydrogen », *Follow the Money*, 6 janvier 2024.

dessin ! sourit Jorgo Chatzimarkakis, en s'affalant sur son siège. J'ai synthétisé à Diederik Samsom le merveilleux plan élaboré avec son ancien professeur pour sauver le Green Deal et réconcilier transition écologique et politique industrielle. Les deux, en même temps ! »

Le 6 avril 2020, à peine un mois après le début du premier confinement, Hydrogen Europe et quatorze PDG de grandes entreprises européennes impliquées dans la promotion de l'hydrogène décrochent ainsi une réunion en ligne avec trois hauts représentant·es de la Commission européenne : Frans Timmermans en personne, ainsi que la commissaire européenne à l'Énergie Kadri Simson et le commissaire au Marché intérieur Thierry Breton. J'ai obtenu cette information après avoir consulté les mails que le cabinet Simson et Hydrogen Europe se sont échangés durant l'année 2020, grâce à mon droit d'accès aux documents prévu par les traités de l'Union européenne[1]. D'après la liste officielle des PDG participants, qui se trouvait en pièce jointe d'un mail envoyé par Hydrogen Europe à la DG Énergie deux jours avant la tenue du rendez-vous, des dirigeants d'entreprises de transport de gaz fossile (SNAM en Italie, Gasunie aux Pays-Bas), de compagnies spécialistes de l'électricité non renouvelable (EDF en France, Vattenfall en Suède, Ørsted au Danemark), et renouvelable (Enel Green Power en Italie, Akuo Energy en France, BayWa en Allemagne), de fabricants d'électrolyseurs (NEL en Norvège, Sunfire, Siemens et ThyssenKrupp en Allemagne) ou d'autres sociétés liées

1 Demande envoyée le 24 novembre 2023, derniers documents réceptionnés le 20 février 2024.

à la production d'hydrogène (Resilient Group au Portugal, *Linde Engineering*∗ en Allemagne) ont directement pu défendre leurs intérêts hydrogéniques auprès de la haute sphère européenne. À l'issue de cette rencontre virtuelle, le virus hydrogène a tout de suite atteint Frans Timmermans. « Tandis qu'ensemble nous luttons contre le Covid-19, nous devons également travailler à une relance verte. L'hydrogène a un rôle crucial à jouer dans la transition et c'est là que l'UE peut et doit montrer la voie. C'était génial de discuter du "comment" avec @H2Europe », écrit-il sur son compte Twitter, relayé par *Follow the Money*[1].

Deux ans après la présentation de la stratégie européenne, l'hydrogène mania prend un nouvel élan ; la filière bénéficie en effet d'un coup d'accélérateur à la suite de l'invasion de l'Ukraine par la Russie, le 24 février 2022. La Commission européenne présente dans l'urgence, en mai 2022, le plan « REPowerEU » pour « mettre fin à la dépendance de l'Union européenne à l'égard des combustibles fossiles russes » et « lutter contre la crise climatique[2] ». Dans ce cadre, la présidente de l'exécutif européen Ursula von der Leyen, guidée par les préconisations d'Hydrogen Europe, double les ambitions initiales : 10 millions de tonnes d'hydrogène renouvelable devront être produites sur le territoire européen à horizon 2030, 10 autres

---

1 Frans Timmermans (@F__Timmermans), twitter.com, 6 avril 2020, 16 h 44.
2 La montée en puissance des renouvelables, l'accélération des économies d'énergie et la diversification de l'approvisionnement de gaz sont les leviers principaux du plan REPowerEU. « REPowerEU: A plan to rapidly reduce dependence on Russian fossil fuels and fast forward the green transition », communiqué de presse de la Commission européenne, 18 mai 2022.

millions de tonnes devront être importées[1]. Pour avoir une idée du volume que cela représente, précisons que l'ensemble des machines qui produisent de l'hydrogène à partir d'électricité, les électrolyseurs, installés dans *le monde entier* en 2022 ont fabriqué entre 0,5 et 2 % de la titanesque quantité annoncée pour 2030[2]. La force de l'incantation suffira-t-elle à satisfaire la future demande européenne ?

Pour en avoir le cœur net, retour à Paris, dans les locaux de France Hydrogène. Le patron de l'association professionnelle, Philippe Boucly, abandonne le tas de petites fiches qu'il gardait entre les mains ; pas besoin d'antisèches pour répondre à cette question. « C'est du vent. La Commission se discrédite. En message type sciences po, c'est ce qu'on appelle "un message politique fort" », envoie-t-il du tac au tac[3]. « Même moi qui suis extraordinairement optimiste, je peux vous dire que ce n'est pas possible d'atteindre 10 millions de tonnes en 2030 », m'a également confirmé Thierry Lepercq[4].

---

1 D'après la stratégie hydrogène européenne de 2020, l'ambition était « seulement » d'installer 40 GW d'électrolyseurs d'hydrogène renouvelable d'ici à 2030 et de produire jusqu'à 10 Mt d'hydrogène renouvelable dans l'UE. Commission européenne, « A hydrogen strategy for a climate-neutral Europe », *op. cit.*

2 Pour le détail des calculs : les capacités de production d'électrolyse de l'eau installées en 2022 (700 MW) représentent 1,75 % des ambitions européennes pour 2030 (40 GW). Et la quantité d'hydrogène produite à partir d'électrolyse de l'eau en 2022 (95 000 t) correspond à 0,457 % des annonces européennes (20 Mt/an). AIE, « Global Hydrogen Review 2023 », p. 64 et 68.

3 Entretien avec Philippe Boucly dans les locaux de France Hydrogène, le 11 juillet 2023.

4 Entretien avec Thierry Lepercq, le 5 septembre 2023.

Dans le contexte de la guerre en Ukraine, l'hydrogène n'est plus seulement la « solution technologique propre » capable de ménager la chèvre industrielle et le chou climatique. L'hydrogène, dont la production peut théoriquement s'affranchir des énergies fossiles, et donc du gaz russe, devient le nouveau totem de la souveraineté énergétique en Europe. « Le Covid a propulsé l'hydrogène une première fois, puis un deuxième coup de boost fut octroyé par notre employé de l'année, Vladimir Poutine ! » À ces mots, Jorgo Chatzimarkakis jette un œil vers son conseiller presse, concentré sur son carnet de notes, sourcils froncés. « Je crois qu'il est en train d'écrire en majuscules : ne dis plus jamais une chose pareille à la presse ! » pouffe-t-il en s'adressant à moi.

Des subventions à gogo

L'hydrogène mania ne se résume pas aux « messages politiques forts » et autres discours fiévreux à l'égard de la molécule H_2. Elle se matérialise, très concrètement, par des « stratégies nationales » élaborées par des gouvernements du monde entier, souvent associées à la promesse de flécher plusieurs milliards d'euros d'aides publiques vers les industriels et entreprises de la filière hydrogène bas-carbone. « Avant la crise du Covid et la frénésie hydrogène qui s'ensuivit, seulement 10 pays dans le monde avaient une stratégie hydrogène, dont plusieurs étaient inopérantes. Trois ans plus tard, en septembre 2023, une soixantaine de pays sont dotés d'une stratégie nationale[1], d'autres y

1 Chiffre confirmé par : Hydrogen Europe, « Clean Hydrogen Monitor 2023 », p. 83.

travaillent, et tous ces pays ensemble représentent presque 82 % de la population mondiale, 94 % du PIB mondial et 92 % des émissions mondiales de CO_2 », contextualise Mikaa Mered, chercheur indépendant et enseignant en géopolitique de l'hydrogène à Sciences Po Paris, par ailleurs coordinateur du pôle hydrogène au sein du Medef, l'organisation patronale française[1].

L'Allemagne, à l'origine de l'engouement post-pandémie en Europe, promet d'investir 7 milliards d'euros pour développer le secteur et 2 milliards pour sceller des accords d'importation à l'international dès le mois de juin 2020[2]. La France publie sa stratégie, élaborée dans la précipitation par crainte d'être devancée par son voisin d'outre-Rhin, en septembre 2020, dans laquelle sont engagés 7 milliards d'euros sur les dix prochaines années, ensuite complétés par 2 milliards supplémentaires[3]. Du côté de l'Espagne et du Portugal, les financements publics consacrés au déploiement de la filière s'élèvent à 7 milliards d'euros au moins[4]. En tout, en 2023, 20 pays européens ont dévoilé une feuille de route hydrogène[5].

---

1 Entretien avec Mikaa Mered en marge du forum Hydrogen Business For Climate à Belfort, le 3 octobre 2023.
2 AIE, « Package for the future – Hydrogen Strategy », consulté le 03/01/2024.
3 Sur l'hydrogène, la France avait doté la filière de 100 millions d'euros dès 2018 dans le cadre du plan Hulot, ce que l'historien Nicolas Simoncini explique déjà par un « complexe du retard sur l'étranger », prégnant en France. Entretien avec Nicolas Simoncini, le 2 juin 2023.
4 Direction générale du Trésor, « Nouvelles d'Espagne : Développement durable, industrie et tourisme », 26 janvier 2022 ; « Portugal », *gh2.org*, consulté le 4 janvier 2024.
5 Hydrogen Europe, « Clean Hydrogen Monitor 2023 », p. 83.

De l'autre côté de l'Atlantique, dans le cadre de l'Inflation Reduction Act publié en août 2022, les États-Unis promettent d'injecter 340 milliards d'euros d'argent public pour « la sécurité énergétique et le changement climatique » ; l'un des mécanismes consiste à subventionner l'achat d'hydrogène bas-carbone dans l'objectif de réduire la différence de prix avec l'hydrogène fossile[1]. Impossible en effet de compter sur le décollage d'un marché hydrogène bas-carbone avec les prix actuels. En 2021, 1 kilogramme d'hydrogène produit à partir d'électricité solaire et éolienne coûtait entre 3,50 et 6 euros, soit deux à trois fois plus que l'hydrogène fabriqué par le biais d'énergies fossiles, où le kilo tournait autour de 1,50 euro en moyenne[2]. Les États-Unis annoncent également débloquer près de 9 milliards d'euros entre 2022 et 2026 spécifiquement pour la production, le transport et l'utilisation de l'hydrogène bas-carbone[3]. Les pays asiatiques sont loin d'être en reste. Bien que les chiffres soient difficiles à vérifier, l'État chinois et les entreprises publiques aideraient au financement de vastes projets hydrogène à hauteur de 71,2 milliards de yuans chaque année (9 milliards d'euros), d'après un cabinet de conseil chinois, cité dans un rapport du think tank l'Institut

1 « Clean Hydrogen in the USA. The USA Doubles Down Efforts to Grasp Clean Hydrogen Leadership », *Notes de l'Ifri*, juin 2022, p. 8-9.

2 Précisons que ces estimations concernent uniquement la production, le transport augmente encore les coûts totaux. Irena, « Making the breakthrough. Green hydrogen policies and technology costs », 2021, p. 7.

3 Cette deuxième mesure provient de l'« Infrastructure Investment and Jobs Act » (IIJA), la loi bipartisane sur les infrastructures des États-Unis, et non pas de l'Inflation Reduction Act. « Clean Hydrogen in the USA », *op. cit.*

Montaigne[1]. Le gouvernement japonais prévoit quant à lui d'investir entre 6 000 et 8 000 milliards de yens (40 à 50 milliards d'euros) dans le secteur de l'hydrogène sur les quinze prochaines années[2]. En réaction à la concurrence mondiale, et aux mesures états-uniennes en particulier, la Commission européenne a mis en place une « banque européenne de l'hydrogène » – qui n'a rien d'une banque –, dont le rôle consiste à verser à certains projets une subvention pour chaque kilogramme d'hydrogène vert produit, pendant dix ans maximum, de manière à réduire la différence de coût entre l'hydrogène fossile et le renouvelable[3]. S'il est peu probable que les 3 milliards d'euros de budget de cette fausse banque contrebalancent la pression internationale, cet instrument, ainsi que les autres mécanismes présentés, s'inscrit dans la tentative plus générale de lancer un marché qui n'existe pas, celui de l'hydrogène bas-carbone[4]. Présentées comme novatrice, voire révolutionnaires, les qualités de l'hydrogène sont toutefois

1 Joseph Dellatte, « Les politiques de l'hydrogène vert dans le monde : la Chine, un géant qui attend son heure », Institut Montaigne, 24 mai 2023.
2 « Japan to invest $107 billion in hydrogen supply over 15 years », Reuters, 6 juin 2023.
3 « Banque européenne de l'hydrogène : démarrage en 2023 », France Hydrogène, 30 mars 2023.
4 Sur 132 offres, la Commission a annoncé en avril 2024 avoir sélectionné sept premiers projets de production d'hydrogène vert dans le cadre de la première enchère de la Banque européenne de l'hydrogène. Ces sept projets, qui devraient fabriquer au total 150 000 tonnes d'hydrogène par an à peine, bénéficieront d'une subventions de… 0,37 et 0,48 euro par kilogramme d'hydrogène produit. C'est très loin d'être suffisant pour concurrencer l'hydrogène fossile. « Une enchère de la Banque européenne de l'hydrogène fournit 720 millions d'euros pour la production d'hydrogène renouvelable en Europe », communiqué de presse de la Commission européenne, 30 avril 2024.

connues depuis fort longtemps, et le projet visant à faire émerger une civilisation hydrogène n'a rien d'inédit dans l'histoire de l'énergie.

Une histoire de fantasmes

En cette froide journée de janvier 2024, je traverse le jardin des Tuileries d'un pas rapide – la nuit est en train de tomber. À proximité de l'entrée principale, depuis laquelle on voit l'obélisque s'élever triomphalement sur la place de la Concorde, je prends soin de regarder sous chacune des statues que je croise, et même sur le sol. Rien. Je me dirige finalement vers le mur qui longe le grand portail encore ouvert. Bingo ! Sur une plaque en pierre, installée par l'Aéro-Club de France, il est écrit : « En ces lieux, le 1er décembre 1783 sont partis le physicien A.C. Charles et Marie-Noël Robert dans la nacelle du premier grand ballon à hydrogène. »

Le gaz hydrogène enflamme l'opinion au XIXe siècle

La prouesse des inventeurs français Jacques Alexandre Charles et les frères Robert a été rendue possible grâce à une découverte de Henry Cavendish : en 1766, le scientifique britannique identifie pour la première fois l'extrême légèreté et la grande densité du gaz hydrogène, qu'il appelait alors « air inflammable[1] ». Presque vingt ans plus tard, le chimiste français Antoine Laurent Lavoisier montre que le gaz inflammable de Cavendish est l'un des deux composants de l'eau, et décide de le baptiser « hydrogène », ce qui signifie littéralement « qui génère de l'eau[2] ». Au cours du siècle suivant, marqué par une confiance inédite dans le progrès des technosciences, l'intérêt suscité par le potentiel énergétique de l'hydrogène s'étend au-delà des paillasses de laboratoires[3].

Dès le début du XIXe siècle, un bistrot situé à côté de l'hôtel de ville de Paris s'illumine chaque soir grâce au pouvoir de la petite molécule[4]. Il s'agit du bien nommé *Café du gaz hydrogène*. Pour fabriquer le gaz capable d'éclairer le troquet parisien, des récipients en fonte, chauffés au charbon, distillent de la houille et du bois de manière à obtenir un mélange gazeux (essentiellement composé d'hydrogène), dont le pouvoir lumineux était d'ailleurs médiocre[5]. Le déploiement de cette technique d'éclairage, dont le procédé de fabrication était particulièrement polluant, supposait d'ériger en plein Paris d'immenses

---

1 Peter Hoffman, *The Forever Fuel. The Story of Hydrogen*, Routledge, 1982.

2 Nicolas Simoncini, *Le plein d'hydrogène. Une histoire des piles à combustible en France*, Classiques Garnier, 2023, p. 22.

3 François Jarrige, « La question hydrogène et la généalogie des promesses énergétiques », dans Frédérick Lemarchand (dir.), *Transition énergétique bas-carbone. Obstacles et enjeux*, L'Harmattan, 2022.

4 Les ingénieurs William Murdock et Philippe Lebon sont à l'origine de ce gaz d'éclairage composé d'hydrogène, de méthane, d'oxyde de carbone, d'azote, de gaz carbonique et d'hydrocarbures. Voir : Nicolas Simoncini, *Le plein d'hydrogène, op. cit.*, p. 31.

5 En France, le gaz consomme deux fois plus d'énergie que les bougies et les lampes à huile pour produire deux fois moins de services lumineux. Jean-Baptiste Fressoz, *Sans transition. Une nouvelle histoire de l'énergie*, Seuil, 2024, p. 28.

gazomètres remplis de gaz inflammable et d'installer au sein des foyers des becs de gaz directement connectés aux sites de production industrielle par un vaste réseau technique[1].

Il s'agit de l'une des innovations les plus controversées de la révolution industrielle, rapporte l'historien de l'énergie Jean-Baptiste Fressoz[2]. Les débats, très vifs, que suscite l'adoption massive du gaz d'éclairage concernent les risques d'explosion, d'incendie et de dégagement de substances toxiques, mais cristallisent surtout des désaccords de nature socio-économique et politique, au sujet de l'industrialisation du pays (mise en faillite des marchands d'huile d'éclairage, choix du charbon, mise en place d'un réseau gazier, concentration des risques, laideur des gazomètres)[3]. Moult articles de journaux, pamphlets, ouvrages de vulgarisation, publicités, et même une pièce de théâtre et un opéra, participent à mettre en scène la controverse entre les défenseur·ses du gaz d'éclairage d'un côté et ses détracteur·ices de l'autre. Les bougies et les lampes à huile restent finalement les modes d'éclairage les plus répandus au XIXe siècle avant le triomphe de la lumière électrique au XXe siècle. Le mélange gazeux se contente d'illuminer les rues et d'éclairer les bourgeois·es, mais il ne s'introduit pas dans les habitations

---

1 Jean-Baptiste Fressoz, *L'apocalypse joyeuse. Une histoire du risque technologique*, Seuil, 2012, p. 238.

2 « C'est qu'à l'inverse des machines à vapeur ou des usines chimiques reléguées dans des faubourgs industriels, le gaz d'éclairage conquiert les lieux à la mode, les théâtres, l'opéra, les restaurants, les cafés, les salons de lecture. ». *Ibid.*

3 *Ibid.*, p. 238-249.

populaires en France[1]. En Grande-Bretagne, en revanche, où son coût est moins élevé, l'éclairage au gaz se déploie plus massivement ; un quart de la population a un accès domestique au gaz hydrogène en 1885[2].

En dépit de la polémique en cours, des inventeurs de l'époque voient dans le gaz hydrogène le carburant du futur. Le premier moteur à combustion interne utilisant un mélange de gaz d'éclairage et d'air voit le jour en 1860, puis le premier dirigeable de type zeppelin s'envole en 1900 grâce à la molécule H_2. C'est également au cours du XIXe siècle que naît l'ancêtre de la *pile à combustible**, une machine aujourd'hui indispensable à la filière hydrogène qui permet de transformer l'énergie chimique d'un combustible (par exemple, le gaz hydrogène) en électricité et en chaleur. Dans un ouvrage très étayé sur l'histoire des piles à combustible en France, l'historien Nicolas Simoncini suppose que ces découvertes ont nourri les fantasmes de l'écrivain Jules Verne à propos de l'hydrogène[3]. Dans son roman *L'île mystérieuse*, publié en 1875, le personnage principal, un ingénieur nommé Cyrius Smith, prononce une phrase qui sonne comme une prophétie aux oreilles des chantres actuels de la filière hydrogène :

> « Je crois que l'eau sera un jour employée comme combustible, l'hydrogène et l'oxygène qui la constituent, utilisés isolément ou simultanément, fourniront une source de chaleur et de lumière inépuisables et d'une intensité que la houille ne saurait avoir. L'eau est le charbon de l'avenir. »

1 Jean-Baptiste Fressoz, *Sans transition, op. cit.*, p. 20.
2 *Ibid.*, p. 27.
3 Nicolas Simoncini, *Le plein d'hydrogène, op. cit.*, p. 26.

Les années 1970 exaltent l'idée de « civilisation hydrogène »

Après un siècle de débats passionnés, exit le gaz hydrogène complexe à fabriquer. Au XXe siècle, l'avenir de l'énergie s'appelle « fée électricité », puis « or noir ». À la suite des horreurs de la deuxième guerre mondiale, c'est carrément une sorte d'extase collective perfusée au pétrole – abordable et facile à transporter – qui s'ouvre en Europe : plein-emploi, État providence, abondance. Notons toutefois que la « vieille » énergie qu'est le charbon ne disparaît pas, puisque l'électricité augmente sa consommation et que le pétrole ne la réduit pas nécessairement[1]. Face à cette vague noire et électrique, l'engouement autour de l'hydrogène, cher et compliqué à produire et à transporter, s'estompe très fortement.

Puis, patatras ! Le premier choc pétrolier éclate en 1973, suivi d'une deuxième flambée des prix du pétrole en 1979. La décennie 1970 sonne la fin des Trente Glorieuses et fait émerger deux maux qui continuent d'infecter l'économie mondiale aujourd'hui : la dette et le chômage de masse[2]. Une station-service sur cinq est à sec à la fin de l'année 1973 aux États-Unis, provoquant des bagarres entre automobilistes exaspéré·es[3]. Partout, l'inflation s'envole avec des pics de 10 % par an. Au même moment, les sujets relatifs à l'environnement montent en puissance. Le premier ministère dit de « la Protection de la nature

---

1 Jean-Baptiste Fressoz, *Sans transition*, *op. cit.*, p. 9.
2 Matthieu Auzanneau, *Or noir. La grande histoire du pétrole*, La Découverte, 2015 (rééd. 2021), p. 485.
3 *Ibid.*, p. 487.

et de l'environnement » apparaît en France en 1971. De l'autre côté de l'Atlantique, les États-Unis votent un premier texte législatif en faveur de la protection de l'environnement en 1970 (National Environmental Policy Act), renforcé par une loi sur la qualité de l'air (Clean Air Act), puis une autre sur l'évaluation des impacts des technologies deux ans plus tard (Technology Assessment Act)[1]. C'est à la même période que le Club de Rome publie son célèbre rapport sur les limites de la croissance, en 1972, amplifiant encore les discussions sur l'épuisement des ressources[2].

Dans un tel contexte, l'hydrogène se transforme en gaz miracle capable de résoudre le problème de l'épuisement des ressources fossiles (en diversifiant les approvisionnements énergétiques) et de lutter contre le réchauffement climatique (s'il est produit à partir d'électricité bas-carbone). D'une molécule deux coups ! Les médias participent à l'emballement autour d'une future « économie de l'hydrogène ». D'après les travaux de l'historien Nicolas Simoncini et du philosophe Mathieu Triclot, les journalistes scientifiques de l'époque voient déjà l'hydrogène remplacer l'ensemble des usages du pétrole, qu'il s'agisse du chauffage domestique, de l'alimentation ou des transports[3]. En gros titre, la rédaction de *Science & Vie* pré-

1 Nicolas Simoncini, *Le plein d'hydrogène*, *op. cit.*, p. 137-138.
2 Donella H. Meadows *et al.*, *The Limits to Growth: A Report for the Club of Rome's Project on the Predicament of Mankind*, Universe Books, 1972 (dernière éd. fr. : *Les limites de la croissance (dans un monde fini)*, trad. par Agnès El Kaïm, Rue de l'échiquier, 2022).
3 Mathieu Triclot et Nicolas Simoncini, « La médiatisation de la promesse technologique de l'hydrogène », conférence donnée lors de la journée

dit carrément qu'un avion à hydrogène, d'une capacité de « 400 passagers sur 9 000 kilomètres », sera opérationnel « vers 1980 ». La « révolution hydrogène », inéluctable, sauvera les modes de vie des sociétés industrielles. Sur un plan plus proprement politique, la Commission des communautés européennes (l'ancêtre de la Commission européenne), déjà séduite par les promesses de « cette énergie issue de l'eau », publie en 1975 un appel d'offres sur l'énergie qui fait une part belle au volet « production et utilisation de l'hydrogène », le dotant du deuxième budget le plus important après le solaire[1]. Le milieu scientifique n'est pas en reste, contribuant activement à la frénésie autour de la molécule H_2. La première grande conférence internationale sur « l'hydrogène en tant que solution énergétique » (THEME Conference) se déroule en 1974 à Miami et rassemble près de 700 spécialistes issu·es de 84 pays différents. Dans la foulée, une petite communauté scientifique, les autoproclamés « romantiques de l'hydrogène », se structure autour d'une association d'envergure internationale, l'International Association for Hydrogen Energy (l'IAHE). La revue *International Journal of Hydrogen Energy* se lance au même moment, fluidifiant ainsi la circulation des résultats des recherches portant sur le sujet[2].

« Hydrogène et sciences humaines et sociales » organisée par l'université de technologie de Belfort-Montbéliard, le 30 juin 2022.

1 À savoir 79 millions de francs ; voir : Nicolas Simoncini, *Le plein d'hydrogène, op. cit.*, p. 167.

2 Notons que dès le lancement de la revue, en 1976, on retrouve la même palette des technologies hydrogéniques (et leurs verrous) dont il est question aujourd'hui, de l'avion à hydrogène à la production par électrolyse de l'eau, en passant par le stockage de la molécule sous forme liquide ou gazeuse. Entretien avec Jean-Baptiste Fressoz, le 21 juin 2023.

Et, surtout, comme le souligne Nicolas Simoncini, l'événement représente l'occasion de propulser sur la scène internationale le fameux concept d'« économie de l'hydrogène »[1]. La formule, qui décrit une certaine vision de l'avenir, est forgée en 1970 par un groupe de réflexion au sein du centre technique de General Motors – l'un des plus importants constructeurs automobiles au monde –, implanté dans le Michigan, aux États-Unis[2]. Cette locution revêt une forte importance symbolique et politique encore aujourd'hui – elle est particulièrement mobilisée par l'*Hydrogen Council**, le lobby mondial de la filière créé en 2017. Loin d'être un outil neutre pour décrire le réel, le concept d'« économie de l'hydrogène », quelquefois remplacé par « civilisation hydrogène », mérite qu'on s'attarde sur les quelques scientifiques – spécialistes de l'atome – à l'origine de sa popularisation.

Utopie hydrogénique, rêve atomique

Pour comprendre l'engouement des années 1970 autour d'une future « économie hydrogène », les éléments conjoncturels ne suffisent pas, et un petit saut temporel dans les années 1950 est nécessaire. Après avoir épluché de nombreuses archives (rapports d'expertise, discours et visualisations qui traitent du passé et du futur de l'énergie, articles de presse, entretiens réalisés en 2020 avec certains experts actifs dans les années 1970), l'historien Jean-Baptiste Fressoz explique en partie l'engouement hydrogénique des années 1970 par le travail

1 Nicolas Simoncini, *Le plein d'hydrogène*, *op. cit.*, p. 148.
2 *Ibid.*

réalisé en amont par le monde académique atomiste[1]. Tout part d'un rapport de prospective énergétique, intitulé « Energy in the Future » et publié en 1953, commandé par la Commission de l'énergie atomique des États-Unis, un institut de recherche missionné pour développer les applications de l'énergie nucléaire.

Sans surprise, le document se conclut en proclamant la nécessité absolue du développement du nucléaire civil. Mais la conclusion importe moins que le raisonnement, souligne Jean-Baptiste Fressoz, et celui-ci s'articule autour de trois arguments : la hausse de la demande en énergie causée par le développement économique et la croissance démographique, l'épuisement du pétrole et du charbon d'ici un siècle, et, enfin, de manière précoce, le réchauffement climatique. Les énergies renouvelables, parce qu'elles n'offrent pas l'électricité en continu, sont reléguées au rang d'énergie d'appoint. « Les savants nucléaires sont obsédés par l'épuisement des ressources à venir. Ils savent qu'à terme il n'y aura plus de pétrole, insiste Jean-Baptiste Fressoz. A priori, le nucléaire n'est pas très pratique pour faire avancer une voiture, il faut un carburant liquide... Il faut donc fabriquer de l'hydrogène[2]. » Les idées hydrogéniques infusent donc dès les années 1950, mais restent alors confinées au sein du milieu atomiste.

Pour hisser le gaz hydrogène au rang de « nouveau pétrole », il faudra toute la conviction d'un homme : Cesare Marchetti,

---

1 Tout ce développement s'appuie sur le travail de Jean-Baptiste Fressoz, « La “transition énergétique”, de l'utopie atomique au déni climatique : États-Unis, 1945-1980 », *Revue d'histoire moderne & contemporaine*, 2022.
2 Entretien avec Jean-Baptiste Fressoz, le 21 juin 2023.

alias « Monsieur Hydrogène », un savant italien. Farouche promoteur du concept d'« économie hydrogène » (le revoilà !), Cesare Marchetti est chercheur en physique nucléaire, et donc fin connaisseur des problématiques d'épuisement des ressources. Dès les années 1960, le physicien atomiste décrit à qui veut l'entendre ses projets hydrogéniques spectaculaires, où des îles coralliennes au milieu de l'océan seraient mobilisées pour construire des centrales nucléaires reliées à des électrolyseurs capables de produire de l'hydrogène en masse. Des navires cryogéniques exporteraient ensuite le carburant du futur sous sa forme liquide (à une température de – 253 °C) aux quatre coins du monde. Invité au Japon après le premier choc pétrolier, il imagine déjà l'archipel, idéalement bordé par l'océan Pacifique, devenir « l'Arabie Saoudite du XXIe siècle[1] ». Vous le pensez fou ? Remplacez les centrales nucléaires par des éoliennes offshore et vous constaterez que des projets similaires sont aujourd'hui dans les tuyaux : au large de la mer Baltique par exemple, un parc éolien géant devrait alimenter en électricité une usine de production d'hydrogène en Allemagne – exploitée par l'entreprise *Lhyfe** – capable de produire jusqu'à 330 tonnes d'hydrogène chaque jour ; c'est l'un des plus ambitieux projets l'hydrogène renouvelable en Europe[2].

En France aussi, l'engouement hydrogénique résulte de la promotion du nucléaire. En 1974, Pierre Messmer, alors Premier

1 Jean-Baptiste Fressoz, *Sans transition, op. cit.*, p. 180.
2 « Lhyfe confirme son statut d'entreprise pionnière en matière de stratégie hydrogène avec un nouveau projet de 800 MW à Lubmin, en Allemagne, pour alimenter le futur réseau européen de distribution d'hydrogène », communiqué de presse de Lhyfe, 30 novembre 2023.

ministre, lance le premier grand plan nucléaire civil en réponse au choc pétrolier. Dans la foulée, Gaz de France (ancêtre de l'actuel groupe énergétique français Engie) intensifie ses recherches sur l'extraction de l'hydrogène par électrolyse de l'eau alimentée par l'énergie nucléaire. Embauché par la société gazière en 1977, Philippe Boucly s'en souvient d'ailleurs très bien. « On était en train de construire toute l'infrastructure du *gaz naturel** à cette période en France. Mais avec le programme nucléaire d'enfer lancé par EDF, on m'a dit qu'on aurait trop d'électricité nucléaire, et qu'on allait donc électrolyser de l'eau pour fabriquer de l'hydrogène. C'était un moyen de rester dans le domaine du gaz pour Gaz de France », raconte celui qui préside désormais France Hydrogène. Loin d'être anodines, les origines atomistes de la « transition hydrogène » offrent des clefs d'analyse pour comprendre les fantasmes et les promesses véhiculées, aujourd'hui encore, par la molécule totem. La majorité des projets de production d'hydrogène à travers le monde, en raison des éléphantesques puissances promises, reposent sur un modèle de gouvernance hypercentralisée, similaire à celui imposé par l'exploitation de l'énergie nucléaire. Surtout, l'hydrogène poursuit le même rêve prométhéen que l'atome : celui de fournir une énergie illimitée. Pourquoi donc est-il systématiquement rappelé, dans les discours sur l'hydrogène, que l'élément chimique H_2 est le plus répandu de l'Univers sinon pour nourrir le mythe de « l'hydrogène de l'abondance » ? Insistons sur le fait que, malgré leur abondance, les molécules H_2 ne sont quasiment jamais présentes à l'état pur, mais s'associent avec de l'oxygène pour former des molécules d'eau (H_2O) ou avec du carbone pour créer du méthane (CH_4). Foisonnantes ou non, les molécules d'hydrogène doivent donc être isolées puis récupérées par le biais de procédés techniques, complexes et gourmands en énergie, capables de dissocier les molécules H_2O ou CH_4.

Peu importe ! Dans les discours hydroptimiste, la molécule H_2 se métamorphose en « énergie propre ». Telle la fée électricité, dont la force miraculeuse repose sur l'art de camoufler ses origines – pourtant encore majoritairement issues de combustibles fossiles –, un même halo magique entoure l'hydrogène[1]. L'illusion va même un cran plus loin avec la molécule totem. « L'hydrogène n'est pas une énergie. C'est un *vecteur énergétique** qui en masque encore un autre : l'électricité. Sacrée série de paravents ! L'hydrogène est particulièrement habile pour dissimuler ses effets problématiques », résume le philosophe des sciences Fabrice Flipo[2].

L'hydrogène décentralisé dans le hit-parade des années 2000

Après le contre-choc pétrolier des années 1980, et donc la baisse des prix du pétrole, la frénésie retombe : la révolution promise n'a pas eu lieu. Le contexte redevient porteur à la fin de la décennie. En 1987, le rapport Brundtland, appelé « Notre avenir à tous », publié par l'Organisation des Nations unies,

1 En 2022, la production d'électricité a émis 13,3 Gt de CO_2, soit 1,3 % de plus que l'année précédente. Voir : AIE, « Electricity Market Report 2023 », p. 32.
2 Entretien avec Fabrice Flipo, le 5 mai 2023.

popularise l'expression « développement durable », définie en tant que « mode de développement qui répond aux besoins des générations présentes sans compromettre la capacité des générations futures de répondre aux leurs[1] ». S'ensuit le sommet de Rio, en 1992, marqué par l'adoption d'un texte fondateur mettant en avant 27 principes centrés autour du concept de développement durable[2]. La planète hydrogène renaît alors, doucement, bénéficiant de la réémergence des enjeux climatiques et environnementaux dans le débat public. Plus question toutefois de flanquer du gaz miracle partout.

Au début des années 2000 en France, les recherches hydrogéniques s'orientent spécifiquement sur la filière automobile. Les constructeurs Peugeot et Renault, en particulier, reçoivent des subventions pour développer un véhicule électrique doté d'une pile à combustible à hydrogène en collaboration avec le Commissariat à l'énergie atomique et aux énergies alternatives (*CEA**) et le Centre national de la recherche scientifique (CNRS), deux établissements publics de recherche[3]. À la suite de ces travaux, la multinationale PSA (aujourd'hui intégrée à Stellantis) ouvre un centre de recherche dédié aux piles à combustible en 2006, pariant sur un futur hydrogénique dans l'automobile. Jusqu'à son tête-à-queue stratégique, deux ans plus tard : PSA décide alors de se focaliser uniquement sur les

---

1 Gro Harlem Brundtland, « Notre avenir à tous », rapport de la Commission mondiale sur l'environnement et le développement, document de l'Assemblée générale des Nations unies A/42/427, 1987.
2 ONU, « Déclaration de Rio sur l'environnement et le développement », 12 août 1992 [consultable sur urlz.fr/qtSv].
3 Nicolas Simoncini, *Le plein d'hydrogène*, *op. cit.*, p. 192-202.

moteurs hybrides. Privé de son débouché potentiel principal, le gaz hydrogène connaît un nouveau passage à vide dans l'Hexagone. Dans la foulée, deux notes critiques, de l'Académie des technologies puis de France Stratégie, concluent que les usages potentiels de l'hydrogène ne sont pas viables d'un point de vue économique. Pas de quoi désamorcer l'utopie hydrogène pour autant.

À la même période, un influenceur *made in USA* prend à Cesare Marchetti ce qui appartient à Cesare Marchetti et devient le nouveau roi de l'hydrocratie : j'ai nommé Jeremy Rifkin. Celui qui murmure à l'oreille des puissants exerce l'étrange métier de « prospectiviste », marqueté comme « la science de l'homme à venir », ce qui l'amène à publier de nombreux livres dans lesquels il prédit le futur de l'humanité. En 2002, dans un nouvel ouvrage (son dix-neuvième), Jeremy Rifkin prophétise « la fin de l'ère du pétrole » et « la naissance d'un nouveau régime énergétique : l'économie hydrogène[1] ». C'est le grand retour du nouveau pétrole qu'il qualifie carrément de « carburant éternel ». « L'hydrogène ne s'épuise jamais, explique alors Jeremy Rifkin. Et, comme il ne contient pas un seul atome de carbone, il n'émet pas de dioxyde de carbone[2]. » CQFD.

La thèse principale sent le réchauffé et se fonde sur une histoire de l'énergie d'un simplisme grotesque, où la « révolution hydrogène » fera suite à « l'ère du pétrole », qui elle-même

1 Jeremy Rifkin, *The Hydrogen Economy: The Creation of the Worldwide Energy Web and the Redistribution of Power on Earth*, J.P. Tarcher/Penguin, 2002 [traduction fr. : *L'économie hydrogène. Après la fin du pétrole, la nouvelle révolution économique*, trad. par Nicolas Guilhot, La Découverte, 2002].
2 *Ibid.*, p. XX.

aurait refermé « l'âge du charbon ». Or, comme le démontre Jean-Baptiste Fressoz, cette histoire de l'énergie découpée en phases successives, indépendantes les unes des autres, entretient une vision fausse du système énergétique mondial, puisque les énergies primaires ont tendance à s'additionner plutôt qu'à se substituer entre elles. L'exploitation du pétrole ne met par exemple pas un terme à l'industrie du charbon, bien au contraire : le pétrole nécessite la construction de plateformes pétrolières, de derricks, de pipelines, ce qui requiert beaucoup d'acier, et donc de charbon. Et l'industrie du charbon, quant à elle, repose sur une exploitation massive de bois pour en faire des poutres, des étais, des perches, des planches destinées à boiser les galeries. « En 1913, la Grande-Bretagne utilisait beaucoup plus de bois pour extraire son charbon qu'elle n'en brûlait au milieu du XVIIIe siècle[1] », révèle l'historien.

L'ouvrage de Jeremy Rifkin est pourtant qualifié de « visionnaire », et permet à son auteur de vendre des « *master plans* » censés aider les collectivités territoriales qui le désirent (et qui disposent du budget) à entrer dans la « troisième révolution industrielle ». Selon lui, « l'ère de l'industrie verte qui émerge » repose sur un régime énergétique décentralisé, où « chaque être humain pourrait produire et même échanger sa propre électricité ». L'hydrogène, envisagé comme un moyen technique pour stocker l'électricité sous forme gazeuse, représente alors un maillon central pour générer et utiliser l'énergie à l'échelon local, tel que le préconise Jeremy Rifkin. Le futurologue envisage ainsi

1 Jean-Baptiste Fressoz, « Pour une histoire des symbioses énergétiques et matérielles », *Annales des Mines – Responsabilité et environnement*, vol. 101, 2021, p. 8.

de mettre en place des systèmes hydrogène au pied de chaque bâtiment, de manière à compenser les variations de puissance inhérentes à la production d'électricité solaire et éolienne[1]. La révolution à la Rifkin s'avère particulière flatteuse pour les collectivités, qui hériteraient du premier rôle dans la gouvernance d'un modèle énergétique décentralisé. La région Nord-Pas-de-Calais se déleste ainsi de 350 000 euros en 2012 pour un plan révolutionnaire sur mesure, présenté à Lille par l'économiste providentiel en personne[2]. Le nouvel élan hydrogénique offert par les territoires à partir du début des années 2010, et confirmé par les stratégies hydrogène depuis 2020, ne rompt cependant pas avec « l'ère des combustibles fossiles » et n'aboutit pas non plus sur un modèle énergétique local, ainsi que le promettait Jeremy Rifkin. Bien au contraire. L'hydrogène mania tire la consommation d'énergies carbonées vers le haut, et renforce le modèle de production de masse de la molécule tel qu'il existe aujourd'hui.

1 Jeremy Rifkin, *The Third Industrial Revolution; How Lateral Power is Transforming Energy, the Economy, and the World*, Palgrave MacMillan, 2011 [éd. fr. : *La troisième révolution industrielle. Comment le pouvoir latéral va transformer l'énergie, l'économie et le monde*, trad. par Françoise et Paul Chemla, Les liens qui libèrent, 2012].
2 Laurie Moniez, « Le Nord-Pas-de-Calais s'entiche de Jeremy Rifkin », *Le Monde*, 18 mars 2014.

PETITE MOLÉCULE, GROSSES USINES DE PRODUCTION

« L'hydrogène est-il l'énergie de demain ? » s'interrogent, en des termes quasi identiques, des journaux et des chaînes aussi variés que *Le Monde*, la BBC, la télévision centrale de Chine ou Radio France internationale. Le quotidien *The Times of India* semble avoir tranché, et considère la molécule comme « une opportunité pour que l'Inde atteigne la neutralité carbone », tandis que le journal états-unien *Los Angeles Times*, plus prudent dans sa formulation, titre : « Los Angeles a besoin d'énergie propre. Voilà pourquoi l'hydrogène peut être la solution ». Dans les médias du monde entier, l'hydrogène se conjugue au futur[1].

1 « L'hydrogène est-il le pétrole de demain », *Le Monde*, 25 octobre 2022 ; « Is green hydrogen the fuel of the future? », *BBC*, 9 août 2021 ; « Will hydrogen be the fuel of the future? », *China Global Television Network*, octobre 2021 ; « L'hydrogène, une énergie d'avenir ? », *RFI*, 22 septembre 2022 ; « Green Hydrogen Fuel: An opportunity for India to achieve Net-Zero », *The Times of India*, 13 septembre 2022 ; « L.A. needs clean energy. Why hydrogen could be the answer », *Los Angleles Times*, 21 mars 2022.

Une industrie (et une pollution) déjà bien réelle

L'industrie hydrogène n'est pourtant pas *à venir*, comme le laisse entendre ce type de traitement médiatique, elle existe depuis un demi-siècle déjà, et des millions de tonnes de molécules H_2 sortent de ses usines chaque année. En 2021, les multinationales *Linde**, *Air Product**, *Air Liquide** et autres mastodontes de la chimie ont fabriqué 95 millions de tonnes d'hydrogène[1], larguant au passage quelque 900 millions de tonnes de CO_2 dans les airs. Autant que le secteur de l'aviation. Et pour cause, la quasi-totalité du dihydrogène consommé aujourd'hui provient de ressources fossiles : gaz naturel (donc fossile) en tête, suivi par le charbon et le pétrole. À l'inverse de son omniprésence médiatique, l'électrolyse de l'eau, qui pourrait permettre de fabriquer de l'hydrogène bas-carbone à partir d'eau et d'électricité, représente un pouillème de la production totale de la molécule totem.

Au commencement était le gaz fossile

Le procédé de fabrication le plus courant s'appelle le *reformage de méthane à la vapeur**, ou vaporeformage de méthane, et s'industrialise au sein d'usines aux allures de centres

1 80 Mt ont été produites dans des usines de production spécifiquement dédiées à la production d'hydrogène. Les 15 Mt d'hydrogène restants sont des «coproduits» d'autres secteurs. De l'hydrogène se forme par exemple au cours de certaines opérations de raffinage du pétrole. AIE, «Global Hydrogen Review 2023», septembre 2023, p. 13 et p. 46. Voir également schéma page 307.

Pompidou fagotés de tuyaux d'acheminement de gaz. Le cœur de la réaction consiste à faire réagir le méthane (dont la formule chimique s'écrit CH_4), principal composant du gaz naturel, avec de la vapeur d'eau (H_2O) chauffée à plus de 800 °C (ce qui est très énergivore, et donc polluant) et du nickel (pour accélérer le processus). La molécule CH_4 se décompose alors en H_2 (ce qui nous intéresse) et en monoxyde de carbone (CO). Cette dernière molécule, toxique, est ensuite envoyée vers une autre unité remplie de vapeur d'eau (portée à 400 °C) pour fabriquer encore un peu plus d'hydrogène et du CO_2… qui est tout bonnement déversé dans les airs. Au total, fabriquer 1 kilogramme d'hydrogène à partir de gaz fossile revient à lâcher *directement* entre 9 et 13 kilogrammes de dioxyde de carbone dans l'atmosphère[1].

Et ce n'est pas tout ! Avant d'accoster au centre Pompidou de la chimie, le gaz fossile est d'abord aspiré des entrailles de la Terre, puis transporté sur plusieurs centaines de kilomètres via des gazoducs – comme Nord Stream 1 et 2 qui relient la Russie à l'Allemagne par la mer Baltique – pour être stocké au sein de poches sous le sol (les cavités salines) ou de roches perméables. À chaque étape, des molécules de méthane – un gaz à effet de serre 28 fois plus puissant que le dioxyde de carbone sur une période de 100 ans[2] – s'échappent vers le ciel. En partie de manière involontaire (des fuites), mais surtout de manière

1 AIE, « Comparison of the emissions intensity of different hydrogen production routes, 2021 », mis à jour régulièrement, consulté le 12 octobre 2023. Gérard Longuet (rapporteur), « Rapport d'information sur les modes de production de l'hydrogène », OPECST, no 4098, déposé le 15 avril 2021.
2 Si l'horizon temporel est de vingt ans, le *pouvoir réchauffant** du méthane est 84 fois plus puissant que le dioxyde de carbone.

intentionnelle (à des fins bêtement économiques[1], pour des opérations de maintenance ou pour des raisons de sécurité). Loin d'être anecdotique, la prise en compte des émissions de méthane pourrait doubler le poids climatique de l'hydrogène produit à partir de gaz fossile, d'après les estimations parues dans la revue scientifique *Energy, Science & Engineering* en 2021[2].

Et ce n'est (toujours) pas tout ! Le plus vorace des consommateurs d'hydrogène représente pas moins du quart des émissions totales de CO_2 ; il s'agit du secteur pétrolier[3]. La molécule totem, requise pour retirer les particules de soufre des carburants fossiles, contribue donc à la pérennité d'une industrie climaticide. La production de l'ammoniac, l'autre principale dévoreuse de molécules H_2, remporte, quant à elle, le trophée de l'industrie chimique la plus polluante[4]. En prenant en compte les effets *indirects* donc,

---

1 Les rejets intentionnels représentent trois quarts des émissions de méthane causées par le secteur pétrolier et gazier en 2021. Par exemple, s'il n'est pas rentable d'utiliser ou de vendre le gaz fossile, sous-produit de l'extraction de pétrole, pour une compagnie pétrolière – ce qui arrive en particulier lorsque le gazoduc est trop petit –, le méthane est brûlé à la torche ou rejeté dans l'atmosphère. BloombergNEF, « The Oil and Gas Industry's Methane Problem in Four Charts », about.bnef.com, 10 août 2022.

2 Plus précisément, les chercheurs estiment que la production d'hydrogène à partir de gaz naturel génère en tout 153 g $eqCO_2$ par mégajoule (MJ) ; les émissions de dioxyde de carbone sont responsables de 75,6 g $eqCO_2$/MJ, et celles de méthane non brûlé représentent 77,4 g $eqCO_2$/Mj. Robert W. Howarth et Mark Z. Jacobson, « How green is blue hydrogen? », *Energy, Science & Engineering*, 2021.

3 La production et surtout la combustion de pétrole ont généré 11,2 Gt de CO_2 en 2022, selon l'AIE, « CO_2 Emissions in 2022 », mars 2023, p. 8.

4 La production de l'ammoniac représente 30 % des émissions de CO_2 de l'industrie chimique, atteignant le score de 450 Mt de CO_2 par an, en émissions directes (autant que le secteur de l'énergie de l'Afrique du Sud). Voir : AIE, « Ammonia Technology Roadmap », octobre 2021, p. 9 ; et groupe 3 du Giec,

les mauvais résultats climatiques et environnementaux de l'hydrogène explosent. Et la déflagration n'est pas près de s'arrêter : la croissance enregistrée par le secteur de l'hydrogène (+ 5 % entre 2020 et 2021) est largement tirée par les consommateurs historiques que sont les raffineurs et les producteurs d'ammoniac[1]. Et non, comme on aurait naïvement pu le penser, par de nouveaux secteurs d'activité cherchant à s'approvisionner en hydrogène bas-carbone pour décarboner leurs activités.

Et ça continue, encore et encore

Pour répondre à la hausse de la demande, les investissements dans les usines de production d'hydrogène fossile se poursuivent, ce qui tire la consommation globale de gaz fossile vers le haut. Illustration avec les annonces récentes des trois principaux groupes industriels mondiaux du secteur des gaz industriels et de l'hydrogène fossile : la société américano-allemande Linde, la compagnie française Air Liquide et l'entreprise états-unienne Air Product. Ainsi, le leader du marché international des gaz destinés à l'industrie, Linde, annonce, fin 2023, avoir investi 83 millions d'euros pour construire une nouvelle usine de vaporeformage de méthane, qui devrait être implantée en Alabama, dans le sud-est des États-Unis, à côté de son unité de liquéfaction d'hydrogène déjà existante[2]. Deux ans

« Atténuation du changement climatique », AR6, 2022, p. 1192. Voir également, dans le chapitre « Laver plus vert que vert », p. 135.
1 AIE, « Global Hydrogen Review 2022 », p. 14.
2 « Linde Increases Hydrogen Production in Southeast United States », communiqué de presse de Linde, 5 décembre 2023. L'équipement de liqué-

plus tôt, le même groupe déclarait commencer à approvisionner la raffinerie texane Phillips 66 Sweeny en hydrogène fossile, après le démarrage réussi de sa nouvelle usine de production[1]. « Au cours des cinq dernières années, nous avons considérablement étendu notre système d'approvisionnement en hydrogène déjà solide sur la côte américaine du golfe », résume dans un communiqué de presse Jeff Barnhard, alors vice-président des activités de Linde dans le sud des États-Unis[2].

En 2022, le second fournisseur mondial de gaz industriels, Air Liquide, annonce avoir ouvert « son plus grand centre de production d'hydrogène liquide », qui se compose d'une usine de vaporeformage de méthane couplée à une unité de liquéfaction, au nord de Las Vegas dans le Nevada[3]. Plus dispendieuse,

---

faction d'hydrogène, déjà opérationnel, ne fabrique pas de nouvelles molécules H_2, mais transforme l'hydrogène sous forme gazeuse en hydrogène liquide. « Engineering Analysis. Linde Inc. McIntosh Plant. Facility N°. 108-0028 / Master ID: 9778. Steam Methane Reformer Hydrogen Production Plant », adem.state.al.us, 28 octobre 2022.

1 « Phillips 66 lets contract for Sweeny refinery hydrogen supply », *Oil & Gas Journal*, 9 novembre 2018.

2 « Linde Starts Up Major New Hydrogen Facility in the U.S. Gulf Coast », communiqué de presse de Linde, 21 octobre 2021. Effectivement, en 2019 déjà, en Louisiane, Linde a dépensé 230 millions d'euros pour bâtir une nouvelle usine de production d'hydrogène à partir de gaz fossile en Louisiane, aux États-Unis, pour satisfaire les besoins des raffineries du coin. « Linde Announces Construction Of New $250 Million World-Scale Hydrogen Plant In St. James Parish », communiqué de presse de Louisiana Economic Development, 2 avril 2019 ; « (Archived) Praxair to Build New World Scale Hydrogen Plant in Louisiana », communiqué de presse de Linde (qui a racheté Praxair en 2019), 28 février 2019.

3 « Air Liquide's North Las Vegas Liquid Hydrogen Production Facility », usa.airliquide.com, consulté le 18 janvier 2024 ; « Document d'enregistrement universel 2022 », Air Liquide, p. 54.

la société états-unienne Air Products, troisième leader mondial du secteur, signale dans son rapport d'activité 2020 avoir acquis cinq usines de production d'hydrogène par vaporeformage de méthane qui devraient ouvrir en Californie et dans le Delaware pour un total de 480 millions d'euros[1]. La même année, Air Products déclare avoir investi 460 millions d'euros au Texas pour construire et exploiter son plus grand site de production d'hydrogène à partir de gaz fossile[2]. « Un projet passionnant que nous sommes très fiers d'avoir remporté », commente Seifi Ghasemi, PDG d'Air Products, dans un communiqué de presse[3].

Pour approvisionner le marché international en hydrogène, l'industrie mise aussi sur le charbon, le plus sale des combustibles fossiles, dont la transformation en 1 kilogramme de molécules H_2 rejette entre 20 et 24 kilogrammes de CO_2 dans les airs, deux fois plus que le gaz fossile[4]. Lors d'une première étape dite de *gazéification du charbon**, l'hydrocarbure est transformé en gaz de synthèse (syngas), un mélange d'hydrogène, de monoxyde de carbone, de vapeur d'eau et d'une petite quantité de dioxyde de carbone, dont

1 « Annual Report 2020 », Air Products ; « Air Products Completes Acquisition of Five Operating Hydrogen Plants for $530 Million from PBF Energy », communiqué de presse d'Air Products, 20 avril 2020.

2 « Air Products to Make Largest-Ever U.S. Investment of $500 Million to Build, Own and Operate Its Largest-Ever Hydrogen SMR, a Nitrogen ASU and Utilities Facilities, and Wins Long-Term Contract to Supply Gulf Coast Ammonia's New World-Scale Texas Production Plant », communiqué de presse d'Air Products, 1er août 2020.

3 *Ibid.*

4 Gérard Longuet (rapporteur), « Rapport d'information sur les modes de production de l'hydrogène », OPECST, n° 4098, déposé le 15 avril 2021.

l'hydrogène est ensuite extrait par le biais de la « réaction du gaz à l'eau » très émettrice en CO_2.

La société Air Products annonce avoir investi 11 milliards d'euros entre 2021 et 2023 pour installer des unités de gazéifications, des unités de séparation de l'air et de traitement du gaz de synthèse à Jazan, en Arabie Saoudite, dans le cadre d'une coentreprise lancée avec les sociétés pétrolières et électriques saoudiennes Aramco et ACWA Power[1]. De son côté, Linde déclare investir 1,3 milliard d'euros en 2019 pour construire et exploiter quatre gazéifieurs, ainsi que des unités de traitement de gaz, au sein d'un site de la major pétrolière ExxonMobil basé sur l'île de Jurong, à Singapour[2]. Notons également que la frénésie hydrogène profite aux industriels du charbon eux-mêmes, et en particulier ceux implantés en Australie, comme BHP Mitsubishi Alliance ou Anglo American Metallurgical Coal Ltd, qui bénéficient d'une exonération de la taxe douanière indienne depuis la signature d'un accord de libre-échange sur le charbon entre l'Inde et l'Australie en avril 2022[3].

« Le choix du feu »

La situation décrite ci-dessus n'est guère surprenante. Elle s'inscrit au sein d'une trajectoire technique entamée dès la fin

---

1 « Annual Report 2023 », Air Products, p. 79.
2 « Linde Signs Long-Term Agreement with ExxonMobil to Supply Integrated Manufacturing Complex in Singapore », communiqué de presse d'Air Products, 25 juin 2019.
3 Ambassade de France en Inde, « Le développement de l'hydrogène décarboné en Inde », 14 juin 2023.

du XVIIIe siècle, que le socio-anthropologue Alain Gras appelle « le choix du feu[1] ». C'est au moment de la révolution industrielle, nous explique le chercheur, que l'énergie extorquée de la *combustion* des ressources non renouvelables (pétrole, gaz naturel, charbon, uranium), autrement dit « l'énergie du feu », commence à prospérer. Aujourd'hui, l'énergie soutirée au feu incendie les moindres fragments de notre quotidien. Les transports, évidemment, brûlent du carburant à longueur de kilomètres et sont donc tributaires du feu. L'agriculture est également dépendante de cette forme d'énergie pour alimenter les tracteurs, moissonneuses-batteuses et autres machines agricoles, ainsi que pour fabriquer les engrais, les pesticides. Sans parler de l'alimentation elle-même, fortement industrialisée et carnée. L'informatique et la téléphonie, faussement virtuelles et dématérialisées, reposent sur des data centers, des câbles sous-marins, des réseaux de transmission et de distribution d'électricité, inséparables du choix du feu. Selon Alain Gras, ce choix représente une rupture dans l'histoire de l'humanité : les sociétés préindustrielles ne faisaient pas reposer leur vie entière sur l'exploitation d'une seule forme d'énergie, mais mobilisaient au contraire la puissance des quatre éléments naturels, et en particulier l'air et l'eau, qui faisaient fonctionner différents types de moulins[2].

---

1 Alain Gras, *Le choix du feu. Aux origines de la crise climatique*, Fayard, 2007.
2 « Si le feu était utilisé, il était surtout alimenté par des combustibles renouvelables et ne prenait jamais le pas sur les trois autres éléments. Généralement, il avait même un statut culturel particulier, qui en faisait un élément réputé dangereux, à manier avec précaution. » Voir : Luc Semal, « Alain Gras, 2007,

L'hydrogène mania ne rompt donc pas avec « le choix du feu ». L'hydrogène tel qu'il est fabriqué aujourd'hui prolonge cette voie embrasée qui aboutit à des catastrophes climatiques, écologiques et socio-économiques en cascade. Loin d'être une fatalité, ou une sorte d'évolution autonome qui s'imposerait à l'humanité, l'hégémonie des techniques qui reposent exclusivement sur le feu fut avant tout un *choix*. L'hydrogène de demain, censé dériver des énergies renouvelables, est-il en mesure de modifier cette trajectoire macabre ? C'est en tout cas ce que laisse penser la jolie *typologie arc-en-ciel** utilisée pour différencier les modes de production de l'hydrogène[1].

Au pied de l'arc-en-ciel, le business as usual

Hydrogène vert, bleu, rose, jaune, turquoise, gris... dans les discours qui lui sont consacrés, le vecteur d'énergie H_2 se retrouve affublé d'une parure colorée différente en fonction de la manière dont il a été produit. Les molécules, pourtant totalement incolores, même lorsqu'elles brûlent, sont ainsi teintées en « vert » lorsqu'elles sont fabriquées à partir d'électricité issue de sources éoliennes, solaires, de barrages hydroélectriques ou de biomasse. Si l'électricité nucléaire alimente la machine capable de casser la molécule H_2O à la place de l'électricité renouvelable,

---

Le choix du feu. Aux origines de la crise climatique, Fayard, 281 p. », *Développement durable et territoires*, 2008.

1 Voir, dans le glossaire, le schéma « La typologie arc-en-ciel » p. 295.

l'hydrogène se colore en « rose », et lorsque c'est l'électricité du réseau qui est utilisée, l'hydrogène devient « jaune ». À moins que ce ne soit l'inverse ? Les couleurs varient parfois selon les documents consultés, cette classification n'étant pas officielle. L'hydrogène blanc est celui qui s'échappe naturellement de la surface de la Terre. Le gaz hydrogène se farde de bleu dès lors qu'un équipement industriel censé capturer les émissions de CO_2, ensuite enfouies dans le sous-sol océanique, est connecté à l'usine qui produit l'hydrogène à partir de ressources fossiles. Pour décrire les méthodes de production de l'hydrogène à partir d'hydrocarbures, sans captage et stockage de CO_2 donc, l'arc-en-ciel disparaît au profit d'un ciel ténébreux : la couleur grise correspond au reformage de méthane à la vapeur, le procédé dominant, le noir et le marron renvoient à la production d'hydrogène à partir de charbon.

Qui a inventé « l'hydrogène bleu » ?

Avant la pandémie et la frénésie hydrogène qui s'ensuivit, l'idée que l'hydrogène puisse être une solution climatique n'allait pas forcément de soi, la molécule étant principalement fabriquée à partir d'hydrocarbures, dont l'exploitation est délétère pour l'environnement et le climat. L'un des enjeux stratégiques, pour les promoteurs et promotrices de ce vecteur d'énergie, consistait donc à *verdir* l'image de l'hydrogène. En distinguant les molécules H_2 en fonction des différents modes de production possibles, la typologie arc-en-ciel insiste précisément sur l'existence d'alternatives propres. Elle réduit même l'émergence d'une industrie hydrogène vertueuse pour le climat à une simple question technique. À qui cela profite-t-il sinon à l'industrie de l'hydrogène elle-même? Je suis en effet partie de l'hypothèse selon laquelle la popularisation de cette classification pouvait représenter un intérêt pour les entreprises impliquées dans le secteur, davantage que pour les autres acteurs du monde de l'hydrogène (scientifiques, responsables politiques, associations de défense de l'environnement, etc.). J'ai voulu en avoir le cœur net en retraçant son origine.

J'ai décidé de me concentrer sur la genèse de « l'hydrogène bleu »; une expression qui me semble particulièrement lisse par rapport aux techniques controversées qu'elle est censée désigner et dont l'utilisation s'est pourtant imposée partout – sources industrielles, articles scientifiques, discours politiques... –, à l'échelle nationale comme internationale. J'ai tapé les mots clefs « *blue hydrogen* » sur Google Actualités, puis j'ai filtré les résultats par date. Rien avant les années 2010. La première publicisation de l'expression, dans un sens proche de celui que nous connaissons, semble provenir d'un communiqué d'Air Liquide daté du 10 septembre 2012, dans lequel le groupe annonce avoir mis en place une station-service d'hydrogène pour les voitures particulières en Allemagne, dans la ville de Düsseldorf[1]. « L'une des stations [installées au Japon] a démontré la faisabilité d'une chaîne complète "Blue Hydrogen", des copeaux de bois à la mobilité propre », est-il écrit dans le

1 « Opening of the first Air Liquide public hydrogen filling station for passenger cars in Germany, in the city of Düsseldorf », communiqué de presse d'Air Liquide, 12 septembre 2012.

document. J'ai ensuite poursuivi mes recherches sur le réseau social X (ex-Twitter), où j'ai scrollé les différents posts qui mentionnent l'expression jusqu'à tomber sur la première occurrence. Bingo : le 5 octobre 2011, André, un utilisateur du réseau social qui se décrit dans sa bio comme « formateur en informatique et bureautique en quête de nouveaux défis et de nouvelles technologies », partage l'article d'un média nommé *Le Buzz Auto*, intitulé « Air Liquide lance Blue Hydrogen[1] ». Comme la page de l'article n'existe plus, je passe par Internet Archive, une grande bibliothèque numérique dédiée à l'archivage du web, et j'apprends que le groupe industriel vient de lancer « la nouvelle appellation Blue Hydrogen[2] ». Le média *Technologic Vehicles* confirme l'information le lendemain et apporte des précisions sur le contexte dans un autre article partagé sur Twitter[3]. « Sur le circuit de Marcoussis s'est déroulé le plus grand rassemblement de véhicules à hydrogène en France, [...] Air Liquide a présenté une solution avec son Blue Hydrogen, obtenu grâce à l'utilisation d'énergies renouvelables : électrolyse de l'eau et reformage du biogaz. Le CO_2 émis lors de la production est à son tour capté et stocké[4]. » Munie des résultats de mes recherches dans les tréfonds du net, je pose directement la question au responsable des relations presses chez Air Liquide, qui me confirme que l'expression « hydrogène bleu » a bien été forgée au sein de la

1 André (@Adngold), twitter.com, 5 octobre 2011, 9 h 34.
2 « Air Liquide lance Blue Hydrogen », *Le Buzz Auto*, 5 octobre 2011, via web.archive.org, consulté le 12 janvier 2024.
3 TechnologicVehicles (@TechVehicles), twitter.com, 6 octobre 2011, 16 h 14.
4 « Blue Hydrogen by Air Liquide: demonstration of FCEV in France », *TechVehi*, 6 octobre 2011, via web.archive.org, consulté le 12 janvier 2024.

société française. Mais alors, pourquoi « bleu » ? « J'imagine que cela pourrait venir de la couleur du groupe[1] », glisse le communiquant. Le bleu domine en effet le site internet d'Air Liquide, de même que le logo du groupe, de couleur bleu céruléum, qui ressemble à une goutte d'eau tournée vers le haut[2].

Des couleurs passées de mode

Joli coup marketing, puisque l'hydrogène incarne désormais la technologie totem de la croissance verte. Contrairement aux années 2010, l'enjeu majeur de la filière n'est donc plus de démontrer son intérêt climatique auprès des pouvoirs publics. La priorité stratégique pour des promoteurs et promotrices de la molécule H_2 consiste désormais à convaincre les responsables politiques que *tous* les procédés de production se valent à partir du moment où les émissions de CO_2 sont faibles. Qu'importe si l'électricité utilisée pour produire l'hydrogène est issue du nucléaire ou d'énergies renouvelables. Qu'importe si l'hydrogène dérive toujours de sources fossiles à partir du moment où une infrastructure de captage-transport-stockage de CO_2 bonifie le bilan carbone du procédé. La typologie arc-en-ciel, qui opère

1 Questions posées en marge d'une visite presse de l'usine d'hydrogène bleu d'Air Liquide, en Normandie, le 18 décembre 2023.
2 De manière similaire, j'ai tenté de retracer l'origine de l'expression « hydrogène vert », mais rien de concluant n'est sorti de mes recherches. Il est d'ailleurs intéressant de noter qu'aucun·e des spécialistes que j'ai interrogé·es sur l'origine de la typologie arc-en-ciel n'était en mesure de me répondre, ni les personnes travaillant dans les industries, ni les historien·nes, ni les autres scientifiques français·es impliqué·es dans le monde de l'hydrogène de longue date.

une distinction des molécules H_2 en fonction de leurs modes de fabrication, devient alors carrément encombrante pour les industriels du secteur. « Exclure l'une ou l'autre technologie serait stupide, parce que cette décision retarderait la transition. Nous avons besoin de toutes les technologies ! » appuie Jorgo Chatzimarkakis, le président d'Hydrogen Europe[1]. Au sein de l'Union européenne, l'hydrogène est considéré comme « bas-carbone » à partir du moment où le procédé de fabrication émet moins de 3,38 kilogrammes d'équivalent CO_2 par kilo d'hydrogène produit[2]. Ce seuil, qui correspond à un abattement de l'ordre de 70 % par rapport aux émissions de CO_2 moyennes d'un procédé de fabrication à partir de ressources fossiles, a pour principal avantage de pouvoir qualifier l'hydrogène produit à partir d'électricité nucléaire ainsi que l'hydrogène fossile avec captage de carbone[3]. Les lobbyistes ont encore quelques coups de com' et rendez-vous stratégiques à organiser, tant l'hydrogène « vert », ou « renouvelable », continue de concentrer tous les espoirs en Europe.

---

1 Entretien avec Jorgo Chatzimarkakis, le 12 septembre 2023.

2 « Commission Delegated Regulation (EU) 2023/1185 » au titre de la directive sur les énergies renouvelables, 10 février 2023 ; et Thomas Boigontier *et al.*, « Low-carbon hydrogen production in the EU: are 2030 targets achievable? », Zenon Research, Mines Paris, IHEIE, 2023.

3 Notons que la méthodologie précise pour le calcul, qui doit être définie par la Commission par acte délégué, n'avait pas encore été publiée dans le *Journal officiel* début avril 2024. On ne sait pas si les 3,38 kg eqCO_2 comprennent l'ensemble du cycle de vie, émissions de méthane incluses, ou s'ils ne correspondent qu'aux émissions associées au procédé de fabrication. En fonction du mode de calcul, l'hydrogène bleu sera, ou pas, considéré comme bas-carbone. « UE. Définition de l'hydrogène bas-carbone : la bataille de calendrier est enclenchée », *Contexte*, 3 avril 2024.

L'hydrogène renouvelable, ou la folie des grandeurs

Au loin, les huit éoliennes de la petite ville de Bouin, à une cinquantaine de kilomètres de Nantes, peinent à prendre de l'allure en cette chaude journée de septembre 2021. Je sors du bus spécialement affrété pour les journalistes, puis m'élance vers le chapiteau où se tient la cérémonie d'inauguration du premier site de production d'hydrogène par électrolyse de l'eau d'une jeune entreprise désormais incontournable dans le secteur : Lhyfe. Ce qui signifie, modestement, «la vie» (ou plutôt «la v'hy»). Sur une musique techno entêtante entre en scène Matthieu Guesné, le fondateur, paré d'un costard sans cravate. En arrière-plan, sur un écran géant, des enfants rient et courent sous un soleil couchant. La vidéo est légèrement ralentie, les couleurs tirent vers le sépia. «On a dix ans pour agir. On n'a plus le choix», affirme le créateur de la vie devant une assemblée de journalistes, d'industriels, de financiers et autres responsables politiques.

Pas de panique, les solutions sont disponibles dès à présent, s'empresse de préciser le PDG. «Le biogaz, les réseaux intelligents, les batteries...», liste-t-il. Et «la dernière solution», d'après Matthieu Guesné, ce n'est (étonnamment) pas la transformation radicale des modes de vie et de l'appareil productif. C'est l'hydrogène. «Chez Lhyfe, nous ciblons les aciéries, la chimie, la mobilité, ce qui représente quasiment 30 % de nos émissions de gaz à effet de serre. Avec l'hydrogène vert, nous avons donc un potentiel de décarbonation absolument faramineux, se réjouit le patron de l'entreprise, lancée en 2017 et déjà cotée en Bourse[1]. Par contre, ajoute-t-il, pour avoir suffisamment d'hydrogène pour décarboner tous ces secteurs, il faut en produire en très grande quantité ! »

C'est là où le mât (de l'éolienne) blesse.

Des giga-surfaces à dédier à la production d'hydrogène

Non loin du chapiteau chatoie un entrepôt à toiture plate, sombre et moderne, habillé d'une grande baie vitrée : c'est ici que l'hydrogène renouvelable de Lhyfe est fabriqué. Juste en face, accessible par un pont tout fin, un chalet en bois construit sur pilotis tient lieu de centre de recherche. Dimensionnée pour fabriquer une tonne d'hydrogène par jour, l'usine vendéenne s'étale sur 4 000 mètres carrés à peine, soit un demi-terrain de foot. « Nous avons déjà 60 autres sites de production, beaucoup plus gros, en cours de développement en Europe. Certains sont à 10 tonnes d'hydrogène par jour, ce qui permettrait de répondre aux besoins d'une ville comme Nantes », tient à préciser Matthieu Guesné[2]. Pour couvrir la production d'hydrogène mondiale (80 millions de tonnes par an), il faudrait donc construire 220 000 complexes similaires à celui de Bouin, et

1 Aurélie Barbaux, « Pourquoi Lhyfe s'introduit en Bourse après avoir déjà levé près de 85 millions d'euros », usinenouvelle.com, 22 avril 2022.
2 Le portefeuille de projets développés par Lhyfe, qui a continué son expansion depuis 2021, représentent une capacité totale de production installée de 9,9 GW à travers l'Europe à la fin de l'année 2023. Échanges de mails avec l'agence de communication de Lhyfe, entre le 15 et le 17 mai 2024.

dédier 8 villes comme Paris à la filière[1]. À l'échelle de la planète, rien d'insurmontable.

Un léger détail, particulièrement gourmand en espace, manque toutefois à ce chiffrage : les parcs solaire ou éolien capables d'alimenter le site en électricité. D'après une étude parue dans la revue scientifique *Nature Communications*, si l'hydrogène consommé au niveau mondial à horizon 2050 était uniquement fabriqué à partir de l'énergie du soleil, les panneaux solaires à mettre en place recouvriraient l'équivalent d'une France métropolitaine. C'est pire encore pour l'énergie éolienne. Selon la demande en hydrogène en 2050, qui varie en fonction des scénarios, entre 3 et... 24 France hexagonales devraient être sacrifiées pour fabriquer la quantité requise d'hydrogène via l'énergie du vent[2]. Vaste chantier !

En plus d'accaparer l'équivalent de 1 (dans le cas du solaire) ou 24 pays, les compteurs de consommation d'électricité s'affolent. Selon les calculs de l'ingénieur et économiste Victor Court, environ 4 080 térawattheures (TWh) d'électricité seraient requis pour fabriquer l'ensemble des molécules d'hydrogène qui sortent actuellement des usines d'hydrogène dédiées à partir

1 80 Mt d'hydrogène issues d'une production dédiée ont été consommées en 2022 (AIE, « Global Hydrogen Review 2023 », p. 46), et le site de Lhyfe peut produire environ 365 t/an, il faudrait donc à peu près 880 km² pour installer toutes les usines. La superficie de Paris est d'environ 105 km².
2 De 0,09 à 0,6 million de km² pour le solaire, et de 1,9 à 13,5 millions de km² pour l'éolien ; la surface de la France métropolitaine est de 0,54 million de km². Davide Tonelli *et al.*, « Global land and water limits to electrolytic hydrogen production using wind and solar resources », *Nature Communications*, 8 septembre 2023.

du procédé d'électrolyse de l'eau[1]. Dit autrement : il s'agirait de dévouer 1,5 fois la quantité d'électricité consommée annuellement par l'Union européenne pour les besoins en électrons d'une seule industrie[2] ; la filière hydrogène étant, par ailleurs, amenée à croître fortement dans les prochaines années.

Mais cessons ces fâcheuses estimations, et retournons dans le dessous-de-bras de la France, à Bouin. Loin de la ville, l'air finement iodé flatte mes narines, j'inspire un grand coup. À quelques centaines de mètres de l'usine, l'océan Atlantique lèche la côte vendéenne. Une aubaine pour Lhyfe : l'eau marine est directement puisée par l'entreprise, purifiée, puis électrolysée. Au total, 9 litres d'eau se cachent derrière chaque kilo d'hydrogène fabriqué à partir d'électricité, à quoi s'ajoutent ceux requis pour produire les panneaux solaires ou les éoliennes. Pour les pays qui ne souffrent pas encore de pénurie d'eau, la mise en place d'une filière hydrogène pompera un volume d'eau négligeable. Mais dans les zones déjà affectées par le manque d'eau, en particulier en Afrique du Nord et au Moyen-Orient, mais aussi en Europe (Belgique, Espagne), la production d'hydrogène risque d'aggraver la situation, estiment les chercheurs à l'origine de l'article de

1 En considérant qu'il faut 55 kWh pour produire 1 kg d'hydrogène (hypothèse de rendement de 60 %). Victor Court, « La transition énergétique est-elle un leurre ? », lors du séminaire « Approche scientifique des enjeux sociétaux (ASES) » à l'École des Houches, le 24 mai 2023. Chiffres ensuite mis à jour par l'auteur en novembre 2023 (par mail).

2 En 2022, l'UE a produit 2 641 TWh d'électricité. « Comment l'électricité de l'UE est-elle produite et vendue ? », consilium.europa.eu, mis à jour le 4 avril 2024.

Nature Communications cité plus haut[1]. En s'en tenant aux ambitions actuelles de déploiement de l'industrie hydrogène à horizon 2050, 37 pays seront concernés par l'intensification de la raréfaction de cette denrée vitale.

Les énergies renouvelables ne sont pas zéro émission

Prenez à peu près 300 t d'acier qui s'allongent sur une centaine de mètres vers le haut, munissez-les de pales immenses, et installez-les dans un champ à l'aide de camions et autres gros engins de transport dédiés. Puis répétez l'opération des dizaines, des centaines, des milliers de fois. La fabrication et le déploiement des « technologies vertes » comme les parcs éoliens et solaires génèrent quantité de gaz à effet de serre. Et ce n'est pas anecdotique. D'après un article de *Nature Communications*, la mise en place d'un système énergétique bas-carbone compatible avec l'Accord de Paris (+ 1,5 °C maximum au milieu du siècle) pourrait répandre 195 Gt de CO_2 supplémentaires dans l'atmosphère[2]. Soit l'équivalent de cinq années de pollution (au niveau de 2021)[3].

---

1 Certes, à l'échelle mondiale, le besoin en eau de la filière hydrogène est considéré comme « négligeable » à horizon 2050 par rapport à l'exploitation qu'en font d'autres secteurs (agriculture, industrie ou communes urbaines et rurales) : la demande en eau pomperait seulement entre 0,13 % et 0,56 % de la quantité totale d'eau disponible. Mais il est important de regarder à un maillon plus fin, pays par pays, voire région par région. Davide Tonelli *et al.*, « Global land and water limits... », art. cit.

2 Aljoša Slameršak, Giorgos Kallis et Daniel W. O'Neill, « Energy requirements and carbon emissions for a low-carbon energy transition », *Nature Communications*, 14 novembre 2022.

3 Pour un aperçu des grandeurs quantitatives climatiques en jeu, voir l'annexe « Chiffres et ordres de grandeur », p. 307.

Des giga-usines pour fabriquer les électrolyseurs

La journée se poursuit avec une visite de l'usine. Casques vissés sur la tête et gilets jaunes sur le dos, nous pénétrons par petits groupes au sein de l'entrepôt flambant neuf, puis grimpons les marches d'un escalier métallique à la queue leu leu. Derrière une large vitrine, des tuyaux de toutes les couleurs serpentent autour d'un réservoir à hydrogène, d'un compresseur et d'un purificateur installés en contrebas. « Le tuyau violet contient de l'eau. Le bleu fait passer de l'air comprimé, le vert, c'est le système de refroidissement. Le tuyau blanc sert à évacuer l'oxygène. Enfin, c'est dans le jaune que circule l'hydrogène », décrypte le directeur des opérations de Lhyfe[1]. Il faut s'approcher au plus près de la vitre pour discerner, dans le coin gauche de la salle des opérations, la superstar de la filière hydrogène renouvelable : l'électrolyseur. À l'intérieur de cette machine, sous l'effet du courant électrique, la molécule d'eau (H_2O) se casse en deux parties distinctes : d'un côté, le dihydrogène (H_2), le gaz qui nous intéresse, de l'autre, le dioxygène (O_2), relâché dans les airs. D'une taille similaire à deux congélateurs côte à côte, ce petit appareil se trouve au cœur de toutes les promesses.

Avant de répéter la formule *à la Lhyfe* – à savoir la mise en place d'éoliennes et d'électrolyseurs sur sites dédiés pour produire l'hydrogène – pour qu'affluent des millions de tonnes d'hydrogène renouvelable sur l'Europe, encore faut-il posséder suffisamment de ce type de baguettes électrolytiques ! Et pour cela, il faut, elles aussi, les confectionner dans des industries dédiées. L'Union

1 Aline Nippert, « Lhyfe produit ses premiers kilos d'hydrogène vert sur son site vendéen », usinenouvelle.com, 4 octobre 2021.

européenne entend ainsi installer moult « *giga-usines** » (c'est le terme officiel) d'électrolyseurs à travers le continent. Peu après la sortie du plan RePowerEU, en mai 2022, 20 dirigeant·es d'entreprises spécialisées dans la fabrication d'électrolyseurs s'engagent d'ailleurs formellement auprès de Thierry Breton, commissaire européen chargé du Marché intérieur, à multiplier les capacités de production en Europe par dix en trois ans; un jalon indispensable pour ensuite sortir les fameux 10 millions de tonnes d'hydrogène renouvelable chaque année à partir de 2030[1]. Par exemple en France, quatre usines XXL de fabrication des appareils de production de l'hydrogène électrolytique sont censées sortir de terre d'ici à 2030 : sur le Territoire de Belfort avec l'entreprise McPhy, dans le Haut-Rhin avec John Cockerill, en Loir-et-Cher avec Elogen et dans l'Hérault avec Genvia. Sera-ce suffisant ? Pas si sûr. Rien que pour les objectifs de consommation européens, la puissance d'électrolyseurs à installer (en comptant la future production locale et celle d'origine importée) doit être multipliée par quatre-vingts en moins d'une décennie. En effet, pour atteindre l'objectif de 10 millions de tonnes d'hydrogène produit par an sur son territoire, l'Union européenne estime devoir installer un minimum de 40 gigawatts (GW) d'électrolyseur d'ici à 2030. Une puissance au moins similaire doit être mise en place ailleurs dans le monde pour que l'UE puisse importer les 10 autres millions de tonnes prévues. Fin 2022, seul un petit gigawatt d'électrolyseurs était en fonction à travers le monde[2].

---

1 « Hydrogène : la Commission soutient l'engagement de l'industrie de multiplier par 10 les capacités de construction d'électrolyseurs dans l'Union européenne », communiqué de presse de la Commission européenne, 5 mai 2022.
2 AIE, « Global Hydrogen Review 2023 », p. 68.

D'où sortent ces folles ambitions ? Retour auprès de notre dandy de la politique, le président d'Hydrogen Europe, Jorgo Chatzimarkakis, à Bruxelles. « Avec notre groupe de travail dédié à l'électrolyse de l'eau, on a fini par aboutir à l'objectif de deux fois 40 gigawatts d'électrolyseurs installés d'ici à 2030. » Jorgo Chatzimarkakis pointe son doigt vers la titraille du livret qu'il m'a offert précédemment : « De l'hydrogène vert pour un Green Deal européen. Une initiative 2 × 40 GW ». Puis il replonge dans son siège, les yeux riants. « La moitié des gars de l'électrolyse nous disait : "Vous êtes fous ? C'est beaucoup trop !" L'autre partie du groupe rétorquait : "Soyons ambitieux, essayons !" Impossible de tomber d'accord ! » C'est le comité de direction du lobby qui tranche alors la question, et « l'initiative 2 × 40 GW » est officiellement adoptée par Hydrogen Europe en mars 2020, me rapporte Jorgo Chatzimarkakis. Les ambitions chiffrées des industriels européens seront ensuite reprises, mot pour mot, dans le document chargé de fixer un cap à la filière européenne hydrogène promulgué par l'exécutif européen en juillet de la même année.

Oups, des polluants éternels

Sacrée victoire pour l'industrie ! Pas question toutefois de se reposer sur ses gaziers. Quatre lettres font désormais trembler le secteur hydrogène tout entier : P.F.A.S. À prononcer « pifasse ». L'Allemagne, les Pays-Bas, le Danemark, la Suède et la Norvège portent un projet européen de restriction universelle de toutes les substances per- et polyfluoroalkylées (PFAS), plus connues sous le nom de… « polluants éternels ». Comme le veut la procédure, les cinq pays ont saisi l'Agence européenne des produits chimiques (ECHA) sur le sujet en janvier 2023, désormais chargée de rendre un avis sur le projet de restriction à la Commission courant 2024. À l'issue de quoi l'exécutif européen devra ensuite soumettre une proposition réglementaire aux États membres, ce qui signifie que la restriction sera effective, au plus tôt, en 2026 ou 2027[1]. Cette famille de produits chimiques, toxiques pour la santé et extrêmement persistants dans l'environnement, se déclinent en milliers de composés différents et se retrouvent aujourd'hui absolument partout : dans les sols des pays industrialisés et leurs eaux de surface, bien entendu, mais aussi dans les océans, dont celui qui se trouve tout, tout, tout au nord[2]. Et même dans les cheveux de député·e·s[3]. En Europe, plus de 17 000 sites sont pollués par des PFAS et au moins 21 000 autres zones sont présumées contaminées. C'est ce que révèle dans le journal *Le Monde* la journaliste Stéphane Horel dans le cadre d'une enquête de grande ampleur, menée avec un consortium de journalistes issu·es de cinq pays européens, sur ce qui constitue « l'une des plus graves contaminations auxquelles le monde est confronté[4] ». Toujours d'après ses

---

1 Agathe Cherki, « PFAS : l'UE fait un premier pas vers l'interdiction de (presque) tous ces "polluants éternels" », *Contexte*, 8 février 2023.

2 Hanna Joerss *et al.*, « Transport of Legacy Perfluoroalkyl Substances and the Replacement Compound HFPO-DA through the Atlantic Gateway to the Arctic Ocean: Is the Arctic a Sink or a Source? » *Environmental Science & Technology*, 2020.

3 Stéphane Horel et Stéphane Mandard, « Les "polluants éternels" sont partout, même dans les cheveux des députés », *Le Monde*, 28 juin 2023.

4 Stéphane Horel, Gary Dagorn, Luc Martinon et Raphaëlle Aubert, « "Polluants éternels" : comment "Le Monde" a suivi la trace des PFAS à travers l'Europe », *Le Monde*, 23 février 2023 ; et « The Forever Pollution Project », foreverpollution.eu, consulté le 8 avril 2024.

révélations, 16 millions de personnes en Europe, dont 2 millions en France, auraient contracté des pathologies (cancers, baisse de la fertilité, problèmes cardio-vasculaires) à cause de leur exposition aux PFAS.

Dotées de propriétés uniques chéries par les industriels, ces molécules sournoises sont utilisées pour fabriquer tout un tas de produits de la vie courante comme les vêtements (en contact direct avec notre peau), les cosmétiques (qu'on s'étale sur le visage), les emballages alimentaires, les pesticides, les revêtements antiadhésifs pour les poêles de cuisine (bien proches de nos assiettes), les mousses anti-incendie (bombardées dans les forêts ou dans les maisons), les batteries lithium-ion. Et puis, pour en revenir à notre molécule préférée, certains PFAS se retrouvent dans une catégorie particulièrement prisée de machines productrices d'hydrogène (les électrolyseurs PEM, dits « à membranes échangeuses de protons ») et dans les convertisseurs capables de retransformer l'hydrogène en électricité (les piles à combustible, essentielles aux véhicules à hydrogène). « Interdire les PFAS serait une catastrophe pour la filière, s'inquiète Philippe Boucly, le président de France Hydrogène[1]. Mais il y a peut-être un peu de rationnel qui va s'introduire dans le débat, en tout cas je l'espère. »

Pour faire émerger « un peu de rationnel dans le débat », Philippe Boucly peut compter sur son homologue européen et son influence à Bruxelles. Au mot « pifasse », Jorgo Chatzimarkakis se redresse sur sa chaise. « Nous avons un plan. Nous avons un plan très clair, insiste-t-il. Nous allons le présenter

---

1 Entretien avec Philippe Boucly, le 11 juillet 2023.

à la DG Environnement à la fin du mois de septembre 2023. » Dans les institutions européennes, les « DG », pour « directions générales », correspondent à des sortes de ministères supranationaux[1]. Il est en effet impératif pour Hydrogen Europe de se mettre le supraministère chargé de l'Environnement dans la poche : c'est bien la Commission européenne qui aura le dernier mot sur le texte[2], et celle qui se fait appeler « DG Env » dans le jargon bruxellois représente l'une des autorités compétentes en matière de produits chimiques dangereux au sein de l'exécutif européen. L'argumentaire du lobby européen se décline en trois points principaux.

Le premier consisterait à obliger les fabricants d'électrolyseurs, de piles à combustible, mais aussi les industries chimiques productrices de PFAS (qui souillent tout particulièrement les eaux et les sols), à adopter les « meilleures pratiques » existantes pour limiter au maximum les risques et les pollutions. « C'est techniquement faisable d'avoir un site de production sans dispersion de PFAS, mais ça coûte beaucoup plus cher. Il faut récupérer toute l'eau de traitement au lieu de la déverser dans le cours d'eau d'à côté et veiller à ce qu'aucune émission fugitive ne s'échappe de l'usine », explicite Sébastien Sauvé, professeur en chimie environnementale à l'université de Montréal, spécialiste des PFAS[3].

---

1 Je reprends ici l'analogie faite par la journaliste d'investigation au *Monde* Stéphane Horel, spécialiste du lobbying et des conflits d'intérêts, dans Stéphane Horel, *Intoxication. Perturbateurs endocriniens, lobbyistes, eurocrates : une bataille d'influence contre la santé*, La Découverte, 2015.
2 Agathe Cherki, « PFAS », art. cit.
3 Entretien avec Sébastien Sauvé en visio, le 19 septembre 2023.

Dans le même registre législatif, le second point serait de mettre en place une réglementation pour favoriser le recyclage des matériaux. « Je ne pense pas que la récupération des PFAS dans les composants des équipements hydrogène puisse devenir commercialement viable un jour, tempère le chercheur en chimie. Il existe des méthodes d'incinération à très haute température pour éliminer les PFAS, ainsi que les reflux de vapeurs et faire en sorte qu'ils ne se retrouvent pas dans la nature. Par contre, le bilan carbone n'est pas bon. »

Ces deux premiers messages, assez classiques en stratégie de lobbying, consistent à rassurer le législateur sur l'existence de solutions techniques à même de régler le problème.

Le troisième « argument », particulièrement retors, tire avantage de certains résultats scientifiques, sélectionnés avec soin. Par chance, nous apprend ainsi Hydrogen Europe, la sous-famille des PFAS spécifiquement exploitée par l'industrie hydrogène, les « polymères fluorés », est considérée comme « peu préoccupante » pour la santé et l'environnement. « C'est surtout les usages dispersifs des PFAS qu'il faut éliminer, et c'est vrai qu'il y a moins de risques de dispersion lorsque les PFAS sont utilisés dans un électrolyseur ou une pile à combustible que dans le maquillage par exemple, admet Sébastien Sauvé. Mais l'industrie a tendance à mettre en avant les résultats qui l'arrangent. Trop peu d'études ont été réalisées sur les polymères fluorés à ce jour pour conclure que ces substances sont peu nocives[1]. »

---

1 Pour aller plus loin dans le décryptage des arguments mis en avant par l'industrie pour « sauver » les polymères fluorés de l'interdiction : Stéphane Horel, « "Polluants éternels" : le plan de bataille des industriels pour éviter l'interdiction du "poison du siècle" », *Le Monde*, 25 février 2023.

Les éléments rhétoriques avancés par Jorgo Chatzimarkakis ne semblent pas avoir pleinement convaincu les membres du cabinet. D'après le site d'information *Contexte*, la DG Env a organisé un séminaire interne à la fin du mois de janvier 2024 pour informer ses collègues à la Commission qu'il existe des alternatives au PFAS, même dans les domaines stratégiques relatifs à la transition énergétique. Dans le cas de l'hydrogène, l'entreprise canadienne Ionomr, qui commercialise des membranes dites « échangeuses d'anions », dépourvues de polymères fluorés, a été donnée en exemple au cours de l'événement[1]. Notons toutefois qu'un électrolyseur à membranes échangeuses d'anions requiert tout de même une petite quantité de PFAS pour la fabrication du cadre et des joints d'étanchéité, selon un rapport de l'Agence internationale des énergies renouvelables[2].

L'H2 est aux platines

Les « membranes échangeuses de protons » n'ont décidément de drôle que leur nom ! En plus des polluants éternels, deux métaux critiques, le platine et l'iridium, figurent dans la composition de ces fines pellicules essentielles au fonctionnement de l'électrolyseur PEM et de la pile à combustible. Ces métaux du groupe platinoïde appartiennent à la liste des métaux de haute importance économique dont le risque de pénurie

1 « À la Commission, la DG Environnement sensibilise ses homologues au projet de restriction universelle des PFAS », *Contexte*, brève parue dans le Briefing environnement du 14 février 2024.
2 Irena, « Green Hydrogen Cost Reduction: Scaling up Electrolysers to Meet the 1.5 C Climate Goal », 2020, p. 32.

d'approvisionnement préoccupe l'Union européenne[1]. Plus de 70 % de la production mondiale se concentre en Afrique du Sud, le reste provient de la Russie. C'est un marché de niche. Toujours d'après l'Agence internationale pour les énergies renouvelables, les portions d'iridium et de platine vendues actuellement pourraient permettre de fabriquer entre un dixième et un cinquième de la quantité d'électrolyseurs que l'Europe souhaite voir sortir d'usine chaque année à partir de 2030[2]. Aussi les prix sont-ils très volatils, et les fabricants d'hydrogène risquent de répercuter cette incertitude sur le coût final de la molécule totem. Le prix de l'iridium a par exemple vacillé de 20 % en l'espace d'une année seulement, entre avril 2021 et juin 2022[3].

Extraire davantage de platine et d'iridium nécessite d'ouvrir de nouvelles mines[4], d'éventrer le sol avec des explosifs, d'utiliser un volume conséquent de produits chimiques toxiques, comme le documente le journaliste Guillaume Pitron dans son ouvrage *La guerre des métaux rares*[5]. Après avoir provoqué une explosion, le minerai est remonté à la surface puis « concassé et réduit à l'état de particules de roche contenant des platinoïdes, lesquels seront plongés dans l'eau avec des réactifs spéciaux, décantés, séchés, fondus et purifiés pour obtenir, notamment,

1 « Résilience des matières premières critiques : la voie à suivre pour un renforcement de la sécurité et de la durabilité », communication de la Commission européenne à destination d'autres institutions, 3 septembre 2020.
2 Irena, « Green Hydrogen Cost Reduction », *op. cit.*, p. 9.
3 AIE, « Global Hydrogen Review 2022 », *op. cit.*, p. 83.
4 La collecte de ces métaux est associée à l'exploitation d'autres éléments, en particulier le cuivre et le nickel (on dit que ce sont des « sous-produits »).
5 Guillaume Pitron, *La guerre des métaux rares. La face cachée de la transition énergétique et numérique*, Les liens qui libèrent, 2018.

du platine[1] », décrit le journaliste à l'issue de sa visite de l'entreprise minière Anglo Platinum, située dans une province du nord-ouest de l'Afrique du Sud. D'après le chef mineur de la société, chaque *tonne* de roche à traiter contient seulement *4 à 7 grammes* de platine. Il est ainsi peu étonnant d'apprendre que, pour *1 kilogramme* de platine raffiné, l'équivalent de *12,5 tonnes* de dioxyde de carbone sont larguées dans les airs, soit 12 500 kilogrammes[2].

Les énergies renouvelables, grandes dévoreuses de métaux

Les panneaux photovoltaïques sont gourmands en métaux ; argent, cuivre, aluminium[3]. La cuisine des éoliennes offshore (celles qui sont au large des côtes) requiert quant à elle des terres rares (néodyme et dysprosium) pour façonner les aimants permanents sans lesquels aucun courant électrique ne serait généré. Outre les métaux critiques ou rares, les « technologies vertes » sont de manière générale très voraces en matières premières. À puissance équivalente, les systèmes solaire et éolien nécessitent 15 fois plus de béton, 90 fois plus d'aluminium et 50 fois plus de fer, cuivre et verre que les centrales fossiles ou nucléaires, d'après les estimations du minéralogiste Olivier Vidal dans un article de 2013 qui fait référence[4]. La consommation mondiale des métaux croît à un rythme de 3 à 5 % par an et, si cette tendance perdure, nous aurons extrait dans les trente prochaines années autant de métaux du sous-sol que l'humanité en a jamais

---

1 *Ibid.*, p. 147.

2 Irena, « Green Hydrogen Cost Reduction », *op. cit.*, p. 68.

3 Charlie Hoffs, « How Are Solar Panels Made? », Union of Concerned Scientists, 19 octobre 2022.

4 Olivier Vidal, Bruno Goffé, Nicholas Arndt, « Metals for a low-carbon society », *Nature Geoscience*, 2013.

extrait depuis son origine, est-il prédit dans cette même étude. « C'est le principe d'une évolution exponentielle », commente Olivier Vidal[1]. Pour reprendre la formulation de Guillaume Pitron : en une génération, nous consommerons davantage de minerais « qu'au cours des 70 000 dernières années, c'est-à-dire des 500 générations qui nous ont précédés. Nos 7,5 milliards de contemporains vont absorber plus de ressources minérales que les 108 milliards d'humains que la Terre a portés jusqu'à ce jour[2]. »

Notons qu'il existe une autre catégorie de machines productrices d'hydrogène électrolytique, sans platine ni iridium, et (presque) sans polluant éternel : l'électrolyseur dit « alcalin[3] ». Très prisé aussi, il est néanmoins plus gourmand en électricité que l'appareil PEM et moins adapté aux fortes variations de puissance imposées par les énergies solaire et éolienne en fonction des caprices de la météo. Et, surtout, ni cet électrolyseur ni aucune autre machine présente ou future ne rompt avec la logique extractiviste propre au « capitalisme vert ». Ainsi, l'équipement alcalin exige du nickel pour fonctionner, un métal « sous surveillance » pour l'Union européenne, indispensable aux batteries des véhicules électriques, dont la demande va exploser ces prochaines années[4]. Parfois, certains fabricants

1 Échange de mails avec Olivier Vidal, le 7 décembre 2023.
2 Guillaume Pitron, *La guerre des métaux rares, op. cit.*, p. 232-233.
3 Enfin presque : des polymères fluorés sont utilisés pour les matériaux d'étanchéité et les joints (comme dans le cas de l'électrolyseur PEM d'ailleurs). Voir : Hydrogen Europe, « Hydrogen Europe Position Paper on PFAS », janvier 2023.
4 D'après la Banque mondiale, la demande en nickel pourrait croître de 1 000 % d'ici à 2050. Voir : « Résilience des matières premières critiques : la voie à suivre pour un renforcement de la sécurité et de la durabilité », communication de la Commission européenne à destination d'autres institutions, 3 septembre 2020.

d'électrolyseurs alcalins insèrent dans leurs appareils du cobalt dont l'exploitation dans les mines de la République démocratique du Congo engendre des expulsions forcées de populations entières et d'autres graves atteintes aux droits humains, comme le révèle un rapport de l'ONG Amnesty International[1]. « Avec les technologies vertes, c'est peut-être mieux en termes de décarbonation, mais bien pire en termes d'extraction. On continue à éventrer les montagnes à la chaîne pour extraire des dizaines ou des centaines de grammes du métal qui nous intéresse. Sans parler des conditions de travail dans les mines, et des réactifs chimiques qui empoisonnent des villages entiers. Les problèmes sont juste cachés ou délocalisés », résume l'économiste Hélène Tordjman[2].

En cette radieuse journée d'inauguration du « champion » français de l'hydrogène Lhyfe, le problème de l'éventrement des sols et des montagnes semble appartenir à un autre monde. À proximité d'une flamboyante berline bleu électrique carburant à l'hydrogène, les bouteilles de champ' patientent sur la table du buffet garni d'une farandole de mignardises ; on oublierait presque qu'on se trouve à côté d'une usine à gaz ! Malgré ses allures de chalet-hôtel haut de gamme, il me semble que la grande gagnante au concours de dissimulation de ses travers n'est pas la production d'hydrogène renouvelable. C'est l'hydrogène nucléaire. Sans surprise, la France parie sur l'atome pour alimenter sa future filière hydrogène bas-carbone.

---

1 Amnesty international, « Alimenter le changement ou le statu quo ? Expulsions forcées dans les mines industrielles de cobalt et de cuivre en République démocratique du Congo », 2023.
2 Entretien avec Hélène Tordjman, le 11 septembre 2023.

Vous reprendrez bien un peu d'hydrogène atomique ?

En novembre 2021, peu après l'annonce du plan de relance France 2030, le président de la République Emmanuel Macron se rend sur le site de l'entreprise Genvia, à Bézier, pour clamer son désir de faire de la France le « leader de l'hydrogène vert ». Créée en mars 2021 par le CEA, un institut de recherche historiquement dédié au nucléaire, en partenariat avec la multinationale parapétrolière Schlumberger, la « pépite française » de l'hydrogène, Genvia, poursuit l'objectif de construire une giga-usine pour fabriquer en masse une nouvelle génération d'électrolyseurs, dits « à haute température ». « Nous pouvons produire de l'hydrogène sur notre sol beaucoup plus massivement que beaucoup d'autres », entonne Emmanuel Macron, noyé dans une foule en bleu de travail. « Et c'est grâce à ce que nous sommes, nous, Français, au fait que nous avons un nucléaire solide, installé, une base déjà qui produit de l'électricité très décarbonée. » Quatre mois plus tard, le chef de l'État annonce la mise en service de six nouveaux EPR (dits « EPR 2 », pour « réacteurs pressurisés européens 2 ») entre 2035 et 2042, et une mise à l'étude de huit réacteurs supplémentaires d'ici à 2050[1].

1 « Reprendre en main notre destin énergétique ! », communiqué de presse de l'Élysée, 20 février 2022, et « Nucléaire en France : Emmanuel Macron veut 6 nouveaux réacteurs EPR Nouvelle génération », *Sud Ouest*/AFP, 10 février 2022.

L'hydrogène serait-il, en France, un simple prétexte pour relancer le nucléaire ? Au-delà des frontières hexagonales, seulement quatre pays concèdent à l'électronucléaire un rôle substantiel dans leurs stratégies nationales énergétiques[1]. Pire : le parc nucléaire, déjà marginal, pourrait même diminuer d'un tiers d'ici à 2030 dans les économies occidentales, en dépit des nombreuses prolongations de durée de vie accordées aux exploitants des réacteurs[2]. À l'inverse de son poids dans les débats (houleux) sur l'énergie en France[3], la contribution réelle de l'atome au mix énergétique mondial reste faible : à peine 5 % de l'*énergie primaire** (pétrole brut, gaz naturel, biomasse, rayonnement solaire, etc.) provient de l'uranium[4]. Mais les promoteurs et promotrices de ce type d'énergie l'immiscent partout. Sur l'impulsion de la France, l'électricité atomique s'est ainsi invitée en 2023 dans les négociations européennes relatives à la directive révisée portant sur... les énergies renouvelables (RED II). Outre les nouveaux objectifs de renouvelables à intégrer dans le mix européen, l'accord concerne également l'hydrogène : il statue sur des taux d'hydrogène vert – et donc indirectement des autres sources considérées comme bas-carbone – à

---

1 « Le Royaume-Uni, la France, la Chine, la Pologne et l'Inde ont récemment annoncé des stratégies énergétiques qui incluent un rôle important pour l'énergie nucléaire. Les États-Unis investissent dans des conceptions de réacteurs avancés. » Voir : AIE, « Nuclear Power and Secure Energy Transitions », 2022, p. 7.

2 63 % des réacteurs nucléaires dans le monde sont en effet âgés de 30 ans et plus et s'approchent de la fin de leur autorisation de fonctionnement, selon l'AIE (*ibid.*, p. 8).

3 Cf. l'encadré « Attention, sujet hautement radioactif », p. 87.

4 AIE, « Key World Energy Statistics », septembre 2021 (chiffres de 2019), p. 6.

atteindre dans les secteurs des transports et de l'industrie. « Je tiens à saluer la pugnacité de notre ministre de l'énergie Agnès Pannier-Runacher sur ce dossier, souligne Philippe Boucly, président de France Hydrogène. Nous avons gagné une bataille sur le nucléaire. Mais pas encore la guerre[1]. » Revenons brièvement sur la genèse de cette « victoire » française.

« Je t'échange la carte "hydrogène nucléaire" contre la carte "hydrogénoduc" »

Les différentes manches se sont principalement déroulées au Conseil de l'Union européenne. Ce terrain de jeu institutionnel, l'un des organes de décision clefs en Europe, rassemble les ministres des gouvernements des Vingt-Sept pour négocier et adopter les lois européennes (en codécision avec le Parlement européen) ; les textes de loi étant proposés par la Commission européenne. Il s'agit donc d'une institution sérieuse où sont discutés des sujets sérieux entre gens sérieux. Mais, lorsque vient le tour des ministres chargé·es de l'Énergie de se réunir, le prestigieux Conseil se transforme en cour de récréation : un marquage au sol sépare les pays qui veulent jouer avec l'atome (la France en tête, soutenue par les pronucléaires de l'Est) des membres qui rejettent le jeu (menés par l'Allemagne, suivie par l'Espagne, l'Autriche, le Luxembourg).

Après plusieurs bouderies d'Agnès Pannier-Runacher, qui occupait alors le poste de ministre française de la Transition

1 Entretien avec Philippe Boucly.

énergétique, au prétexte que l'hydrogène nucléaire n'était pas suffisamment pris en compte dans le texte de RED II, un compromis « sur mesure » pour la France est voté en septembre 2023. Certes, 42 % de l'hydrogène consommé par l'industrie devra être renouvelable en 2030, est-il écrit dans la directive révisée. Mais les États pourront contourner la règle et réduire cette part à 20 % à condition que les objectifs nationaux en termes de consommation d'énergies renouvelables soient atteints[1] et que la quantité d'hydrogène consommée issue de combustibles fossiles reste inférieure ou égale à 23 % du total de l'hydrogène englouti par le secteur industriel en 2030[2]. Pour le dire autrement : à horizon 2030, deux choix seront offerts aux pays qui respectent leurs engagements en matière de production d'électricité renouvelable. Soit atteindre une part d'hydrogène renouvelable de 42 % (et le reste en hydrogène fossile). Soit panacher le mix hydrogène destiné à l'industrie en un peu de renouvelable (20 %), un peu de fossile (23 % maximum), et beaucoup d'autres procédés considérés comme « bas-carbone » (57 %), à savoir l'hydrogène nucléaire et l'hydrogène fossile avec captage de carbone. Un petit bijou de technicité comme l'Union européenne seule sait faire. Retenez simplement que cette pirouette comptable permet de reconnaître l'électricité nucléaire dans les options de production bas-carbone de l'hydrogène.

1 D'après les objectifs officiels, la part d'énergies renouvelables dans l'Union devrait atteindre 42,5 % pour 2030, avec l'espoir de parvenir à 45 %. Matteo Ciucci, fiche « Énergies renouvelables », Parlement européen, novembre 2023.
2 Anna Hubert *et al.*, « Paquet climat : le kit de survie des négociations européennes », *Contexte*, 17 février 2022 (mis à jour régulièrement).

L'Allemagne et l'Espagne ont-elles perdu toutes leurs billes face à la France ? Au fond de la cour de récré, un petit marchandage semble avoir pesé dans la balance des négociations. « Les Allemands, futurs gros importateurs d'hydrogène, ont fini par céder sur le nucléaire à la condition que la France accepte enfin le pipeline hydrogène H_2Med qui doit partir de Barcelone jusqu'à Marseille, puis qui remontera tout le continent », assure Jorgo Chatzimarkakis, le président d'Hydrogen Europe[1]. « Depuis quelque temps, Paris laisse entendre que, dans le cas où les règles européennes l'empêcheraient de produire son hydrogène bas-carbone, la viabilité économique du projet H_2Med serait remise en cause », confirme le site d'information *Contexte*[2].

Attention, sujet hautement radioactif

Sur les réseaux sociaux, « l'armée mexicaine des ingénieur·es d'EDF », comme les appelle ironiquement le journaliste Loup Espargilière[3], défend l'industrie électronucléaire à coups de posts offensifs, parfois agressifs[4]. Quitte à omettre certains « détails » pourtant indispensables pour se forger une opinion éclairée sur ce sujet technopolitique controversé. Sans entrer dans les détails, voici le hit-parade des petites musiques que tambourinent les nucléaristes sur la scène publique.

1 Entretien avec Jorgo Chatzimarkakis à Bruxelles le 12 septembre 2023.
2 Anna Hubert, « Face aux manœuvres de Paris, Madrid et Berlin (hydro)gênés aux entournures », *Contexte*, 21 février 2023.
3 Loup Espargilière (@L_Espargiliere), twitter.com, 15 février 2022, 8 h 41.
4 Pauline Bock, « En ligne, un "sous réseau" pro-nucléaire qui assaille les journalistes », *Arrêt sur images*, 27 février 2023.

Premier argument asséné à l'envi par les défenseur·ses de l'atome : l'énergie nucléaire bénéficie d'un bilan carbone avantageux. C'est vrai. De l'extraction de l'uranium au démantèlement du réacteur, l'industrie rejette en moyenne 12 g eqCO_2/kWh d'électricité produite. La faible teneur en carbone de l'électronucléaire est toutefois du même ordre de grandeur que l'éolien (11 g) et le solaire (42 g)[1] ; ce seul résultat ne permet donc pas de trancher en faveur d'un mode de production plutôt que l'autre[2].

Deuxième argument : contrairement au solaire et à l'éolien soumis aux caprices de la météo, la puissance d'une centrale nucléaire peut être ajustée à la demande. C'est partiellement vrai : en cas de fortes chaleurs, les centrales fonctionnent au ralenti, voire subissent des coupures, comme au cours de l'été 2022[3]. De plus, il existe des dispositifs techniques, imparfaits bien sûr, pour assurer un approvisionnement électrique en continu avec les sources renouvelables intermittentes, comme le stockage d'électricité via l'hydrogène, par empilement de batteries, ou la géothermie à recharge active intersaisonnière[4]. Outre les options techniques, une autre alternative, plus subversive, est possible : adapter nos modes de vie aux énergies intermittentes, et non l'inverse[5].

---

1 « Annex III: Technology-specific cost and performance parameters », dans Groupe 3 du Giec, « Atténuation du changement climatique », AR5, 2014, p. 1335.

2 Hervé Kempf, *Le nucléaire n'est pas bon pour le climat*, Seuil, 2022.

3 « Nucléaire : Face à la sécheresse, des réacteurs nucléaires forcés de baisser leur production », *Libération*/AFP, 5 août 2023 (mis à jour le 6 août).

4 RTE et AIE, « Conditions et prérequis en matière de faisabilité technique pour un système électrique avec une forte proportion d'énergies renouvelables à l'horizon 2050 », janvier 2021 ; Académie des technologies, « Le stockage intersaisonnier de chaleur : un atout pour le climat et la souveraineté. Rapport de l'Académie », décembre 2023.

5 Je développe cette piste dans la conclusion du livre, p. 255.

Troisième argument en faveur de l'atome : une cartouche d'uranium d'une dizaine de grammes exploitée dans une centrale génère à peu près autant d'énergie qu'une tonne de charbon[1]. Certes. Mais le projet d'enfouissement définitif des déchets nucléaires les plus inquiétants (dont on ne sait pas quoi faire aujourd'hui), dans la Meuse, permet également d'appréhender la toute-puissance de l'énergie nucléaire : le centre de stockage s'étalera sur 29 km² (la taille d'une ville comme Orléans) à 500 m sous la terre et existera pour les cent mille prochaines années[2]. Rappelons en outre qu'un accident nucléaire reste possible et que le risque enfle avec le changement climatique (accroissement des tensions internationales, limitation des ressources en eau, hausse du nombre d'événements météorologiques extrêmes)[3].

La démonstration des nucléaristes s'achève souvent par un rappel censé mettre fin à toute tentative de discussion : 70 % de l'électricité produite en France est issue de l'industrie nucléaire, faisant du mix électrique national l'un des plus décarbonés au monde[4]. C'est exact, mais ce n'est pas la question. Pour réussir l'impossible – à savoir décarboner l'économie sans sobriété –, les besoins en électricité s'avèrent massifs. Or, le mix électrique *actuel* ne dit rien sur la manière dont seront fabriqués ces électrons *supplémentaires*. D'après un rapport de l'Office parlementaire d'évaluation des choix scientifiques et technologiques (OPECST), la fabrication des 70 Mt d'hydrogène consommés par l'industrie en 2020 via des électrolyseurs alimentés par de l'électricité nucléaire nécessiterait de construire 400 nouveaux

1 « Nuclear Fuel », nei.org, consulté le 30 septembre 2023.
2 « Pièce 3 : Plan général des travaux », dossier d'enquête publique préalable à la déclaration d'utilité publique du centre de stockage Cigéo, Andra, 2021.
3 Hervé Kempf, *Le nucléaire n'est pas bon pour le climat*, *op. cit.*, p. 26-27.
4 « Recul historique de la production nucléaire », dans RTE, *Bilan électrique 2020*, janvier 2021.

réacteurs de 1 GW[1] ; le monde en comptait 411 en opération en 2022[2]. N'en déplaise aux promoteurs et promotrices de l'atome, réinvestir de l'argent public dans l'industrie électronucléaire mérite donc d'être démocratiquement débattu.

Un pari peu rationnel

Pourtant, même dans une perspective purement technico--économique, il est peu raisonnable de forger une stratégie nationale hydrogène sur le recours massif à l'électricité nucléaire. D'abord pour une raison de coût. Pour que l'hydrogène atomique sorte à un prix compétitif (moins de 2 euros du kilogramme), la construction du nouveau nucléaire devrait coûter entre 1 000 et 2 000 euros par kilowatt[3]. En France, le nouveau programme nucléaire coûtera au moins 52 milliards d'euros à la collectivité[4], ce qui équivaut déjà à 5 200 euros par

1 Organisme commun à l'Assemblée nationale et au Sénat, l'Office parlementaire d'évaluation des choix scientifiques et technologiques (OPECST) est chargé d'éclairer les député·es et les sénateur·rices lorsque leurs décisions ont un caractère technique ou scientifique. Voir : Gérard Longuet (rapporteur), « Rapport d'information sur les modes de production de l'hydrogène », OPECST, n° 4098, déposé le 15 avril 2021.

2 « World Nuclear Industry Status Report 2022 », worldnuclearreport.org, 2022, p. 16.

3 « En bref, l'hydrogène nucléaire ne pourrait devenir une option viable que dans les régions ayant un potentiel d'énergies renouvelables limité, ou si les prix du charbon et du gaz augmentent par rapport aux normes historiques », pointent les auteurs et autrices du rapport de l'Agence internationale de l'énergie, pourtant connue pour avoir une position en faveur du nucléaire. Voir : AIE, « Nuclear Power and Secure Energy Transitions », *op. cit.*, p. 74.

4 Nuc Advisor et Accuracy, « Synthèse de l'audit des coûts du programme EPR2 », publié par Matignon, 4 octobre 2021.

kilowatt, soit trois à cinq fois plus que le montant requis pour rentabiliser l'hydrogène nucléaire[1].

Si les premières estimations sont déjà trop chères pour la filière hydrogène, qu'en sera-t-il alors du coût réel ? Rappelons que l'EPR de Flamanville, initialement apprécié à 3,3 milliards d'euros, se chiffre finalement à 12,7 milliards d'euros après onze années de retard. Les imprévus à répétition ont également alourdi les factures des EPR « Hinkley Point » au Royaume-Uni, « Olkiluoto » en Finlande et « Taishan » en Chine[2]. Selon le journal *Les Échos*, la facture prévisionnelle des futurs EPR aurait d'ailleurs déjà enflé de 30 % début 2024 : EDF aurait réévalué les coûts du programme du nouveau nucléaire à hauteur de 67,4 milliards d'euros[3].

Dans un article scientifique paru dans *Energy Policy*, les économistes Behrang Shirizadeh et Philippe Quirion aboutissent à la même conclusion : l'hydrogène nucléaire ne sera pas compétitif[4]. Dans leur scénario de référence où la filière hydrogène bas-carbone est déployée en France à coût optimal, les centrales nucléaires fournissent à peine 2 % de l'hydrogène consommé en 2050. « L'hydrogène fabriqué à partir de renouvelables sera l'option la moins chère, souligne Philippe Quirion, également

1 Les EPR 2 affichent une puissance de 1 670 MW. Comme le montant de 52 milliards devrait permettre de sortir de terre 6 EPR 2, soit 10 020 MW, cela revient à dire que le coût au kW est estimé à 5 200 €.
2 AIE, « Nuclear Power and Secure Energy Transitions », *op. cit.*, p. 23.
3 Sharon Wajsbrot, « Nucléaire : la facture prévisionnelle des futurs EPR grimpe de 30 % », *Les Échos*, 4 mars 2024.
4 Behrang Shirizadeh et Philippe Quirion, « Long-term optimization of the hydrogen-electricity nexus in France: Green, blue, or pink hydrogen? », *Energy Policy*, 2023.

membre de l'association NégaWatt, connue pour ses travaux sur la sobriété énergétique et son positionnement antinucléaire. Dans l'hypothèse où on n'arriverait pas à installer suffisamment d'éolien et de solaire en France (à cause des oppositions et des capacités industrielles), il pourrait y avoir une place pour l'hydrogène bleu (produit à partir de gaz naturel, associé au captage-stockage de CO_2) et pour un peu de nucléaire. Et encore, on est optimistes sur le coût du nucléaire futur : on postule une division par deux par rapport au coût des EPR en construction à Flamanville et à Hinkley Point », explique le chercheur[1].

Outre leur cherté, les réacteurs nucléaires exigent un temps de construction peu compatible avec les ambitions de production de la filière hydrogène. Si les objectifs hydrogéniques se concrétisent, 5 gigawatts d'électricité nucléaire supplémentaires devraient être déployés d'ici à la fin de la décennie, afin de pouvoir alimenter les 6,5 gigawatts de capacités électrolytiques que la France projette de construire[2]. La première nouvelle

---

1 Entretien avec Philippe Quirion au Centre international de recherche sur l'environnement et le développement (Cired), son lieu de travail, le 3 juillet 2023.

2 Le détail du calcul réalisé par Victor Court est le suivant : en faisant l'hypothèse d'un rendement de l'électrolyseur à 65 %, consommer 51 kWh d'électricité sont nécessaires pour produire 1 kg d'hydrogène. Ainsi, pour produire 600 kt/an d'hydrogène (selon les annonces officielles), il faudra autour de 30 TWh d'électricité. Si on rajoute l'hypothèse d'un facteur de charge de 80 % pour les électrolyseurs (il y a également des besoins de maintenance pour ces machines, et il n'est pas forcément optimal de les faire fonctionner 24 heures sur 24 à puissance maximale), cela correspond bien aux 6,5 GW de puissance d'électrolyseurs annoncés. On arrive ensuite à la conclusion qu'il faudra 5 GW de puissance installée de nucléaire supplémentaire, le facteur de charge du nucléaire qui doit produire ces 30 TWh d'électricité étant de 70 %.

centrale – soit 1,67 gigawatt de capacité nucléaire supplémentaire – sortira de terre au mieux en 2035, plus probablement en 2037[1]. D'un point de vue technique et économique, miser sur l'énergie nucléaire en tant que pivot de la stratégie hydrogène n'est donc pas sensé. À un espoir près : l'exploitation de la chaleur générée par les centrales.

Tout est bon dans la fission

La production de chaleur par l'industrie nucléaire est considérable, et affecte aujourd'hui les écosystèmes des cours d'eau qui approvisionnent les centrales, en élevant leur température moyenne. Émerge ainsi l'idée, plutôt maligne, d'exploiter la « chaleur fatale[2] » de la centrale pour alimenter un électrolyseur et fabriquer de l'hydrogène. Mais le couplage chaleur fatale nucléaire-électrolyseur n'est envisageable qu'avec un certain type de machine productrice d'hydrogène, appelée « électrolyseur à haute température », soit précisément celui que l'entreprise Genvia compte produire en masse à Béziers. Contrairement aux deux autres catégories d'électrolyseurs (les PEM et les alcalins) qui décomposent une molécule d'eau *liquide*

1 Emmanuel Macron a annoncé que la construction sera lancée en 2028. En théorie, il faut sept ans pour construire un réacteur, mais la moyenne européenne est aujourd'hui plus proche des 9 ou dix ans.

2 La *chaleur fatale*, encore appelée « chaleur perdue », correspond à l'énergie thermique générée lors du fonctionnement de certains procédés de production, ici un réacteur nucléaire, et qui n'est pas utilisée en totalité. Cette chaleur est alors rejetée sous forme d'air chaud, d'eaux de refroidissement, de condensats de fumée, de buées ou de vapeur de procédés. « Chaleur fatale, ça vaut le coup », fondschaleur.ademe.fr, consulté le 8 avril 2024.

(à basse température) pour produire de l'hydrogène, l'électrolyseur à haute température casse une molécule de *vapeur d'eau*. La chaleur de la centrale nucléaire pourrait ainsi permettre de fabriquer la vapeur d'eau nécessaire au fonctionnement de cette machine à haute température[1].

Mais l'éventuelle concrétisation de l'idée, séduisante sur le papier, n'est de toute façon pas prévue pour demain ; l'électrolyseur haute température doit encore être amélioré avant de passer le cap de l'industrialisation. Peut-on toutefois espérer que ces couplages voient le jour d'ici une décennie ? En tournant le regard vers le passé, le doute est permis. À l'époque du déploiement du programme nucléaire français, l'électricité nucléaire fut surtout utilisée pour alimenter des systèmes de chauffage électrique, alors qu'il aurait été techniquement possible d'utiliser la chaleur fatale générée par les centrales pour répondre aux besoins de chauffage des foyers urbains. Cette énergie thermique fut pourtant gaspillée en raison des appréhensions manifestées par une partie de la population : difficile d'expliquer aux consommateurs et consommatrices que de la chaleur arrivant dans leurs foyers depuis une centrale nucléaire ne peut en aucun cas être radioactive, puisque les échanges de chaleur font appel à des fluides qui ne se mélangent jamais[2]. Mais surtout pour des questions économiques : « Le développement des réseaux de chaleur dans un rayon plus ou moins

1 Nul hasard si c'est le CEA, le centre de recherche de référence sur l'énergie nucléaire en France, qui est à l'origine du développement de la technologie de Genvia.

2 Échanges avec Victor Court, le 3 janvier 2024.

important autour des installations nucléaires constituerait une concurrence pour le chauffage électrique alors que la politique en vigueur [à l'époque] porte sur la construction de débouchés pour l'électricité de la filière nucléaire », éclaire le chercheur Antoine Fontaine[1].

Une grosse machine thermique peu efficace

À l'instar d'une centrale électrique carburant au charbon, au fioul ou au gaz, l'objectif d'une centrale nucléaire consiste à fabriquer suffisamment de vapeur d'eau pour faire tourner une turbine, qui va elle-même faire tourner un alternateur, ensuite capable de produire un courant électrique. Au cœur du réacteur (une grosse cuve pleine d'eau chauffée par un combustible), la fission de l'uranium enrichi provoque des réactions en chaîne qui dégagent énormément de chaleur. Mais l'eau présente dans la cuve du réacteur, super radioactive, ne peut pas être directement exploitée pour faire tourner la turbine, comme c'est le cas dans une centrale thermique classique. Cette eau, utilisée de manière indirecte, permet de chauffer un autre circuit rempli d'eau en contact (enfin !) avec la fameuse turbine[2]. En raison du fonctionnement même d'une centrale thermique ainsi que de ces étapes supplémentaires, seul un tiers de l'énergie totale générée par la fission des atomes de l'uranium est finalement transformé en électricité. Les 67 % d'énergie restante sont perdus sous forme de chaleur.

1 Antoine Fontaine, « Du nucléaire au renouvelable », p. 344, dans François Jarrige et Alexis Vrignon (dir.), *Face à la puissance. Une histoire des énergies alternatives à l'âge industriel*, La Découverte, 2020.
2 « L'énergie nucléaire en 14 questions », cea.fr, 21 mars 2022.

« Une technologie insoutenable[1] » ?

Depuis le début de cette enquête, je m'attache à rappeler que les choix en matière de technologie n'ont rien de neutre, mais cristallisent des imaginaires, expriment des valeurs morales, transforment des pratiques, réagencent des rapports sociaux. Au-delà de la seule perspective technico-économique, *le choix du feu* atomique est incompatible avec la promotion d'un projet de société « sobre et convivial », pourtant idéal pour éviter de franchir l'ensemble des limites planétaires. Dans ce qu'il appelle une « société conviviale », le philosophe Ivan Illich se plaît en effet à imaginer des techniques et des outils modernes mis « au service de la personne intégrée à la collectivité, et non au service d'un corps de spécialistes[2] ». Pourrait-on seulement envisager le lancement d'une coopérative nucléaire formée autour de citoyen·nes désireux·ses de se réapproprier les enjeux énergétiques, comme c'est le cas pour le solaire ou l'éolien ? L'idée paraît absurde, et jamais les citoyen·nes ne prendront le contrôle de « l'outil nucléaire » au sein d'une nation fortement nucléarisée. En raison de la forte technicité et des risques inhérents à l'exploitation de l'énergie atomique, mais aussi des colossaux investissements requis, l'industrie du nucléaire se structure autour d'entreprises gigantesques, armées d'une

1 Je reprends ici partiellement le titre d'un article du socio-anthropologue Frédérick Lemarchand : « Le nucléaire, une technologie insoutenable », *L'Économie politique*, 2016, p. 103-112.
2 Ivan Illich, *La convivialité*, Seuil, 1973, p. 13.

foultitude d'expert·es, et relève forcément d'un mode de gouvernance centralisé et hiérarchisé[1].

En outre, aux antipodes de l'idée de sobriété et de diversification énergétique, le programme nucléaire français lancé en 1974, le «plan Messmer», s'articule plutôt autour des valeurs de démesure et d'abondance. En plus d'avoir mené «très rapidement au délaissement de toutes les filières des énergies renouvelables, comme l'explique le socio-anthropologue Frédérick Lemarchand, une politique de gaspillage programmé d'énergie électrique (comme le chauffage électrique dans les logements)[2]» accompagna le choix de la technologie non conviviale qu'est le nucléaire civil. La maîtrise de l'atome alimente plus généralement «le rêve d'une énergie illimitée qui permettrait à l'homme de remodeler le monde à sa mesure», prolongeant ainsi «l'imaginaire technicien productiviste» en vogue à partir du début du XXe siècle, confirment les historiens François Jarrige et Alexis Vrignon[3]. Rappelons enfin les lugubres héritages du nucléaire civil que sont la guerre et le colonialisme. «L'énergie nucléaire française s'est appuyée sur son empire colonial, usant des mines au Gabon, au Niger et à Madagascar (usage prolongé à travers la Françafrique) tout en

---

1 Notons que les immenses projets de fermes éoliennes et solaires sont également très peu conviviaux. Mais, contrairement à l'énergie nucléaire, le gigantisme des projets relève d'un choix de gouvernance, guidé par une rationalité technico-économique, et ne dépend pas de la technologie elle-même.

2 Frédérick Lemarchand, «Le nucléaire, une technologie insoutenable», art. cit., p. 106-107.

3 François Jarrige et Alexis Vrignon «Marginaliser les énergies alternatives et renouvelables à l'ère de la Grande Accélération (1918-1973)», dans François Jarrige et Alexis Vrignon (dir.), *Face à la puissance. op. cit.*, p. 206.

exposant les mineurs à l'uranium et au radon», explique l'ingénieur en environnement et politologue Malcolm Ferdinand[1]. Peu étonnant d'apprendre alors que l'industrie électronucléaire permit de transformer «les détenteurs de la bombe atomique en grandes puissances industrielles» au sein de ce qui s'apparente à «un projet politique destiné à renforcer la puissance de l'Occident», selon les termes de Frédérick Lemarchand[2].

Le bleu est l'ennemi du bien[3]

Le ciel est bas, et une fine pluie glacée s'écrase sur mon visage déjà mangé par un casque de chantier trop grand. Je m'avance d'un pas décidé vers un ensemble de 12 grosses bonbonnes de gaz, hautes comme un immeuble de 9 étages, égayé par une guirlande lumineuse en forme d'étoile. Deux semaines avant Noël 2023, sur le petit archipel de Øygarden, tout à l'ouest de

1 «Sont minorés les dommages causés par les essais nucléaires réalisés en terres colonisées à l'image des 210 essais français en Algérie puis en Polynésie de 1960 à 1996, mais aussi le pillage minier de l'Afrique par la Grande-Bretagne et la France, l'exploitation des sous-sols des terres des Aborigènes en Australie, des Premières Nations au Canada, des Navajos aux États-Unis et de la main-d'œuvre noire pour l'uranium de l'Afrique du Sud de l'apartheid.» Malcom Ferdinand, *Une écologie décoloniale. Penser l'écologie depuis le monde caribéen*, Seuil, 2019, p. 23.
2 Frédérick Lemarchand, «Le nucléaire, une technologie insoutenable», art. cit., p. 104.
3 Cette partie de l'enquête et les reportages associés (en Norvège, en Belgique, en France) ont entièrement été financés par JournalismFundEU, dans le cadre d'une bourse d'investigation environnementale («Environmental Investigative Journalism Grant») que j'ai décrochée en septembre 2023.

la Norvège, je visite le premier site au monde dédié à la commercialisation du transport et du stockage de carbone, opérée par Northern Lights, une coentreprise qui regroupe la sainte trinité du pétrole européen : TotalEnergies, Shell et Equinor[1]. Je grimpe l'escalier en métal qui longe les bouteilles prêtes à stocker 700 tonnes de carbone chacune, d'où j'aperçois le bâtiment construit sur pilotis que je viens de quitter. Dans cette sorte de grosse cabane moderne, inaugurée en octobre 2022, des délégations du monde entier sont accueillies pour découvrir le projet pionnier Northern Lights. « Beaucoup de gens veulent voir notre site de leurs propres yeux, nous recevons environ 6 000 personnes par an, dont une grande partie vient d'Asie, raconte Benedicte Staalesen, directrice de la communication et responsable du lobbying chez Northern Lights. Ici, nous passons des paroles aux actes, c'est une grande fierté ! » s'enthousiasme-t-elle en ramenant sa longue tresse noire derrière son dos.

Loin d'être nouvelle, l'idée d'enterrer nos problèmes, au sens propre du terme, émerge dès la fin des années 1970 sous la plume de Cesare Marchetti, le « Monsieur Hydrogène » rencontré au premier chapitre[2]. Dans un article avant-gardiste, le physicien italien propose la mise en place « d'une sorte de "cycle du combustible" pour les énergies fossiles », dans lequel les molécules

1 J'insiste sur le terme « commercialisation ». S'il existe déjà des systèmes de stockage de CO_2, c'est la première fois qu'une entreprise propose, en tant que service commercial, de stocker le CO_2 des autres.

2 Jonas Pigeon, « La captation et le stockage du CO_2 : une promesse de durabilité ? », dans Guillaume Dandurand *et al.* (dir.), *Attentes et promesses technoscientifiques*, Presses de l'université de Montréal, 2022.

de CO_2 présentes dans les fumées des usines seraient isolées, transportées par canalisation sous forme liquide, puis stockées sous terre de manière définitive[1]. Soit exactement le principe sur lequel repose Northern Lights[2]. Les producteurs d'hydrogène font partie des principaux porteurs de projets de « lavage » de leurs rejets polluants[3]. Dans la typologie arc-en-ciel, l'hydrogène issu d'une unité de vaporeformage de méthane connectée à un équipement de captage de CO_2 bénéficie ainsi de sa propre couleur : le bleu[4]. La promesse associée à l'hydrogène bleu – réduire les émissions sans fermer les usines polluantes – ne résiste toutefois pas à l'analyse des faits[5].

---

1 Cesare Marchetti, « On geoengineering and the CO_2 problem », *Climatic Change*, 1977.
2 Voir le schéma ci-contre : « Chaîne industrielle de captage, de transport et de stockage de carbone ».
3 Les autres principaux projets de captage-stockage de carbone sont portés par des entreprises qui fabriquent de l'électricité à partir de gaz naturel ou de charbon. AIE, « CCUS Policies and Business Models. Building a commercial market », 2023, p. 23.
4 L'appellation « hydrogène bleu » a été forgée par Air Liquide : voir la section « Au pied de l'arc-en-ciel, le *business as usual* », p. 60.
5 « La promesse est de réduire les émissions de gaz à effet de serre sans changer de modèle socioéconomique », écrit Jonas Pigeon, auteur d'une thèse en sciences sociales sur le sujet : « La captation et le stockage du CO_2 », *op. cit.*

Figure n° 1 – Chaîne industrielle de captage, de transport et de stockage de carbone

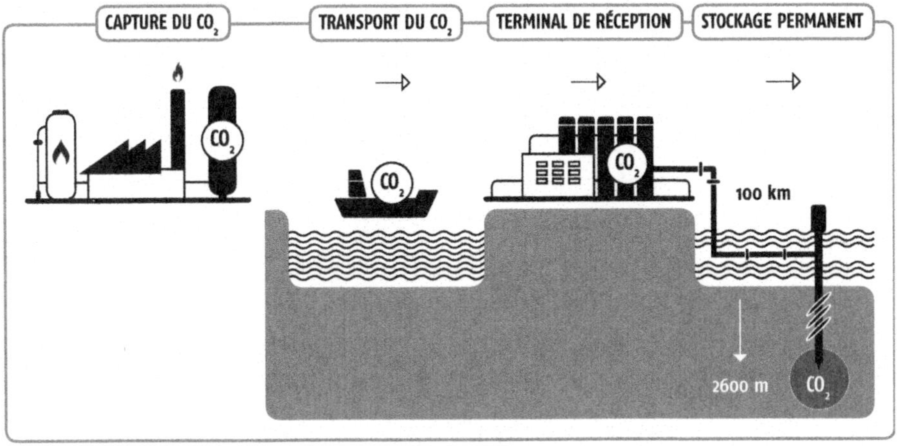

Les fumées d'usine subiraient un « lavage » à l'issue duquel les molécules de CO_2 seraient isolées des autres polluants, puis transportées, sous forme liquide, par bateau et/ou par pipeline. Une fois sur le site de stockage, la drôle de marchandise carbonée serait stockée temporairement dans de grosses bonbonnes à gaz, avant d'être injectée dans des zones géologiques spécifiques (des aquifères ou d'anciens réservoirs de gaz et de pétrole)[1].

1 Source : « What we do », norlights.com, consulté le 21 mars 2024.

Jusqu'à la dernière goutte de pétrole

Au bout du site de Northern Lights, trois bras articulés métalliques, les coudes en l'air, semblent toucher la mer du Nord du bout des doigts. Les cargos spécialement conçus pour le transport de carbone seront vidés de leur marchandise à l'aide de ces bras de déchargement. « Nous devons encore raccorder les tuyaux entre eux et recevoir les quatre navires de transport de CO_2, actuellement en construction en Chine. Le site démarrera dans dix mois », contextualise Juan Charrier, directeur des opérations et de la logistique du site pour TotalEnergies. Emmitouflé dans un gilet de protection jaune fluo, le spécialiste des futurs navires-citernes de carbone pointe son doigt vers le large. « Le puits d'injection du CO_2 se trouve à 110 kilomètres d'ici. » Je plisse les yeux sans distinguer autre chose qu'une étendue d'eau infinie et quelques collines enneigées. Au loin pourtant, un forage s'enfonce à 2 600 mètres sous le plancher marin jusqu'à une zone géologique particulière, appelée un « aquifère salin », constituée de roches poreuses et perméables. « Le stockage souterrain peut se situer en mer ou sur terre. L'objectif est d'injecter le CO_2 sous forme dense ("supercritique" est le terme précis) entre les grains de la roche, dans ses porosités, un peu comme s'il s'agissait d'une éponge », image Thomas Le Guenan, ingénieur de recherche au Bureau de recherches géologiques et minières (BRGM) et expert en sécurité des usages du sous-sol, joint par téléphone[1]. Cette curieuse idée ne sort pas de nulle part : il existe des zones où le CO_2 est

1 Entretien avec Thomas Le Guenan par téléphone, le 29 novembre 2023.

piégé dans le sous-sol depuis plusieurs milliers d'années à la suite d'une accumulation naturelle[1].

Les anciens gisements de gaz fossile et de pétrole représentent une autre zone envisagée pour stocker de manière pérenne de grands volumes de CO_2. Contrairement aux aquifères salins, dont la possibilité d'un déploiement industriel doit encore être confirmée, la géologie des réservoirs déplétés[2], connue et documentée, est déjà largement exploitée pour stocker de grandes quantités de gaz naturel. Et l'injection de CO_2 dans les gisements épuisés est maîtrisée par l'industrie fossile depuis des décennies. Dès 1972, la compagnie états-unienne Occidental Petroleum se dote en effet d'une unité de captage de CO_2 sur son site gazier Terrell, au Texas, d'un puits d'injection de carbone dans son champ pétrolier voisin, ainsi que de 350 kilomètres de pipeline pour connecter les deux zones. Pas du tout dans l'idée de réduire son empreinte carbone, bien au contraire. C'est le premier système de « récupération améliorée du pétrole » (ou EOR, pour « *enhanced oil recovery* ») au monde[3]. Un nom jargonnant qui présente clairement l'objectif visé : pomper toujours plus de pétrole.

Le CO_2 rend cette ruée vers l'EOR possible. Une fois introduit dans le réservoir à peu près vide, le CO_2 se dissout dans le

1 BRGM, « Synthèse sur les impacts potentiels du stockage géologique du CO_2 sur les ressources en eau souterraines », 2013, p. 27.

2 Les réservoirs déplétés correspondent à d'anciens gisements de gaz ou de pétrole, désormais à peu près vides, dont l'exploitation est donc terminée.

3 « Appendix C. CCUS Project Summaries », p. 3, dans National Petroleum Council Report, « Meeting the Dual Challenge. A Roadmap to At-Scale Deployment of Carbon Capture, Use, and Storage », 2019.

pétrole, ce qui en diminue la viscosité et facilite sa circulation. Entre 30 % et 60 % de pétrole en plus, par rapport au gisement originel, peuvent ainsi être extraits[1]. En guise d'illustration, l'EOR pourrait permettre d'extraire entre 3 et 6 milliards de barils de pétrole supplémentaires en mer du Nord, l'équivalent de deux à trois champs « super géants » de pétrole, d'après des études consultées par le média d'investigation *DeSmog*[2]. Principalement déployées aux États-Unis et au Canada, 80 % des zones d'injection de CO_2, et par extension de « stockage » de carbone (la molécule restant ensuite confinée sous terre), en opération aujourd'hui servent à la « récupération améliorée du pétrole[3] ». Dit autrement : quatre sites dits de « stockage de carbone » sur cinq conduisent, en fait, à l'augmentation du potentiel et de la durée de vie d'un champ pétrolier, et donc, indirectement, à la hausse des émissions de gaz à effet de serre associées à la combustion du pétrole supplémentaire extrait. Aux antipodes de la promesse climatique initiale, donc.

Si des projets de « stockage de carbone » au sein de gisements épuisés sont en développement au large du Royaume-Uni, des Pays-Bas, du Danemark, de l'Italie et de l'Australie, soulignons qu'aucune entreprise n'a publiquement annoncé y associer un système de dopage de la production de pétrole[4]. La menace

1 Le CO_2 injecté permet aussi de maintenir la pression du réservoir. « Utilisations industrielles », club-co2.fr, consulté le 23 mars 2024.
2 Michael Buchsbaum, « Will The UK's Flagship Climate "Solution" Be Used to Pump More North Sea Oil? », *DeSmog.com*, 19 mars 2024.
3 AIE, « CCUS Policies and Business Models. Building a commercial market », 2023, p. 25.
4 AIE, « CO_2 Storage Resources and their Development. An IEA CCUS Handbook », 2022, p. 21.

nommée EOR a-t-elle disparu pour autant ? En se penchant sur le modèle économique, fragile, sur lequel se fondent les projets de captage-transport-stockage de carbone, il semble naïf de le croire[1]. Selon un rapport du cabinet Deloitte, les premières centrales électriques connectées à une telle infrastructure ont émergé grâce à la mise en place en 2018 d'une aide publique (un crédit d'impôt par tonne de CO_2 capturé et stocké), cumulée aux revenus… issus de la récupération améliorée des hydrocarbures[2]. Du côté européen, le modèle économique imaginé pour la future chaîne de valeur du carbone reposera sans doute toujours sur les subventions publiques, et dépendra du prix de la tonne de CO_2 sur le marché carbone. L'État norvégien a ainsi pris en charge les deux tiers des coûts liés à la construction du site de stockage Northern Lights, au déploiement d'unités de captage et à la mise en place d'un système de transport du CO_2 pour les deux usines situées dans la région d'Oslofjord, ce qui représente une enveloppe globale de 1,4 milliard d'euros. À ces aides publiques nationales s'ajoutent 131 millions d'euros de fonds publics européens[3]. Coups de pouce au démarrage,

1 L'absence de projets visant à gratter le fond des réservoirs de pétrole à peu près vides est surtout due à des raisons économiques : la fracturation hydraulique est plus compétitive que l'extraction via un procédé EOR. Stephen Rassenfoss, « Nobody is announcing new CO_2 EOR projects: Here are some reasons to consider one anyway », *Journal of Petroleum Technology*, 18 janvier 2023.
2 Stefano Ferri et Kirill Kalinkin, « Carbon Capture Usage and Storage: Seeking a bankable business model », *Monitor Deloitte/Point of view*, novembre 2023.
3 « Funding for Longship and Northern Lights approved », communiqué de presse du ministère norvégien du Pétrole et de l'Énergie, 15 décembre 2020; et « EU funding awarded: Northern Lights role to support Europe achieve its climate policy objective confirmed », communiqué de presse de Northern Lights, 8 décembre 2023.

les subventions n'assurent cependant pas la viabilité économique du projet sur le long terme. « Il faut que nos clients aient un intérêt financier à opter pour une solution de stockage plutôt qu'à payer la taxe carbone, nos tarifs de stockage doivent donc se situer sous la barre des 100 euros la tonne », glisse Benedicte Staalesen, la directrice communication de Northern Lights. Cela permettra-t-il de dégager suffisamment de recettes ? Pendant combien de temps une entreprise privée à but lucratif assurera-t-elle la maintenance d'un site destiné à stocker du carbone pour toujours ? Qui doit payer pour les molécules de carbone qui fuient ? Sur le volet économique, de nombreuses questions restant ouvertes, le spectre de l'EOR plane toujours.

Les fuites de carbone : des risques locaux, mais vitaux

Autre ombre à notre tableau géo-ingénierique : les fuites de carbone. Impossible d'assurer une étanchéité absolue tout au long de la future chaîne industrielle de captage-transport-stockage de CO_2, parsemée d'étapes de transformation et de chargement/déchargement de ce composé chimique corrosif et toxique. Certaines molécules s'échapperont dans les airs avant d'atteindre leur petit espace de rangement souterrain. « Les fuites concernent rarement les sites géologiques eux-mêmes, composés de multiples couches, qui agissent comme autant de barrières à la remontée des molécules de CO_2, précise Thomas Le Guenan. Les défauts éventuels se situent surtout au niveau des ouvrages artificiels, surtout s'ils sont anciens, ce qui est le cas pour les réservoirs pétroliers et gaziers déplétés. »

Au niveau local, les dommages potentiels ne sont pas anecdotiques. D'après une étude menée par l'Institut national de l'environnement industriel et des risques (*Ineris**), les molécules fuyardes pourraient indirectement polluer les nappes phréatiques, alimentant les réseaux d'eau potable. Avant d'atteindre la surface, le CO_2 migrateur risque en effet de se dissoudre dans l'eau des nappes salines souterraines (celles-ci sont impropres à la consommation), ce qui produit de l'acide carbonique. L'eau souterraine acidifiée pourrait ensuite réagir avec les contaminants naturellement présents dans la roche-réservoir sous forme de traces (arsenic, plomb, zinc, cuivre, uranium...), libérant alors ces métaux lourds toxiques. La saumure, désormais polluée, risque par la suite de remonter jusqu'aux nappes phréatiques (normalement potables), et les contaminerait[1].

Outre les risques de pollution, les fuites pourraient causer un dégazage brutal, potentiellement meurtrier. Ainsi, en 1986 au Cameroun, l'expulsion soudaine et violente d'un volume massif de CO_2 (entre 100 000 et 300 000 tonnes) qui s'était naturellement accumulé sous le lac Nyos a généré un immense nuage de gaz, étouffant par asphyxie 1 746 personnes et 3 500 animaux d'élevage dans un rayon de 25 kilomètres autour de l'accident[2]. L'origine de la catastrophe n'est toutefois pas

1 Pierre Le Hir, « Enfouir le CO_2, une solution à risque », *Le Monde*, 22 novembre 2012.

2 « Depuis, un système de dégazage régulier a été mis en place pour réduire la quantité de CO_2 et éviter ce type d'accident. » Ademe, « Le captage et stockage géologique du CO_2 (CSC) en France », Avis technique, juillet 2020, p. 16.

clairement établie, certain·es l'associent à une éruption volcanique, d'autres pensent justement qu'il s'agit d'une fuite[1].

En revanche, bien que cela soit contre-intuitif, les fuites de carbone entravent peu le bilan climatique de la peut-être future filière industrielle chargée de cacher le carbone sous la terre. Dans un scénario selon lequel 750 milliards de tonnes (ou gigatonnes, Gt) de CO_2 seraient captées à horizon 2100, les fuites généreraient l'émission de 25 milliards de tonnes de carbone, soit à peine 3 à 4 % des rejets initialement attrapés[2]. Si leur impact climatique est faible, les pertes de CO_2 réduisent quand même le potentiel d'atténuation des émissions généralement associé au secteur du captage-transport-stockage de carbone, et doivent donc, a minima, être prises en compte dans les stratégies climatiques. Encore faudrait-il que les feuilles de route qui concernent ces technologies soient réalistes.

Cacher (un tout petit peu) de CO_2 sous le tapis

Au début de l'année 2024, la Commission européenne s'est dotée d'une « stratégie de gestion du carbone industriel », visant l'objectif, extrêmement ambitieux, de déployer « une capacité de stockage de CO_2 d'au moins 50 millions de tonnes par an pour 2030, ainsi que les modes de transport associés, à savoir les pipelines, les navires, les trains et les camions, en fonction de

1 BRGM, « Synthèse sur les impacts potentiels du stockage géologique du CO_2 sur les ressources en eau souterraines », 2013, p. 27.
2 Adriano Vinca, Johannes Emmerling, Massimo Tavoni, « Bearing the Cost of Stored Carbon Leakage », *Frontiers in Energy Research*, 2018.

chaque cas commercial ». Cela revient à aspirer, à déplacer puis à stocker sous terre, chaque année, l'équivalent des émissions annuelles de CO_2 d'un pays comme la Suède. Le tout, en partant quasiment de zéro[1]. Le volume de carbone capté-transporté-stocké devra ensuite grimper d'un facteur neuf en vingt ans, pour atteindre 450 millions de tonnes d'ici à 2050[2]. À croire que courir derrière des ambitions irréalistes est un sport à la mode à Bruxelles.

Contrairement à ce que j'imaginais, le nombre de zones géologiques profondes où il serait possible de mettre en place une infrastructure de stockage de carbone ne constitue pas un facteur limitant; les capacités mondiales *potentielles* dépassent largement les besoins envisagés, d'après les estimations les plus récentes[3]. Ce ne sont pas non plus les associations et ONG environnementales, généralement opposées à ces techniques techno-solutionnistes, qui rendent le déploiement de la filière de « gestion du carbone » compliqué (il faudrait pour cela que

1 Aucun site industriel de stockage de carbone n'est opérationnel au sein de l'Union européenne. À l'échelle mondiale, les sites dédiés au stockage de carbone sont peu nombreux : l'ensemble des capacités de stockage atteint 10 Mt de CO_2 par an. AIE, « CO_2 Storage Resources and their Development. An IEA CCUS Handbook », 2022, p. 7 et 27.

2 « Towards an ambitious industrial carbon management for the EU », communication de la Commission au Parlement européen, au Conseil, au Comité économique et social européen et au Comité des régions, 6 février 2024.

3 Le potentiel théorique de stockage géologique de CO_2 à l'échelle mondiale est d'environ 10 000 Gt, et même si des sites d'injection ne peuvent pas être mis en place partout, la capacité de stockage réel reste largement supérieure aux besoins. Par contre, la répartition de ces potentiels lieux de stockage à travers le monde n'est pas forcément optimale. Groupe 3 du Giec, « Atténuation du changement climatique », AR6, 2022. p. 641.

leurs positions soient sérieusement prises en compte par les sphères politiques). Non : le principal frein provient du monde industriel lui-même, de ses contraintes économiques et de ses temporalités.

Le cas Northern Lights, érigé en emblème par les chantres du captage-transport-stockage de carbone, illustre bien le potentiel *réel*, très limité, de ce type d'infrastructures. D'une capacité de 1,5 million de tonnes de CO_2 par an, le premier forage arrivera à saturation en stockant les rejets de... trois usines à peine. La centrale électrique Hafslund Oslo Celsio, qui fonctionne à partir de biomasse, la cimenterie Brevik en Norvège ainsi qu'une usine de production d'ammoniac opérée par Yara International aux Pays-Bas ont déjà réservé leurs espaces de rangement auprès de Northern Lights. Ainsi, pour respecter le scénario de neutralité carbone imaginé par l'Agence internationale de l'énergie, il faudrait ouvrir 1 000 nouveaux Northern Lights avant 2030[1]. Dans une deuxième phase, qui s'ouvrira « en fonction de la demande du marché et de la viabilité commerciale[2] », donc sans échéance officielle, la contenance totale de Northern Lights devrait atteindre 5 millions de tonnes par an, ce qui représente seulement un dixième des objectifs européens pour 2030. « Nous sommes très en retard, et nos concurrents les plus avancés sont bien trois, quatre ans derrière nous », déroule Juan Charrier, titulaire, rappelons-le, d'un poste à responsabilité chez

1 L'AIE imagine un captage mondial de 1,6 Gt de CO_2 par an en 2030, puis de 7,6 Gt en 2050. AIE, « Net Zero by 2050. A Roadmap for the Global Energy Sector », 2021, p. 79.
2 Brochure de Northern Lights, « Accelerating decarbonisation », juin 2021, p. 7.

TotalEnergies, l'une des sept super majors pétrolières. Puis de conclure : « Il s'agit d'une solution très modeste face à l'ampleur de la situation. Les technologies de captage-stockage de carbone ne sont pas une excuse pour continuer comme avant ! » Alors qu'une course contre la montre face à l'emballement du climat doit s'engager, flécher de l'argent, des moyens de production, et consacrer une main-d'œuvre qualifiée à la mise en œuvre de solutions complexes, dont le bénéfice est anecdotique, nous fait collectivement perdre un temps précieux. Pire : dans le cas de l'hydrogène, miser sur le captage-transport-stockage du carbone pourrait même s'avérer contre-productif.

L'hydrogène bleu risque de réchauffer le climat

À bord d'un SUV électrique de location (on ne m'a pas laissé le choix), je traverse un décor de science-fiction cyberpunk constellé d'usines chimiques qui fument. Nous sommes en décembre 2023, sur le complexe industriel de Port-Jérôme, en Normandie. Je me gare devant la zone occupée par Air Liquide, prête à découvrir le premier démonstrateur industriel de production d'hydrogène bleu d'Europe[1]. Christophe Grill, le directeur du site normand d'Air Liquide qui assure la visite presse, s'arrête devant un équipement singulier. Une sorte d'immense sac de nœuds, où des canalisations jaune vif s'entortillent autour d'une structure bleue. Lancé en 2015 avec l'aide de fonds publics, ce labyrinthe de tuyaux permet d'aspirer les mélanges

1 Un « démonstrateur industriel » est une usine destinée à tester un nouveau processus industriel.

gazeux générés par la transformation du méthane en hydrogène (l'unité de reformage de méthane à la vapeur se trouve juste derrière), puis d'isoler les molécules de CO_2 présentes dans les fumées[1]. Ou plutôt : d'isoler *une partie* des molécules de CO_2. Dans le cas de l'hydrogène, seulement 40 à 60 % du volume total de dioxyde de carbone généré par le procédé de fabrication se trouve capté puis traité[2].

Que les molécules de CO_2 soient partiellement isolées ou non, rappelons que l'hydrogène bleu repose sur l'exploitation du gaz fossile, majoritairement composé de méthane (CH_4), un puissant gaz à effet de serre. Ce n'est pas un détail. D'après une étude scientifique parue dans *Energy, Science and Engineering*, les fuites de méthane réduisent à néant, ou presque, le bénéfice climatique associé à l'utilisation d'un hydrogène produit à

---

1 Air Liquide a bénéficié d'une aide de 2,7 millions d'euros (sous forme de subventions et d'avances remboursables) de la part de l'Agence de la transition écologique (Ademe) sur un investissement total de 32 millions d'euros. Ademe, « CRYOCAP H2 », librairie.ademe.fr, 2011.

2 Pour être plus précise sur le procédé de captage, le traitement du CO_2 concerne seulement le mélange gazeux H_2-CO_2 (issu de la première étape du vaporeformage de méthane), soit le flux où le CO_2 est le plus concentré. Le captage n'est pas assuré lors de l'étape suivante (la réaction de gaz à l'eau), dont les rejets contiennent également de CO_2. C'est ce qui explique le faible taux de captage, et ce n'est pas propre à Air Liquide. En combinant le traitement des flux concentrés et des flux dilués, le taux de captage pourrait théoriquement atteindre 90 %, mais les coûts sont prohibitifs. AIE, « CCUS Policies and Business Models. Building a commercial market », 2023, p. 66. D'un point de vue technique, la technologie d'Air Liquide permet de séparer les molécules H_2 et CO_2 en jouant sur la température ; c'est ce qui s'appelle « un captage par cryogénie ». Cette technique, peu courante, atteindrait un taux de captage de 60 %. Brochure d'Air Liquide, « Cryocap™ Carbon Capture technologies », 2022, p. 7.

partir d'une unité de reformage de méthane à la vapeur dont le CO_2 serait capté[1]. Les émissions d'équivalent CO_2 de l'hydrogène bleu ne seraient inférieures que de 9 à 12 % à celles de l'hydrogène fossile. Pire encore, l'hydrogène bleu émettrait 20 % d'équivalent CO_2 *de plus* que la combustion directe de gaz fossile ou de charbon, ce qui annihile tout l'intérêt supposé des projets qui visent à produire de l'électricité en brûlant de l'hydrogène bleu[2]. « L'hydrogène bleu ne peut en aucun cas être considéré comme une énergie verte, il n'apporte aucun bénéfice en termes de décarbonation. Pire : il ne fait que reporter d'autres actions nécessaires et véritablement capables de décarboner l'économie mondiale de l'énergie », commente le biogéochimiste états-unien Robert W. Howarth, coauteur de l'étude, pour le site d'information *L'Usine nouvelle*[3].

Ces mauvais résultats reposent sur l'hypothèse selon laquelle les molécules de méthane qui s'échappent inévitablement dans l'atmosphère au moment de l'extraction du gaz fossile, de son transport par canalisation et/ou de toutes les autres étapes de chargement, déchargement, manipulation du produit gazeux représentent 3,5 % du volume initial extrait. Des industriels et des scientifiques, plus ou moins indépendant·es, ont bruyamment critiqué la méthode et les postulats sur lesquels s'appuie

1 Robert W. Howarth et Mark Z. Jacobson, « How green is blue hydrogen? », *Energy, Science and Engineering*, 2021.
2 Cf. « La fée hydrogène (re)fabrique de l'électricité-miracle», p. 196.
3 Aline Nippert, « "L'hydrogène bleu ne peut en aucun cas être considéré comme une énergie verte", tranche Robert W. Howarth de l'université de Cornell (New York) », usinenouvelle.com, 24 août 2021.

l'étude[1]. Les détracteur·rices estiment notamment qu'un taux de fuite de méthane aussi élevé concerne certaines infrastructures aux États-Unis, mais n'est pas représentatif de la filière mondiale du gaz fossile. Le taux de fuite médian tournerait plutôt autour de 1,6 %[2]. Anticipant la remarque, Robert W. Howarth et son collègue Mark Z. Jacobson ont également calculé le bénéfice climatique associé à l'hydrogène bleu pour un taux de fuite de méthane plus faible (1,5 %). Résultat : les émissions de gaz à effet de serre de l'hydrogène bleu sont toujours supérieures à celles de la simple combustion du gaz naturel et ne sont inférieures que de 18 à 25 % à celles de l'hydrogène gris[3]. La conclusion qui découle de cette nouvelle hypothèse reste donc identique, le gaz fossile n'est pas bon pour le climat.

Impossible néanmoins de sevrer l'énorme machine économique mondiale de sa dépendance aux énergies fossiles du jour au lendemain. La désintoxication, si nous souhaitons qu'elle se déroule dans un contexte de justice sociale, devrait

---

1 Parmi les signataires de l'article écrit en réponse à l'étude sur l'hydrogène bleu, trois scientifiques sont en situation de conflit d'intérêt avec l'industrie pétrolière : Nigel P. Brandon siège au comité consultatif de l'innovation de BP, André Bardow a fait partie de comités d'examen en R&D chez ExxonMobil et TotalEnergies, et Niall Mac Dowell est membre du comité scientifique de TotalEnergies sur les technologies de captage-stockage de carbone. Matteo C. Romano *et al.*, « Comment on "How green is blue hydrogen?" », *Energy, Science and Engineering*, 2022.

2 *Ibid.*

3 Pour aboutir à ces résultats, notons également que les chercheurs considèrent le *pouvoir de réchauffement global du méthane** sur un horizon temporel de 20 ans, et non sur une période de 100 ans, comme il est pourtant d'usage de le faire. Les auteurs expliquent ce choix en raison de la faible durée de vie du méthane.

être anticipée et progressive. En s'en tenant aux stratégies climatiques actuelles, au sein desquelles la réduction des émissions de CO_2 repose en grande partie sur la production et la consommation de gigantesques quantités d'hydrogène « bas-carbone », est-il vraiment raisonnable de fermer les sites de production d'hydrogène déjà opérationnels ? « Il s'agit de rendre l'utilisation des combustibles fossiles plus propres, ou d'en compenser les émissions, mais nous ne pensons pas qu'il est possible d'atteindre l'objectif de zéro net en 2050 en arrêtant complètement le recours aux énergies fossiles », explique Mathilde Fajardy, experte des technologies de captage et stockage de carbone pour l'Agence internationale de l'énergie[1]. Associer un système de captage de carbone aux usines de production d'hydrogène à partir d'hydrocarbure existantes permettrait ainsi de « décarboner » le secteur relativement facilement et rapidement, tout en laissant à la future filière de l'hydrogène renouvelable le temps de monter en puissance, argue le monde des affaires. « C'est facile d'éviter l'hydrogène gris en le combinant avec les technologies de captage-stockage de carbone », avance Jorgo Chatzimarkakis, le président d'Hydrogen Europe. Si le raisonnement se tient dans la théorie, les faits sont têtus : les projets d'hydrogène bleu annoncés s'attachent davantage à augmenter la production globale d'hydrogène, et bien peu à « décarboner » les infrastructures existantes.

---

1 Entretien mené à l'AIE à Paris, le 18 mars 2024.

Effet boule de neige (fondue)

En Europe, sur un total de 52 projets d'hydrogène bleu annoncés, seulement 19 consistent à connecter un équipement de captage de CO_2 à une usine de production d'hydrogène fossile existante[1]. Dit autrement : deux projets européens relatifs à l'hydrogène bleu sur trois comptent associer une unité de captage à une usine de vaporeformage de méthane flambant neuve, qu'il faudra construire, et qui consommera donc un volume de gaz fossile *supplémentaire*. Pour aboutir à ces chiffres, je me suis reposée sur les annonces de futurs sites de production d'hydrogène que l'AIE a répertoriées au sein d'une riche base de données[2]. J'ai ensuite sélectionné les projets basés en Europe, classés dans les catégories « NG with CCUS » et « Oil with CCUS », ce qui signifie « gaz naturel avec captage-stockage de carbone » et « pétrole avec captage-stockage de carbone ». Projet après projet, j'ai ensuite cherché des informations complémentaires sur des sites spécialisés, dans des communiqués de presse ou autres rapports technico-économiques pour savoir si l'usine existait déjà, ou si les industriels comptaient en bâtir une nouvelle.

À partir de la base de données de l'AIE, et avec l'aide de Christophe Coutanceau, professeur à l'Institut de chimie des

1 Sur les 52 projets analysés, il y en 4 pour lesquels je n'ai pas réussi à déterminer s'il s'agissait d'un site industriel flambant neuf ou simplement d'ajouter un système de captage de carbone ; « ArcelorMittal and AirLiquide Dunkirk low-carbon steel » en France, « Hydrogen 2 Magnum (H2M) » et « Shell heavy residue gasification CCUS. Pernis refinery » aux Pays-Bas, « Clean Hydrogen to Europe Phase 1 » en Norvège.

2 Données collectées en février 2024 à partir de : « Hydrogen Production and Infrastructure Projects Database », iea.org, octobre 2023 (dernière mise à jour).

milieux et matériaux de Poitiers et coresponsable d'un axe de travail au sein de la fédération de recherche « Hydrogène » du CNRS, j'ai ensuite estimé la quantité de gaz fossile que ces 33 nouvelles usines de production d'hydrogène bleu requerraient pour fonctionner. La demande s'établit à 67 milliards de normo mètres cubes par an, ce qui représente plus d'une fois et demie la consommation annuelle de gaz fossile de la France et presque autant que ce que consomme le Royaume-Uni chaque année[1].

En plus d'accroître la dépendance au gaz fossile, ces usines d'hydrogène bleu s'accompagneront de fuites de méthane, dont l'empreinte climatique, comme on vient de le voir, est loin d'être négligeable. Toujours à partir de la base de données de l'AIE, et avec la complicité de Christophe Coutanceau, j'ai estimé les volumes de molécules CH_4 qui s'échapperont dans l'atmosphère, en faisant varier le taux de fuites entre 1,5 % et 3,5 %, à cause des nouveaux projets d'hydrogène bleu en Europe, puis j'ai évalué leur impact sur le climat[2]. Les nouveaux sites de production d'hydrogène fossile avec captage de carbone, s'ils voient le jour, rejetteront entre 0,6 et 1,4 million de tonnes de méthane dans les airs chaque année, ce qui équivaut à un volume d'émissions de CO_2 compris entre 17 et 40 millions de tonnes sur une période de 100 ans. C'est plus que l'empreinte

1 La France a consommé 38,4 milliards de Nm^3 de gaz fossile en 2022, le Royaume-Uni en a exploité 72 milliards. Energy Institute, « Statistical Review of World Energy 2023 » p. 32.

2 Nous avons considéré que 1 kg d'hydrogène nécessitait 3,6 kg de méthane et le calcul prend en compte le pouvoir réchauffant global du méthane sur 100 ans, et non sur 20 ans, ce qui alourdirait encore le bilan climatique des projets.

carbone actuelle du secteur de l'hydrogène fossile en France, qui rejette 11,5 millions de tonnes de CO_2 par an[1].

Pour évaluer l'empreinte carbone globale des projets d'hydrogène bleu, les fuites de méthane n'étant pas les seules sources de gaz à effet de serre dans ce type d'usines, nous avons également considéré les molécules de CO_2 que les systèmes de captage n'attrapent pas (au moins 40 % d'un volume de fumée traité)[2], ainsi que les émissions associées au fonctionnement de ces gros aspirateurs à CO_2[3]. D'après nos calculs, l'ensemble des 52 projets européens déversera *au minimum* 133 millions de tonnes d'équivalent CO_2 dans les airs chaque année. C'est plus que les émissions annuelles moyennes d'un pays de l'Union européenne[4].

---

1 « Hydrogen sector study France. Hydrogen in France, developments and opportunities for the Netherlands », Netherlands Enterprise Agency (RVO), mars 2021.

2 AIE, « Global Hydrogen Review 2023 », p. 78-79.

3 Concernant les émissions liées aux systèmes de captage, nous avons considéré qu'une unité de captage augmentait de 10 % la consommation en gaz fossile du site de fabrication d'hydrogène (hypothèse sans doute en deçà de la réalité), que 1,4 t de solvant aminé est requise pour capter 1 tonne de CO_2, que chaque tonne de solvant aminé consommait 250 kg d'ammoniac, et que la production de 1 tonne d'ammoniac génère 2,4 tonnes de CO_2. Notons que seuls quatre projets d'hydrogène bleu en Europe sont censés « décarboner » le secteur de l'ammoniac, raison pour laquelle nous avons également pris en compte les émissions issues de la production du solvant aminé. Sources des hypothèses : Maxime Gérardin et Patrick Criqui, « Les coûts d'abattement. Partie 4 – Hydrogène », France Stratégie, p. 38 ; José I. Huertas *et al.*, « CO_2 Absorbing Capacity of MEA », *Journal of Chemistry*, 2015 ; AIE, « Ammonia Technology Roadmap », 2021, p. 9.

4 Les 27 pays de l'Union européenne ont généré 3,1 milliards de tonnes eqCO_2 en 2022, ce qui signifie que chaque pays européen a émis *en moyenne* 116,2 millions de tonnes eqCO_2. European Environment Agency, « EEA greenhouse gases – data viewer », consulté le 11 mai 2024.

Pour que l'analyse soit complète, et honnête, il est important de s'attarder sur les émissions de CO_2 que cet hydrogène bleu permettra d'éviter aux usines qui l'utiliseront. «Même si la production d'hydrogène utilise un peu plus de combustibles fossiles, elle permet de diminuer massivement les émissions de CO_2 dans de nombreux autres secteurs. Nous ne pouvons donc pas dire que l'hydrogène bleu augmente les émissions», pointe José Bermúdez Menéndez, expert de l'hydrogène auprès de l'AIE[1]. Certains futurs consommateurs d'hydrogène comptent en effet remplacer le charbon, le pétrole, le gaz fossile, dont la combustion rejette du CO_2 dans les airs, par de l'hydrogène, qui n'émet pas de dioxyde de carbone lorsqu'il est brûlé. Le bénéfice climatique global de l'hydrogène bleu pourrait ainsi, en principe, s'avérer positif. Une fois encore, la belle théorie s'écrase sur la dureté des faits, et je découvre que la moitié de la production d'hydrogène bleu annoncée en Europe sera fléchée vers... des raffineries de pétrole[2]. Pour résumer : l'hydrogène bleu, vanté en tant que solution pour lutter contre le changement climatique, dont le procédé de fabrication est complexe et finalement peu bénéfique pour le climat, alimentera surtout l'industrie du pétrole... soit l'un des principaux responsables de l'emballement climatique. C'est ce qu'on peut appeler, avec une pointe d'ironie, un effet boule de neige.

---

1 Entretien mené à l'AIE à Paris, le 18 mars 2024.

2 Plus précisément, toujours sur la base des données de l'AIE et de mes calculs, 6,8 Mt d'hydrogène bleu seront fléchées vers le raffinage de pétrole sur une production totale annoncée de 13,8 Mt/an.

Les projets liés à l'hydrogène bleu d'Air Liquide illustrent bien la tendance. En 2025, la multinationale prévoit de capter les émissions sur son site de production d'hydrogène implanté dans le port de Rotterdam, aux Pays-Bas – cette unité se situant idéalement à proximité du méga projet de transport et de stockage de CO_2 en mer du Nord, connu sous le nom de Porthos. L'hydrogène bleu sera ensuite destiné à la raffinerie voisine, administrée par le pétrolier états-unien ExxonMobil[1]. Autre chantier emblématique : la mise en place d'une unité de captage sur l'unité de production d'hydrogène de la raffinerie de Gonfreville de TotalEnergies, juste à côté de Port-Jérôme. « Cette unité produit 255 tonnes d'hydrogène par jour, soit trois fois plus celle que nous visitons », précise Christophe Grill. Même si les contrats commencent à éclore, soulignons qu'Air Liquide n'a toujours équipé aucune nouvelle usine avec son système de captage, presque dix ans après le démarrage du site pilote normand. Sa technologie dite « par cryogénie » reste marginale. Le seul mode de captage de carbone éprouvé d'un point de vue industriel, et donc choisi dans la plupart des projets mondiaux d'hydrogène bleu, repose sur l'utilisation d'un solvant chimique à base d'amines, délétère pour l'environnement et la santé humaine.

1 Dans la base de données de l'AIE, il s'agit du projet intitulé « Air Liquide Botlek Rotterdam refinery (Porthos CCS) », et donc bien destiné au secteur pétrolier.

Moins de CO_2, plus d'énergie et de déchets toxiques

À travers le monde, 41 systèmes captent déjà le carbone issu des rejets de procédés industriels, et sont surtout installés sur des sites de production de gaz fossile, dont la concentration en CO_2 est réglementée[1]. L'architecture et le principe de fonctionnement des unités de captage les plus courants se distinguent de ceux de l'installation type « sac de nœuds » proposée par Air Liquide. Le système aux amines se concentre autour d'une colonne de 80 mètres de haut[2], au sein de laquelle une solution chimique s'écoule, tandis que la fumée à purifier, introduite au pied de l'équipement, remonte progressivement. Le solvant et le gaz se rencontrent, les substances se mélangent, les molécules s'échangent. Résultat de la réaction chimique : la solution sort enrichie en CO_2 et la fumée en sort appauvrie. Déchargée d'une partie de ses molécules de CO_2, la fumée à peu près propre est alors relâchée dans l'atmosphère. Quant au solvant, avant de pouvoir laver un nouveau volume de rejet d'usine, il doit libérer les molécules de CO_2 qu'il garde prisonnières[3].

---

1 Deux unités de captage sur trois sont associées au traitement du gaz naturel, le reste concerne la production d'hydrogène dans les usines d'engrais (déjà !), le raffinage et la transformation du charbon en gaz, et la production d'électricité à partir du charbon. AIE, « CCUS Policies and Business Models », *op. cit.*, p. 22.

2 Stephen R. Bolton *et al.*, « 3D printed structures for optimized carbon capture technology in packed bed columns », *Separation Science and Technology*, 2019, p. 3

3 Une fois récupéré, le carbone sera liquéfié, envoyé dans une canalisation ou sur un navire-citerne dédié, puis sera définitivement rangé sous terre (comme décrit précédemment).

Cette dernière étape, timidement appelée « régénération du solvant », plombe le bilan énergétique du système : pour la débarrasser du CO_2 dont elle est chargée, la solution doit être chauffée très fort. La vapeur à haute température utilisée pour « régénérer le solvant », elle-même fabriquée en brûlant des ressources fossiles, augmente la consommation moyenne de gaz naturel d'une usine de vaporeformage de méthane d'au moins 10 %[1]. « Si l'on installe un système de captage de CO_2 sur quatre centrales à charbon, on estime qu'il en faut une cinquième pour compenser l'énergie consommée », illustre Éric Favre, chimiste spécialisé dans les procédés de captage de carbone dans un article paru dans *L'Usine nouvelle*[2].

En plus d'être gourmand en énergie, le système de captage de carbone repose sur un produit qui dérive de l'ammoniac, un composé chimique hautement toxique et corrosif, inflammable et explosif. Et, contrairement à ce que laisse penser le terme « régénération », le solvant aux amines se dégrade au fur et à mesure des cycles de lavage, et les effluents libérés (ammoniac, urée, formaldéhyde) sont nocifs pour la santé humaine. En se détériorant, les amines génèrent également des déchets toxiques, qu'il faudra ensuite « gérer » pour qu'ils évitent de polluer les eaux et les sols. « Pour une tranche de centrale à charbon de 500 mégawatts dotée d'un captage aux amines, il faudrait compléter avec 10 tonnes d'amines chaque jour », évalue Éric

1 Maxime Gérardin et Patrick Criqui, « Les coûts d'abattement », *op. cit.*, p. 38.
2 Aline Nippert, « Captage de CO_2 : le bilan mitigé du procédé aux amines », usinenouvelle.com, 13 avril 2022.

Favre[1]. D'après une analyse du cycle de vie, l'installation d'un équipement de captage aux amines s'accompagne d'une pollution de l'eau (le phénomène d'eutrophisation en eau douce augmente de 136 %) et s'avère délétère pour les sols (la mesure de l'écotoxicité terrestre augmente de 114 %)[2]. « La capture par amines enlève certes du CO_2 de l'atmosphère, mais elle étouffe la planète[3] », résume Louis Fradette, professeur de chimie à Polytechnique Montréal.

Si les ambitions en matière de production d'hydrogène bleu ne se concrétisaient pas dans les prochaines années, faute de financement ou d'infrastructures de transport et de stockage de carbone par exemple, les industriels du fossile bénéficieraient encore d'une autre cartouche hydrogénique pour recycler leurs machines et infrastructures existantes : l'hydrogène naturel.

L'hydrogène naturel, le « véritable » nouveau pétrole ?

Au fond de la campagne mosellane, dans l'est de la France, une compagnie spécialisée dans la récupération du gaz resté dans de vieilles mines de charbon, Française de l'énergie, poursuit ses activités de forage dans l'espoir d'exploiter de nouvelles ressources fossiles, en totale contradiction avec la lutte contre

1 *Ibid.*
2 Bhawna Singh *et al.*, « Comparative life cycle environmental assessment of CCS technologies », *Journal of Greenhouse Gas Control*, 2011.
3 Aline Nippert, « Captage de CO_2 », art. cit.

le changement climatique. Pourtant, depuis le 15 mai 2023, les activités de la compagnie gazière, loin d'être présentées comme climaticides, incarnent plutôt l'espoir d'une « véritable révolution énergétique[1] » à venir : Française de l'énergie annonce alors avoir découvert « d'importantes concentrations » d'hydrogène naturel dans un puits initialement foré pour tenter d'y dénicher du méthane. Dit autrement : la compagnie a détecté la présence *naturelle* de molécules de dihydrogène dans le sous-sol, « de l'ordre de 15 % à 1 093 mètres de profondeur ». Le communiqué de presse ajoute que « la concentration est *estimée* à 98 % à 3 000 mètres de profondeur », ce qui signifie que Française de l'énergie espère sincèrement aboutir à un tel taux, mais ne dispose d'aucune donnée empirique pour attester la véracité de ce chiffre[2].

Plusieurs médias reprennent l'info avec emphase. « Une usine sous nos pieds ? » titre la radio locale France Bleu pour annoncer la découverte. Le site spécialisé *H_2 Mobile* et le média de droite *Atlantico* annoncent carrément « la découverte d'un gisement colossal en Moselle ». Et peu importe si Française de l'énergie a simplement indiqué avoir quantifié des « teneurs importantes » en hydrogène au sein de « fluides des formations carbonifères du bassin minier lorrain », sans jamais parler de « gisement ». Le *Journal du CNRS*, plus prudent, emploie le conditionnel pour évoquer « un gisement potentiel » d'hydrogène naturel dans le

1 Hugo Leroux, « Hydrogène blanc : vers une véritable révolution énergétique ? », *Sciences & Vie*, 25 octobre 2023.
2 « FDE annonce la découverte d'hydrogène naturel dans le bassin minier lorrain », communiqué de presse de Française de l'énergie, le 15 mai 2023.

bassin houiller de Lorraine, « lequel pourrait être le plus gros réservoir mondial de ce gaz[1] ». Joli coup de com' !

Une nouvelle source d'énergie pas si propre

L'hydrogène naturel, ou « blanc » selon la fameuse typologie arc-en-ciel, représente l'espoir d'une énergie bon marché et abondante. « Si l'hydrogène naturel est vraiment exploité, ce sera l'hydrogène qui exigera le moins d'intermédiaires, et ce sera donc le moins cher et le moins intensif en carbone », éclaire Mikaa Mered, le spécialiste de la géopolitique de l'hydrogène[2]. Exit les usines complexes, coûteuses et énergivores pour fabriquer artificiellement le vecteur hydrogène. Désormais *source d'énergie**, le combustible miracle pourrait s'extraire des entrailles de la Terre via des techniques de forage rodées par des décennies d'exploitation de ressources fossiles !

De l'hydrogène généré de manière naturelle est d'ailleurs exploité depuis 2012 au Mali, pays pionnier en la matière, après une trouvaille inopinée. Au début des années 2000, en marge d'une campagne de recherche d'hydrocarbures, la société malienne Hydroma, anciennement appelée Petroma Inc.,

1 Bastien Munch, « Une "usine sous nos pieds" ? Des chercheurs découvrent de l'hydrogène naturel dans des sous-sols de Moselle », francebleu.fr, 25 mai 2023 ; Jean-Luc Poncin, « Cet énorme gisement d'hydrogène naturel a été découvert en France », *H_2 Mobile*, 20 mai 2023 ; « Qu'est-ce que l'hydrogène blanc, dont un gisement colossal vient d'être découvert en Moselle ? », *Atlantico*, 3 juillet 2023 ; Kheira Bettayeb, « Un gisement géant d'hydrogène en Lorraine ? », *Journal du CNRS*, 6 juillet 2023.

2 « Hydrogène naturel : un futur eldorado ? », table ronde organisée lors du forum Hydrogen Business for Climate à Belfort, le 4 octobre 2023.

décide d'enquêter sur un puits abandonné dans le village de Bourakébougou, à 60 kilomètres de Bamako. L'histoire raconte qu'une explosion s'y serait produite en 1987, alors que des forages pour collecter de l'eau étaient effectués, et qu'il fallut près d'un mois pour maîtriser le feu[1]. Bingo! Un mystérieux «courant d'air» émane de ce puits, et les analyses commandées par Hydroma révèlent que les émanations gazeuses se composent de 98 % d'hydrogène, et de 2 % de méthane, d'azote et d'hélium sous forme de traces. La compagnie malienne alimente le village de Bourakébougou en électricité en brûlant directement cet hydrogène naturel depuis une dizaine d'années, et compte désormais une vingtaine de forages entre 100 et 1 500 mètres de profondeur dans la région.

Au-delà du cas malien, des émanations anormales d'hydrogène naturel ont déjà été mesurées aux quatre coins du globe, des États-Unis à l'Amérique du Sud et l'Australie, en passant par la France, l'Allemagne, la Russie, le Maroc, la Namibie, Djibouti, l'Afrique du Sud, et de petites entreprises, comme la française 45-8 Energy lancée par d'anciens salariés du pétrolier TotalEnergies, essaiment dans l'espoir de déterrer pareil trésor qu'au Mali. D'après les estimations les plus récentes, sans doute en deçà de la réalité, une vingtaine de millions de tonnes d'hydrogène naturel s'échapperait de la surface de la Terre chaque année[2], le quart de la quantité d'hydrogène qu'engloutissent annuellement

1 Asma Diallo *et al.*, «La découverte de l'hydrogène naturel par Hydroma, un "Game Changer" pour la transition énergétique», *Annales des mines*, 2022, p. 154.
2 Viacheslav Zgonnik, «The occurrence and geoscience of natural hydrogen: A comprehensive review», *Earth-Science Reviews*, 2020.

les secteurs chimiques et pétrochimiques. « C'est le chiffre le plus fiable que nous possédons. Il est sans doute faux, mais un peu moins faux que les autres chiffres qui circulent », sourit Florian Osselin, chercheur à l'Institut des sciences de la Terre d'Orléans devenu entrepreneur de l'hydrogène[1]. Rien n'assure toutefois que les flux d'hydrogène mesuré soient exploitables industriellement. L'hydrogène se régénère-t-il en continu et suffisamment rapidement pour envisager une mise en production ? Existe-t-il un réservoir à une dizaine de kilomètres de profondeur au sein duquel l'hydrogène peut s'accumuler ? « Le Mali reste à ce titre un cas exceptionnel : le gaz se régénère de manière continue et il existe une poche où l'hydrogène s'est accumulé, insiste Vincent Roche de l'université du Mans, un géologue qui porte bien son nom. Il est trop tôt pour qualifier de gisement les émanations détectées çà et là à travers le monde », tranche-t-il[2].

Notons également que la plupart des émanations détectées ne sont pas uniquement constituées de molécules H_2 : il s'agit généralement d'un mélange composé de gaz dihydrogène et de molécules de méthane (CH_4), d'azote (N), d'hélium (He), de dioxyde de carbone (CO_2). En Lorraine, par exemple, Française de l'énergie indique avoir mesuré une concentration de 0,1 % d'hydrogène à 200 mètres de profondeur, 6 % à 800 mètres, 17 % à 1100 mètres[3]. Les pourcentages restants correspondent au puissant gaz à effet de serre qu'est le méthane. Après l'extraction, les

1 Entretien avec Florian Osselin, en visio, le 29 novembre 2023.
2 Entretien avec Vincent Roche, par téléphone, le 28 septembre 2023.
3 Vincent Lucchese, « L'hydrogène naturel sera-t-il le nouveau pétrole ? », *Reporterre*, 24 juillet 2023.

entreprises qui se spécialisent dans l'hydrogène naturel décideront soit de dissocier les deux gaz, et de mettre sur le marché les molécules de manière séparée, soit de vendre directement le mélange gazeux extrait. Dans le cas de Française de l'énergie, la valorisation de l'hydrogène naturel, qui représente une bonne nouvelle pour le climat, risque de s'accompagner de l'exploitation du méthane associé, une bien mauvaise nouvelle pour le climat. Un pas en avant, deux pas en arrière, la valse climaticide continue.

Comment l'hydrogène se forme-t-il à l'état naturel ?

Jusqu'à la découverte du cas malien, les scientifiques imaginaient surtout des molécules de dihydrogène se former naturellement au niveau des dorsales, ces chaînes de montagnes sous-marines qui séparent deux plaques tectoniques. « Les minéraux riches en fer sont lessivés par l'eau de mer, et vont donc s'hydrater, ce qui génère de l'hydrogène visible sous la forme de fumeurs noirs et blancs », explique Vincent Roche. Il existe en fait une dizaine de mécanismes différents susceptibles de générer naturellement de l'hydrogène… sous l'océan, mais aussi sous les continents. « Mais seules la radiolyse de l'eau et la transformation du fer ferreux en fer ferrique par oxydation pourraient produire de l'hydrogène naturel de manière rentable », pointe Nicolas Pélissier, fondateur de la startup 45-8 Energy[1].

Dans le cas de la radiolyse des eaux souterraines, des roches naturellement radioactives (riches en uranium, en thorium ou en potassium) vont ioniser l'eau par leurs rayonnements, libérant ainsi du H_2. « Au cours de la radiolyse, la radioactivité génère aussi de l'hélium », ajoute Isabelle Moretti, chercheuse à l'université de Pau et des Pays de l'Adour et membre de l'Académie des technologies[2].

1 Entretien avec Florian Osselin, en visio, le 29 novembre 2023.
2 « Hydrogène naturel : un futur eldorado ? », table ronde organisée lors du forum Hydrogen Business for Climate à Belfort, le 4 octobre 2023.

La deuxième voie de production naturelle de l'hydrogène potentiellement monétisable nécessite la présence de roches riches en fer non oxydé. « Certaines de ces roches sont issues du manteau terrestre, un endroit si profond sous terre qu'il n'y a pas d'oxygène. D'autres n'ont pas été oxydées parce qu'elles se sont déposées dans des océans sur lesquels se trouvait une couche de glace, empêchant la présence d'oxygène », précise Isabelle Moretti. Les roches riches en fer s'oxydent au contact de l'eau, la molécule d'eau se brise, et la molécule H_2 s'échappe. « La génération est plutôt bien comprise au niveau scientifique. Il s'agit désormais de comprendre à quelle vitesse les différents processus parviennent à casser la molécule d'eau, comment les molécules H_2 vont circuler sous terre, où elles peuvent s'accumuler », résume Isabelle Moretti.

Fracturer le sol pour générer de l'hydrogène

La phase d'exploration de l'hydrogène naturel n'est même pas terminée qu'émerge déjà l'idée de doper le processus de génération naturelle de l'hydrogène. Lunettes rondes et crâne dégarni, Florian Osselin est l'inventeur d'une méthode capable de catalyser le mécanisme d'oxydation du fer en envoyant d'énormes volumes d'eau sur une roche souterraine. Il quitte son poste de chercheur au milieu de l'année 2023 pour lancer sa startup spécialisée dans ce qu'il appelle « l'hydrogène stimulé », ou « l'hydrogène orange[1] ». « Il ne restait plus beaucoup de couleurs disponibles..., s'amuse Florian Osselin. Si la roche visée a une porosité de 10 %, il faudra envoyer 100 millions de mètres cubes d'eau dans le puits

1 Florian Osselin *et al.*, « Orange hydrogen is the new green », *Nature Geoscience*, 2022.

précédemment foré pour un site de 1 kilomètre cube. Ce sera de très grands volumes, estime le chercheur-entrepreneur. L'avantage, c'est que nous pouvons utiliser de l'eau non potable comme l'eau de mer», tient-il à souligner. Avant de déverser plusieurs milliers de mètres cubes d'eau sur un caillou, le procédé requiert une première étape particulièrement agressive : fissurer la roche souterraine en injectant de l'eau à très haute pression. C'est ce qu'on appelle la «fracturation hydraulique», et qui risque de déclencher, localement, des séismes induits. Encore à l'état de concept de laboratoire, l'hydrogène stimulé s'inscrit dans une surenchère technologique plus générale, particulièrement visible dans le champ des recherches consacrées aux nouvelles manières, plus ou moins miracles, de *produire* la molécule.

La course sans fin vers une innovation (vraiment) révolutionnaire

Nous sommes en novembre 2021 à Béziers, et je longe une grande usine de fabrication d'équipements pétroliers, en suivant le marquage au sol qui indique aux piétons le chemin à emprunter. Tout au bout du tracé s'élève un bâtiment de taille moyenne et d'apparence moderne, joliment affublé de briques rouges. Me voici devant l'usine pilote de Genvia, cette jeune entreprise cocréée par le CEA et la multinationale pétrolière Schlumberger, devenue l'emblème du savoir-faire et de l'esprit d'innovation de la France en matière d'hydrogène. Accompagnée par le directeur des opérations, j'entre avec excitation dans le bâtiment où les « électrolyseurs haute température » vont être fabriqués en série, ces nouvelles machines « au rendement incroyable[1] » qui promettent de « révolutionner[2] » la production d'hydrogène. À chaque pas qui frappe le sol, un écho retentit dans la grande salle blanche, le cœur de l'usine étant... complètement vide[3] !

Au-delà de l'anecdote rigolote, cette histoire symbolise plutôt bien la perpétuelle fuite en avant vers de nouvelles technologies, toujours en cours de développement, qui sont supposées capables de lutter contre les pollutions et le changement climatique ; une sorte de « tactique de procrastination[4] » institutionnalisée en somme.

Dans les années 1970 déjà, le célèbre penseur de la technique Jacques Ellul expliquait que « la Technique est arrivée à un tel point d'évolution qu'elle se transforme et progresse sans intervention décisive de l'homme, par une sorte de force interne, qui la pousse à la croissance, qui l'entraîne par nécessité à un développement incessant[5] ». Parallèlement au phénomène d'« autoaccroissement » décrit par Jacques Ellul, le changement climatique représente désormais « un argument massif » pour développer à tout va des systèmes techniques qui portent

1 Alexandre Baumann, « L'électrolyse à haute température : la révolution du CEA », discoverthegreentech.com, consulté le 7 décembre 2023.
2 Philippe Schwoerer, « Avec ses électrolyseurs haute température, Genvia veut révolutionner l'hydrogène », *H_2 Mobile*, 7 octobre 2021.
3 Au cours de mon reportage, j'ai tout de même pu observer les différentes étapes qui composent la fabrication du cœur de l'électrolyseur à haute température. La ligne pilote (un peu plus grande qu'un atelier de laboratoire) était installée dans la salle d'à côté.
4 Jean-Baptiste Fressoz, *Sans transition*, *op. cit.*, p. 18-19.
5 Jacques Ellul, *Le système technicien*, Le Cherche-Midi, 1977, p. 217.

pourtant d'innombrables inconvénients et risques[1]. L'innovation technique, c'est-à-dire « la plus officielle des logiques du capitalisme pour favoriser la digestion de la question écologique[2] », revient en quelque sorte à courir inlassablement derrière un espoir : celui de développer une invention géniale, capable de préserver les modes de vie occidentaux malgré la menace climatique, puis de la déployer de façon massive.

Dans cette course à l'innovation technique, l'hydrocratie figure dans le peloton de tête. Outre les méthodes de production de l'hydrogène peu carbonées et (à peu près) matures que sont l'électrolyse alcaline et l'électrolyse à membrane polymère, des techniques de production dites « de rupture » pullulent, et les sociétés qui les développent s'arrachent les fonds publics pour les industrialiser. Il existe ainsi une manière pour produire de l'hydrogène en brûlant des végétaux (des plaquettes forestières, des résidus de tailles de vignes, des fumiers d'animaux), la « pyrogazéification » ou la « thermolyse de la biomasse », dont l'avantage serait son caractère modulaire et flexible. Et peu importe si les projections à horizon 2050 estiment que les ressources disponibles seront largement insuffisantes pour répondre à l'appétit croissant en ressources végétales et organiques de secteurs économiques de plus en plus variés[3] ! Selon les modélisations, la demande en biomasse nécessiterait une production en hausse de

1 Analyse issue de mon entretien avec Jean-Baptiste Fressoz, le 21 juin 2023.
2 Jean-Baptiste Comby, *La question climatique. Genèse et dépolitisation d'un problème public*, Raisons d'agir, 2015, p. 13.
3 « The European biomass puzzle. Challenges, opportunities and trade-offs around biomass production and use in the EU », European Environment Agency, 2023.

50 % à 150 % par rapport à ce qui est actuellement consommé, devenant même aux yeux de l'Agence européenne de l'environnement une « matière première critique ».

D'autres entreprises, particulièrement audacieuses dans leurs discours, prétendent produire de l'hydrogène *décarboné* en exploitant le redoutable gaz à effet de serre qu'est le méthane. Rien à voir avec la méthode conventionnelle et polluante qui nourrit aujourd'hui la quasi-totalité du marché de l'hydrogène, assure toutefois Gérard Gatt, le président de Sakowin, une société qui vend ce type de procédé[1] ! La molécule de CH_4 est bien décomposée en H_2 d'un côté et en CO_2 de l'autre, comme lors d'un reformage de méthane classique, mais le carbone sort ici sous forme solide, ce qui permet de le récupérer plutôt que de le larguer dans l'atmosphère. Et tant pis si la méthode tire la consommation en gaz naturel vers le haut, ce qui s'accompagne forcément d'émissions de méthane.

Sur la première marche du podium des innovations (vraiment) révolutionnaires, la technique de tous les fantasmes consiste à reproduire artificiellement la photosynthèse, qui n'est autre que le processus naturel conditionnant la vie sur Terre, pour générer de l'hydrogène. « Nous aboutissons alors sur une promesse technologique totale puisque la technique hydrogène se fond dans la nature elle-même », analyse le philosophe Mathieu Triclot[2]. Dans le mécanisme naturel, grâce à l'énergie

1 Aline Nippert, « Six deeptechs qui préparent l'avenir de l'hydrogène », usinenouvelle.com, 23 septembre 2022.
2 Mathieu Triclot et Nicolas Simoncini, « La médiatisation de la promesse technologique de l'hydrogène », conférence donnée lors de la journée

du soleil et à l'issue de différentes étapes d'une complexité inouïe, les plantes, algues, cyanobactéries et autres organismes photosynthétiques parviennent à scinder la molécule d'eau H_2O en ses deux composants : le dioxygène O_2 et les deux protons H^+. Pour créer de l'hydrogène par photosynthèse artificielle, certain·es scientifiques réfléchissent par exemple à exploiter les capacités photosynthétiques de microalgues. D'autres équipes de scientifiques cherchent carrément à construire un système photosynthétique factice (par le biais de matériaux semi-conducteurs), considérant que le phénomène naturel, dont dépend pourtant toute la chaîne du vivant, n'est pas assez efficace[1].

Comment légitimer l'octroi de subventions publiques dans une course qui ne finira jamais ? La réponse n'est pas à chercher du côté de la si fétichisée croissance économique, dont la hausse n'est pas corrélée positivement avec les investissements dans l'innovation, comme le rappelle l'historien David Edgerton[2]. Dans le cas de l'hydrogène, cette quête infinie de techniques de production toujours plus innovantes est souvent justifiée par l'explosion de la demande future : rares sont désormais les industries qui ne misent pas sur la molécule totem pour décarboner tout ou partie de leurs activités polluantes.

« Hydrogène et sciences humaines et sociales » organisée par l'université de technologie Belfort-Montbéliard, 30 juin 2022.

1 Marc Fontecave, « Photosynthèse artificielle : transformer le soleil en carburants », *CultureSciences-Chimie*, 8 juin 2016.

2 David Edgerton, *Quoi de neuf?*, *op. cit.*, p. 153.

LAVER PLUS VERT QUE VERT

À l'intérieur du parc des expositions de Bruxelles, deux gros camions, dont l'un est décoré par de jolies bulles H_2 de couleur bleu ciel, stationnent sur une élégante moquette en damier noir et gris. Un peu plus loin, ce sont trois SUV, une voiture de course et un avion miniature qui pavanent. Devant le stand du constructeur automobile Honda, des images holographiques présentant le mode de fabrication de l'hydrogène par électrolyse de l'eau défilent devant un groupe d'une demi-douzaine de messieurs costumés. Lors du salon industriel dédié à la filière européenne de l'hydrogène, les sociétés qui comptent acheter de l'hydrogène non fossile pour diminuer leur bilan carbone rivalisent d'imagination pour se faire remarquer. Il n'y en aura pas pour tout le monde, les entreprises le savent. L'idée de réserver un accès prioritaire au marché de l'hydrogène « bas-carbone » à certains secteurs d'activité plutôt qu'à d'autres s'avère indispensable, et une sorte de priorisation, encore timide, prend forme dans les scénarios nationaux.

Privilégier les consommateurs actuels, une fausse évidence

« Industrie verte » et « pétrole propre ». Dans un renversement sémantique quasi similaire à celui orchestré dans la dystopie *1984* de George Orwell, où « la guerre, c'est la paix », « la liberté, c'est l'esclavage », « l'ignorance, c'est la force »[1], l'ère du *Green Brother* fait émerger de nouvelles formules oxymoriques.

Colorer le pétrole en vert

C'est ainsi que l'Union européenne se gargarise de financer, à hauteur de 40 millions d'euros, un programme intitulé « De l'hydrogène pour une raffinerie propre », dédié au pétrolier Shell et son site Rheinland, en Allemagne[2]. Actuellement fabriqué à partir du très polluant procédé de vaporeformage de méthane, l'hydrogène consommé par la raffinerie allemande sera produit sur place, par électrolyse de l'eau, sans doute à partir de 2026[3]. Certes, l'électrolyseur en question sera alimenté par l'électricité du réseau national, toujours biberonné aux énergies fossiles[4]. Mais des « contrats d'énergie renouvelable de long terme » – appelés « PPA » dans le jargon – seront scellés.

---

1 George Orwell, *1984*, [1949], trad. par Aurélie Audiberti, Gallimard, 1972.
2 « Horizon 2020. Clean Refinery Hydrogen for Europe II », communiqué de presse de la Commission européenne, 29 décembre 2022.
3 Charlie Currie, « Shell reserves 100MW of ITM Power electrolyser stacks for German project », h2-view.com, 11 décembre 2023.
4 En 2022, le charbon, le pétrole et le gaz composaient 49,2 % du mix électrique en Allemagne, d'après l'AIE, « Energy system of Germany », iag.org, consulté le 11 mai 2024.

Ce procédé de vente indirecte est censé garantir qu'un volume d'électricité renouvelable, fabriquée par une entreprise tierce, équivalent aux électrons polluants consommés par Shell pour nourrir son électrolyseur sera injecté dans le réseau électrique[1].

En septembre 2023, TotalEnergies annonce vouloir acheter 0,5 million de tonnes d'hydrogène renouvelable chaque année, et lance un appel d'offres en conséquence, dans le but affiché de « décarboner l'hydrogène consommé par ses raffineries européennes[2] ». La requête lancée par la major française donne une idée des ordres de grandeur en jeu : ses 6 raffineries implantées en Europe engloutissent plus de la moitié du volume d'hydrogène carboné consommé par la France entière en 2022.

La molécule d'hydrogène est utilisée pour retirer le soufre et d'autres impuretés des produits pétroliers semi-finis (essence, kérosène, gasoil, etc.), juste après les étapes de distillation du pétrole brut et de craquage des hydrocarbures les plus lourds. Les raffineurs n'ont d'ailleurs guère le choix : les réglementations se sont succédé depuis les années 2000 pour renforcer la limitation du taux de soufre dans les carburants en raison des maladies respiratoires et des pluies acides, destructrices des forêts, auxquelles contribuent les polluants soufrés. À l'échelle mondiale,

1 « Horizon 2020. Clean Refinery Hydrogen for Europe II » Communiqué de presse de la Commission européenne, 29 décembre 2022. Pour qualifier l'H2 provenant d'un électrolyseur directement branché au réseau de « bas carbone », le recours à ces contrats sera la règle plutôt que l'exception, d'après Simon Pujau, responsable des relations institutionnelles chez France Hydrogène. L'empreinte carbone de l'hydrogène issu du réseau est pourtant pire que l'hydrogène fossile. Voir typologie arc-en-ciel, p. 295.

2 « Décarbonation du raffinage : TotalEnergies lance un appel d'offres pour la fourniture de 500 000 tonnes par an d'hydrogène vert », communiqué de presse de TotalEnergies, 14 septembre 2023.

les raffineries ont ainsi gobé plus de 40 millions de tonnes d'hydrogène en 2022, un record historique, et la production de la molécule H_2 destinée au raffinage a déversé entre 240 et 380 millions de tonnes de CO_2 dans l'atmosphère[1]. Si les quantités dont il est question sont loin d'être négligeables, puisqu'un pays comme l'Espagne a rejeté à peu près autant d'émissions d'équivalent CO_2 en 2021[2], ce n'est pas le cœur du problème. Les pétroliers, aidés par des fonds publics, s'attachent ici à réduire l'empreinte carbone du processus de *fabrication* de produits dont la *consommation* représente l'une des causes principales du réchauffement climatique ; le pétrole et ses dérivés que l'on brûle pour faire avancer les véhicules, produire de l'électricité, chauffer les bâtiments, etc., génèrent plus de 30 % des émissions mondiales de CO_2[3].

Si saugrenue soit l'idée de décarboner la production de produits dont l'utilisation nuit de toute façon au climat, celle-ci semble faire l'objet d'un consensus politique. Dans les stratégies nationales hydrogène des pays d'Europe et d'Amérique du Nord et du Sud, les industries qui consomment déjà de l'hydrogène, dont font partie les raffineries, sont jugées prioritaires. On en oublierait presque que la seule réponse climatique sérieuse au sujet du pétrole ne consiste pas à aménager les procédés de fabrication, mais à décroître drastiquement sa consommation globale, dans l'objectif final, vital, d'aboutir à la fermeture du secteur. Dans quel délai fermer les usines ? Par quoi remplacer la première source

1 Voir la figure « Les secteurs consommateurs d'hydrogène », p. 308.
2 En 2021, l'Espagne a émis 297 Mt de CO_2 équivalent dans les airs. « Émissions de gaz à effet de serre par secteur source (source : AEE) », Eurostat, ec.europa.eu, consulté le 27 décembre 2023.
3 Voir « Les émissions mondiales de CO_2 », p. 309.

d'énergie mondiale ? Faut-il démanteler les majors pétrolières et gazières ? Ou bien les nationaliser ? Comment accompagner les salarié·es de ces industries ? Quelles implications pour le quotidien ? Comment adapter nos modes de vie en conséquence ? Faire face à ces questions proprement politiques semble autrement plus complexe que d'installer un électrolyseur géant.

Perpétuer le modèle agro-industriel

Une même fausse évidence se joue au niveau de la seconde plus importante consommatrice d'hydrogène : l'industrie de l'ammoniac. La production mondiale du composé chimique NH_3, utilisé majoritairement pour fabriquer des fertilisants, et plus marginalement pour produire des explosifs, des plastiques et fibres synthétiques, des fluides frigorigènes, et même des cigarettes, dévore le tiers du volume total d'hydrogène fabriqué chaque année[1].

La synthèse de l'ammoniac repose sur une méthode historique mise au point au début du XXe siècle et appelée « procédé Haber-Bosch ». Ce procédé, qui aurait « sauvé l'humanité de la famine[2] », permet de combiner des molécules de dihydrogène (H_2) aux molécules de diazote (N_2) au moyen d'une forte température (entre 400 °C et 650 °C) et d'une pression comprise entre 200 bars et 400 bars[3]. Les émissions de CO_2 qui résultent directement de la

1 Voir « Les secteurs consommateurs d'hydrogène », p. 310.
2 Ludovic Dupin, « [À l'origine] Il y a moins d'un siècle, les engrais synthétiques ont sauvé l'Humanité », *Novethic*, 23 novembre 2019.
3 Irena, « Global hydrogen trade to meet 1.5°C climate goal. Part II: Technology review of hydrogen carriers », 2022, p. 30.

production l'ammoniac (dont la première étape consiste à fabriquer l'hydrogène) ont atteint 450 millions de tonnes en 2020[1], un chiffre comparable à l'empreinte carbone de la France[2]. Il s'agit de l'un des produits de l'industrie lourde les plus polluants; la production d'une tonne d'ammoniac génère près de deux fois plus d'émissions de CO_2 que 1 tonne d'acier, et quatre fois plus que 1 tonne de ciment. On comprend donc pourquoi l'industrie de l'ammoniac figure en bonne place pour accéder en priorité au futur marché de l'hydrogène bas-carbone d'après les stratégies hydrogène publiées en Europe, en Amérique et en Australie. En contradiction avec les feuilles de route hydrogène, mais aussi avec les objectifs de réduction des émissions de CO_2, précisons toutefois que certaines usines de fabrication d'ammoniac peuvent être dispensées de respecter la directive européenne RED, selon laquelle la consommation d'hydrogène renouvelable de l'industrie doit au moins atteindre 42 % en 2030[3]. Sans réglementation

1 AIE, « Ammonia Technology Roadmap », 2021, p. 9.

2 « Émissions de gaz à effet de serre par secteur source (source : AEE) », Eurostat, *ec.europa.eu*, consulté le 27 décembre 2023.

3 Pour que la France, pays agricole, approuve la directive RED, une disposition non contraignante a été ajoutée au texte; celle-ci permet à l'hydrogène lié aux actifs de production d'ammoniac existants de « ne pas être pris en compte » (« disregarded ») dans le total consommé par l'industrie. En excluant l'ammoniac du décompte, l'objectif d'hydrogène renouvelable (fixé à 42 % de la consommation de l'industrie en 2030) devient beaucoup plus facile à atteindre. Anna Hubert, « Directive sur les renouvelables : un compromis "sur mesure" pour convaincre la France de lever son blocage », *Contexte*, 14 juin 2023, et Anna Hubert (@AnnaHbrt), twitter.com, 14 juin 2023, 8 h 55. D'après Simon Pujau, responsable des relations institutionnelles chez France Hydrogène, ce « considérant » devrait être précisé dans les « orientations » que prépare la Commission européenne pour juillet ou septembre 2024 (le livre sera déjà imprimé). Ces textes ont pour but de préciser ce qui peut être

contraignante, les géants de l'ammoniac risquent donc de continuer à se fournir en hydrogène fossile, moins onéreux.

Et même si les industriels décidaient de se fournir en hydrogène bas-carbone, on aboutirait à une situation aussi absurde qu'un raffinage « décarboné » du pétrole. Aucune stratégie climatique sérieuse ne peut se contenter de réduire les émissions émises lors de la *fabrication* de produits (l'ammoniac et les engrais azotés, son débouché principal), dont *l'utilisation* est nocive pour le climat et l'environnement. À l'issue de l'épandage des fertilisants azotés dans les champs, les plantes absorbent en effet une partie de l'azote présent dans l'intrant chimique, ce qui accroît la productivité de la parcelle, en cohérence avec l'objectif de la technique. Mais le reste de l'azote, qui a la fâcheuse tendance à réagir avec d'autres éléments, se transforme tantôt en nitrates (NO_3), ce qui entraîne la prolifération d'algues vertes susceptibles d'étouffer les cours d'eau et de tuer la vie marine, tantôt en effluents d'ammoniac, hautement toxiques et corrosifs, contribuant à créer des pics de pollution[1]. L'azote non emmagasiné par les plantes entraîne également la formation de protoxyde d'azote (N_2O), un gaz à effet de serre 273 fois plus puissant que le dioxyde de carbone sur une période de 100 ans[2]. Le N_2O compte d'ailleurs pour environ 5 % du total des émissions anthropiques mondiales de gaz à effet de serre, et sa présence dans l'atmosphère

comptabilisé dans l'objectif de consommation d'énergie renouvelable prévu par la directive RED. Entretien avec Simon Pujau le 22 mai 2024.

1 Stéphane Mandard, « La face cachée des engrais azotés », *Le Monde*, 8 avril 2021.

2 Groupe 1 du Giec, « Aspects physiques des changements climatiques », AR6, 2022, p. 1017.

continue de croître, précisément à cause des fertilisants azotés[1]. Pour que la planète reste viable, la métamorphose du modèle agricole dominant, basé sur l'intensification de cultures dopées aux intrants chimiques (dont font partie les engrais azotés), s'avère indispensable. Comme pour les raffineries, le problème des pollutions et émissions du secteur de l'ammoniac est autrement plus complexe que la seule décarbonation du processus de fabrication. Une pluralité d'acteurs, dont les intérêts divergent, sont liés à ce secteur d'activité, et la mise en place de mesures climatiques qui s'attaqueraient sérieusement à l'ammoniac requerrait une réponse politique forte et courageuse.

La crise de l'azote aux Pays-Bas, qui sévit depuis 2019, donne une idée des bouleversements socio-économiques qu'implique un sevrage collectif de l'ammoniac. Le petit pays européen, deuxième plus gros exportateur mondial de produits agricoles après les États-Unis, donc particulièrement concerné par la pollution à l'azote, commence à s'attaquer au problème en 2015 en se dotant d'un mécanisme de réduction des rejets d'azote basé sur l'octroi de « permis environnementaux ». En contrepartie de l'obtention d'un permis, une entreprise est censée compenser ses émissions d'azote « dans un futur proche ». Quatre ans plus tard, sur la base d'une directive européenne de conservation des habitats naturels, le Conseil d'État néerlandais invalide le programme d'émissions d'azote porté par le gouvernement. Interdiction de délivrer de nouveaux permis avant que les émissions d'azote n'aient *effectivement* été réduites : les promesses de baisse ou de compensation futures ne suffisent plus. Comme toute activité

1 AIE, « Ammonia Technology Roadmap », 2021, p. 48.

humaine, ou presque, génère de l'azote, les Pays-Bas tournent au ralenti. Quelques astuces ont permis d'éviter la paralysie complète du pays, comme la réduction de la vitesse sur l'autoroute, ce qui a diminué les émissions d'oxyde d'azote des voitures, et a rendu possible la construction de 75 000 nouvelles maisons[1].

Pour sortir définitivement de l'impasse, le gouvernement a publié un « plan azote » en juin 2022, doté d'un budget de 24,3 milliards d'euros, qui vise à réduire de moitié l'azote émis dans l'atmosphère en sept ans à peine, un objectif conséquent. Selon le niveau de pollution et la localisation de l'entreprise, les objectifs de diminution des émissions d'azote oscillent entre 12 % et 70 %, voire atteignent des pics de 95 % à proximité des zones protégées Natura 2000, ce qui implique carrément la fermeture de l'activité[2]. Les industries lourdes, les transports, la construction et tout autre secteur polluant devront contribuer à baisser leurs émissions. Mais le secteur agricole, responsable de 46 % des émissions d'azote du pays en raison de l'utilisation d'engrais azotés et des effluents d'élevage, devra consentir à fournir le gros de l'effort. Il est ainsi estimé que l'élevage intensif, pilier de la puissance agricole mondiale des Pays-Bas, devra être amputé d'au moins un tiers de son cheptel pour respecter les engagements. L'État envisage de racheter jusqu'à 3 000 exploitations, localisées au sein de sites particulièrement sensibles, pour les démanteler et revendre les terrains à des agriculteurs

1 La vitesse maximale sur autoroute a été réduite à 110 km/h, contre 130 km/h initialement. Cédric Vallet, « Aux Pays-Bas, un plan drastique de réduction de l'azote provoque la colère des agriculteurs », *Le Monde*, 13 juillet 2022.
2 Alexandre Monnin, « Azote aux Pays-Bas : une crise sentinelle », *AOC*, 5 avril 2023.

ou agricultrices souhaitant développer des modèles plus extensifs. Mais seulement 200 exploitant·es auraient accepté la proposition de rachat par l'État à l'été 2023[1]. Face à cette transition brusque et radicale, le monde agricole organise depuis 2019 des manifestations et des blocages pour faire entendre sa colère. Le désaccord se cristallise sur la scène politique. Le Mouvement des agriculteurs citoyens (Boer Burger Beweging, BBB) est précisément né du mécontentement du monde rural, se positionnant contre une élite urbaine dirigeante, ce qui lui vaut d'être qualifié de populiste. À l'issue des élections de mars 2023, le jeune groupe politique BBB, sorti majoritaire dans quasiment toutes les provinces, est devenu le premier parti du Sénat néerlandais. « La crise néerlandaise de l'azote constitue un laboratoire mondial de la fermeture et du renoncement qui appelle d'autres réformes à sa suite, considère le philosophe Alexandre Monnin dans le site d'analyse *AOC*. Une telle transformation aurait pu être jugée impossible en vertu de son ampleur : jamais le capitalisme ne laisserait faire ; jamais l'industrie n'abandonnerait ses profits ; en outre, le droit n'est-il pas l'instrument du pouvoir ? Évidemment, tout ceci n'est pas faux mais ces réflexes offusquent de réels leviers stratégiques[2]. » Si la suite de l'histoire hollandaise reste difficile à prédire, la crise de l'azote démontre qu'il existe bien des leviers stratégiques de *nature politique* à actionner pour réduire les émissions des secteurs industriels. L'analyse des stratégies de décarbonation de l'acier

1 Pauline Moullot, « Pollution à l'azote : les Pays-Bas peinent à enterrer la vache de guerre », *Libération*, 15 août 2023.
2 Alexandre Monnin, « Azote aux Pays-Bas », art. cit ; et Alexandre Monnin, *Politiser le renoncement*, Divergences, 2023, pp. 14-21.

et du ciment, dont l'accès au marché hydrogène bas-carbone est également considéré comme prioritaire, illustre pourtant que seules sont envisagées les alternatives de *nature technique*.

Les mangeurs d'acier et de ciment sont priés de se serrer la ceinture

J'ai chaud sous ma veste épaisse aux couleurs du sidérurgiste ArcelorMittal, dans cet immense hall où ronronne en continu un bruit de torrent. Nous sommes au début du printemps 2022, et le deuxième plus gros producteur d'acier au monde organise une visite guidée (réservée aux journalistes) de son site dunkerquois, grand comme un arrondissement moyen de Paris. Je grimpe tout en haut d'un escalier étriqué, munie de gants et de lunettes de protection. Une fois au sommet, je m'avance sur une passerelle aussi étroite qu'un plongeoir de piscine. En dessous, des blocs d'acier en fusion, telle une rivière de feu, glissent sur un tapis roulant géant. Pour obtenir ce magma ferreux, les hauts fourneaux ont d'abord digéré le minerai de fer et le coke, un dérivé du charbon, grâce à une température portée jusqu'à 2 000 °C ; une étape de la production particulièrement polluante[1]. La fonte ainsi obtenue est mélangée avec de la ferraille usagée, puis débarrassée de ses impuretés (le carbone et d'autres résidus) au sein d'un convertisseur à oxygène qui atteint les 1 600 °C. Il en sort l'acier liquide, celui qui coule sous mes yeux, qui sera ensuite solidifié. Enfin, après un passage dans un four à 1 200 °C, les brames

1 Le minerai de fer provient principalement de l'Australie ou du Brésil.

d'acier sont amincies et étirées par écrasement, subissent encore un second écrabouillage, puis sont recouvertes d'un revêtement anticorrosion en zinc ou en étain[1].

Une pollution dure comme fer

Les industriels du fer et de l'acier, dont l'activité repose sur l'exploitation du plus sale des combustibles fossiles, le charbon, ont craché 2,6 milliards de tonnes de dioxyde de carbone dans les airs en 2019, ce qui représente 7 % des émissions mondiales[2]. Les émissions du secteur ont doublé en vingt ans, et continuent d'être tirées par une demande croissante[3]. Pour désamorcer cette bombe climatique, peu de solutions techniques existent, la sidérurgie étant classée parmi les industries dites « difficiles à décarboner ». En effet, contrairement à la plupart des secteurs industriels, les sidérurgistes ne peuvent pas miser sur la magie électricité pour réduire leur empreinte carbone, puisque les émissions de CO_2 sont inhérentes au processus industriel lui-même. Impossible de faire réagir les oxydes de fer (présents dans le mélange de minerai de fer et de coke) avec le monoxyde de carbone – à savoir l'étape qui se passe dans les hauts fourneaux et qui permet de fabriquer la fonte – sans émanations climaticides. Sauf à troquer le procédé traditionnel pour un nouveau mode de fabrication, appelé la « réduction directe du minerai de fer » (DRI), qui peut fonctionner à partir d'hydrogène bas-carbone. Par rapport à l'acier

1 « L'acier, c'est quoi ? », ciemra.fr, consulté le 27 décembre 2023.
2 AIE, « Iron and Steel Technology Roadmap », 2020, p. 35.
3 *Ibid.*, p. 37-38.

charbonné, la production d'une tonne d'acier issue de la réaction entre l'hydrogène *renouvelable* et le minerai de fer rejetterait entre 80 et 95 % de CO_2 de moins dans l'atmosphère[1].

Pour transformer le procédé industriel de la sidérurgie, les investissements, colossaux, sont encouragés par d'importantes aides publiques. En juillet 2023, la Commission européenne a validé l'octroi de plus de 2 milliards d'euros de subventions de l'État allemand en direction de ThyssenKrupp. Le fleuron germanique compte installer dans l'ouest du pays, à Duisburg, l'un des plus grands sites sidérurgiques d'Europe – une usine de réduction directe, ainsi que deux fonderies adaptées –, d'une capacité de production annuelle de 2,3 millions de tonnes de métal chaud. À partir de 2029, l'installation devrait permettre d'éviter l'émission de 3,5 millions de tonnes de CO_2 (soit 0,13 % des émissions causées par la sidérurgie mondiale). Plus de 140 000 tonnes d'hydrogène bas-carbone seront dévorées par l'unité de réduction directe chaque année, ce qui correspond à 60 % de la capacité électrique d'une ville comme Hambourg, d'après les estimations fournies par l'industriel lui-même[2].

Entre la fin de l'année 2022 et l'été 2023, la multinationale ArcelorMittal a collecté des financements publics du même ordre de grandeur que ThyssenKrupp – soit 2,2 milliards

1 Mohammad Shahabuddin *et al.*, « Decarbonisation and hydrogen integration of steel industries: Recent development, challenges and technoeconomic analysis », *Journal of Cleaner Production*, 2023.
2 « Robert Habeck, Germany's Minister for Economic Affairs and Climate Action visits ThyssenKrupp: ThyssenKrupp Steel to receive federal and state government funding totaling around two billion euros », communiqué de presse de ThyssenKrupp, 26 juillet 2023.

d'euros en tout – auprès du Canada (610 millions d'euros), de l'Espagne (460 millions), de l'Allemagne (55 millions), de la Belgique (280 millions) et de la France (850 millions), censés l'aider à investir dans la construction d'usines capables de transformer le minerai de fer sans recourir au charbon[1]. À Dunkerque, en France, deux des longues et emblématiques cheminées fumantes devraient ainsi disparaître avant la fin de la décennie au profit d'une unité de réduction directe d'une capacité annuelle de 2,5 millions de tonnes de fer préréduit, ainsi que d'un four à arc électrique[2].

Sous l'acier sans charbon, le gaz fossile

Cependant, rien ne nous assure que les industriels de l'acier qui mettent en place des usines de réduction directe amélioreront *effectivement* leur bilan carbone.

D'abord parce que les sidérurgistes continuent d'investir, en parallèle, dans l'acier charbonné. Dans le cadre d'une collaboration avec la firme japonaise Nippon Steel Corporation (NSC), ArcelorMittal compte par exemple construire deux nouveaux hauts-fourneaux entre 2025 et 2026 sur son site sidérurgique

---

1 « ArcelorMittal breaks ground on first transformational low-carbon emissions steelmaking project », communiqué de presse d'ArcelorMittal, 13 octobre 2022 ; « State aid: Commission approves €460 million Spanish measure to support ArcelorMittal decarbonise its steel production », communiqué de presse de la Commission européenne, 17 février 2023 ; ArcelorMittal, « Interim Financial Report. Half Year ended June 30, 2023 », 2023.
2 « 1,7 milliard d'investissements pour accélérer la décarbonation », communiqué de presse d'ArcelorMittal, 3 février 2022.

basé à Gujarat, en Inde, et a lancé des études de faisabilité pour encore augmenter la capacité de production dans les années suivantes[1].

Ensuite, pour que l'investissement fasse sens d'un point de vue climatique, l'agent réducteur utilisé lors de la réaction – celui qui permet d'arracher les atomes d'oxygène au minerai de fer à la place du monoxyde de carbone – doit être du gaz hydrogène (première condition) et celui-ci doit être produit à partir d'électricité renouvelable, ou d'une autre source considérée comme bas-carbone (deuxième condition). Or, c'est bien des molécules H_2 carbonées, fabriquées à partir de gaz fossile, que les sidérurgistes achèteront – dans un premier temps au moins – puisque l'industrie hydrogène bas-carbone est pour l'instant pratiquement inexistante. ThyssenKrupp compte par exemple se fournir auprès d'Air Liquide, l'un des leaders mondiaux de l'hydrogène fossile[2]. L'autre option – pas davantage compatible avec les objectifs de décarbonation – consiste à utiliser directement le méthane en tant qu'agent réducteur, puisque le réacteur de réduction directe peut fonctionner aussi bien à l'hydrogène qu'au gaz naturel. Et tant pis si l'empreinte carbone de la chaîne de production dotée d'une unité de réduction directe alimentée au gaz fossile est 5 à 38 fois moins bonne

1 « Annual Report 2022 », ArcelorMittal, p. 120, cité dans Agnete Klevstrand, « "Greenwash": ArcelorMittal taking more than $1.2bn in green hydrogen subsidies while building new coal-fired furnaces in India », *Hydrogen Insight*, 20 février 2023.
2 « Air Liquide va livrer de l'hydrogène à un projet novateur de ThyssenKrupp pour réduire les émissions de carbone de sa production d'acier », communiqué de presse d'Air Liquide, 19 juillet 2019.

que lorsque la machine fonctionne à l'hydrogène bas-carbone[1]. Environ 500 usines DRI sont d'ailleurs déjà en activité dans le monde, ce qui représente 5 % de la production mondiale, et fonctionnent, pour la plupart, à partir de gaz naturel, voire à partir de charbon pour certaines d'entre elles[2]. ArcelorMittal prévoit également de recourir au gaz fossile, ajoutant que, « à l'avenir, l'hydrogène décarboné, lorsqu'il sera disponible, remplacera le gaz naturel », sans préciser les échéances[3]. Contacté à plusieurs reprises pour avoir des précisions, ArcelorMittal n'a pas réagi à mes sollicitations[4]. De son côté, le cabinet de Roland Lescure, ministre délégué chargé de l'Industrie et de l'Énergie depuis février 2024, m'assure que les aides publiques octroyées à la multinationale de l'acier sont « conditionnées car contractualisées » sans toutefois m'en fournir la preuve[5].

Quelques rares projets, intégrant le volet production d'hydrogène bas-carbone directement sur le site sidérurgique, donc

1 Fabrice Patisson et Olivier Mirgaux, « Hydrogen Ironmaking: How It Works », *Metals*, 2020.
2 Mohammad Shahabuddin *et al.*, « Decarbonisation and hydrogen integration of steel industries », art. cit., 2023.
3 « Le DRI à hydrogène, pour produire de l'acier sans charbon », france.arcelormittal.com, consulté le 28 décembre 2023.
4 Ma première demande remonte au 13 décembre 2023, mon dernier mail (avec mes questions écrites) date du 23 février 2024.
5 Rencontre avec Roland Lescure le 27 février 2024 organisée par l'Association des journalistes de l'énergie, puis échanges de messages par son conseiller presse via WhatsApp. J'ai formulé une demande d'accès au contrat relatif à ces 850 millions d'euros de soutien public auprès du service juridique de l'Ademe (administration contractante pour le compte de l'État français), laquelle a été refusée, le 15 mai 2024, au nom du « secret des affaires ». J'ai donc saisi la Commission d'accès aux documents administratifs le 16 mai 2024. Ma demande est toujours en cours de traitement au moment où le livre part à l'impression.

particulièrement intéressants, ont été annoncés en Inde, en Finlande, en Suède[1]. Parmi eux, H2 Green Steel, le plus crédible, est proche d'une « décision finale d'investissement » pour son électrolyseur d'une capacité de production annuelle de 100 000 tonnes d'hydrogène et son usine de production d'acier située dans le nord de la Suède, à Boden. Avant la fin de la décennie, la jeune société compte commercialiser annuellement 5 millions de tonnes d'acier de haute qualité, ciblant en particulier le secteur de la construction automobile[2]. Si sérieuse soit-elle, l'initiative représente une goutte d'acier dans un océan de carbone : H2 Green Steel devrait être dupliquée 380 fois pour produire autant d'acier que le monde en a consommé en 2019[3]. Et le besoin en électricité associé rend un tel déploiement peu réaliste.

En effet, d'après une analyse du cabinet McKinsey publiée en 2022, si la bonne volonté affichée se concrétise, les 24 futures usines de réduction directe annoncées en Europe permettraient de fournir au marché 50 millions de tonnes d'acier non charbonné chaque année, ce qui représente un tiers de la production européenne, et seulement 2,6 % du volume mondial[4]. En admettant que les sidérurgistes recourent bien au gaz hydrogène pour alimenter leurs nouvelles machines, pas moins de 2 millions

---

1 AIE, « Global Hydrogen Review 2023 », p. 27-28.

2 « H2 Green Steel lève 1,5 milliard d'euros de fonds propres pour construire la première aciérie verte au monde », communiqué de presse d'Hy24Partners, 7 septembre 2023.

3 Environ 1,9 Gt d'acier brut a été produite en 2023 à l'échelle mondiale. « December 2023 crude steel production and 2023 global crude steel production totals », communiqué de presse de World Steel Association, 25 janvier 2024.

4 Dirk Durinck *et al.*, « Closing Europe's green-metallics gap », McKinsey, 19 décembre 2022.

de tonnes d'hydrogène devraient être fléchées vers le secteur de l'acier, plus du double de la consommation française en 2022[1]. En d'autres termes, les sidérurgistes accapareraient, à eux seuls, 10 % des objectifs européens de demande d'hydrogène bas-carbone que souhaite atteindre la Commission européenne à partir de 2030. Pour alimenter les 12 plus grandes aciéries européennes engagées à se convertir à l'hydrogène dans les années à venir, une étude de la fondation Bellona estime qu'au moins 85 gigawatts de nouvelles capacités éoliennes terrestres doivent être déployés[2]. À titre de comparaison, seulement 17 gigawatts de nouvelles éoliennes terrestres ont été installés en 2022 sur le continent[3]. Les grosses aciéries présentes en Italie, aux Pays-Bas, en Belgique, en Roumanie et en Finlande requerraient même davantage d'électricité éolienne que ce qui est actuellement produit dans leur pays[4]. Pour toutes ces raisons, l'Association mondiale de l'acier, le lobby de la filière à l'international, considère que moins de 8 % de la production totale de l'acier dépendra de l'hydrogène électrolytique comme agent réducteur à horizon 2050, reprenant à son compte les pronostics de l'Agence internationale de l'énergie[5].

---

1 « Présentation de la stratégie nationale pour le développement de l'hydrogène décarboné en France », economie.gouv.fr, 9 septembre 2020.
2 Luisa Keßler et Marta Lovisolo, « Hydrogen DRI for steel in a resource-constrained Europe: How much renewable electricity is needed to decarbonise the sector with green hydrogen? », Bellona, 2023, issu de : Leigh Collins, « Producing enough green hydrogen for 12 EU steel plants would require 85GW of new wind energy: report », *Hydrogen Insight*, 7 juillet 2023.
3 « Wind energy in Europe: 2022 Statistics and the outlook for 2023-2027 », WindEurope Intelligence Platform, 28 février 2023.
4 Luisa Keßler et Marta Lovisolo, « Hydrogen DRI for steel in a resource-constrained Europe », *op. cit.*
5 « Fact sheet: Hydrogen (H2)-based ironmaking », WorldSteel Association, juin 2022.

Moins d'acier et de ciment, moins de pollution

Pour réduire les éructations carbonées du secteur sidérurgique, une alternative à la « fuite en avant technologique » existe pourtant : consommer moins d'acier. Le secteur de la construction (infrastructures et bâtiments en tout genre), qui dévore la moitié de la production mondiale d'acier, doit être mis au régime sec. Beaucoup de locaux commerciaux préfabriqués, construits pour durer soixante-quinze ans et plus, sont détruits après seulement trente ou quarante ans d'utilisation. Arrêter de démolir pour ensuite reconstruire et développer le partage des bâtiments contracterait une partie de la demande en acier. Encourager le covoiturage et les transports en commun et mettre sur le marché des voiturettes plutôt que de gros SUV éliminerait une autre partie de la demande – les constructeurs automobiles avalant 15 % de l'acier mondial. D'autres initiatives, comme la mise en place de consigne et la vente en vrac, rendraient les boîtes de conserves et autres emballages jetables caducs. D'après les estimations de l'Agence internationale de l'énergie, jusqu'à 40 % des besoins mondiaux en acier pourraient disparaître d'ici à 2060 en repensant la question des usages[1].

Une réflexion similaire s'applique à la cimenterie, responsable de 7 % des émissions mondiales de CO_2[2]. L'industrie du ciment, également jugée « difficile à décarboner », devrait en effet elle aussi bénéficier d'un accès VIP au potentiel futur marché

1 Groupe 3 du Giec, « Atténuation du changement climatique », AR6, 2022, p. 1190.
2 « Cement technology roadmap plots path to cutting CO_2 emissions 24% by 2050 », *iea.org*, 6 avril 2018.

hydrogène bas-carbone, en particulier en Europe. Dans ce cas, la molécule H_2 ne pourra pourtant *vraiment* pas faire de miracle ; au mieux, elle remplacera une partie des combustibles fossiles utilisés pour produire la chaleur à haute température nécessaire à la cuisson des matières premières[1]. L'hydrogène ne peut toutefois rien pour réduire les émissions du processus le plus polluant, à savoir la décomposition du calcaire en chaux et... en dioxyde de carbone. Les émissions de CO_2 sont inhérentes aux opérations de fabrication elles-mêmes, et aucune innovation miracle ne permettra de produire du « ciment zéro émission », même si, sans surprise, les technologies de captage et de stockage de carbone ont particulièrement la cote auprès des cimentiers[2]. Le groupe 3 du Giec estime qu'entre 24 % et 50 % des émissions de l'industrie du ciment pourraient être éradiquées en jouant sur la demande[3]. En raison de leur faible coût et de leur résistance à la corrosion, les professionnel·les de la construction ont par exemple tendance à systématiquement sélectionner les matériaux cimentaires au détriment d'autres matériaux comme le calcaire broyé ou les argiles calcinées. En conséquence, le béton de ciment représente le matériau manufacturé le plus utilisé sur la planète en volume. Une partie des émissions pourrait baisser si l'on ne construit de nouveaux bâtiments que si cela s'avère nécessaire et

1 « La fabrique du ciment : process et transports », infociments.fr, consulté le 22 décembre 2023.
2 Notons que toutes les industries « difficiles à décarboner », y compris la sidérurgie, misent particulièrement sur le captage-transport-stockage pour baisser leur empreinte carbone.
3 Groupe 3 du Giec, « Atténuation du changement climatique », AR6, 2022, p. 106 et 1190.

en employant des substituts au béton dès que possible. Quand il n'y a pas d'autres choix, le béton utilisé doit être de bonne qualité, précisément adapté à l'utilisation finale.

Outre l'industrie de l'acier et du ciment, l'aviation, un autre secteur « difficile à décarboner », compte à l'avenir voler une grande quantité d'hydrogène bas-carbone pour tenter de réduire son bilan carbone.

Le rêve d'une aviation zéro émission

Nous sommes en septembre 2020, j'allume la télévision et je vois défiler à l'écran une image de synthèse représentant une patate écrasée qui vole dans un ciel légèrement voilé. Sur le dessus de l'objet virtuel qui flotte dans les airs, il est écrit « Airbus ZEROe », du nom du programme de recherche que l'avionneur français dédie à l'hydrogène dans le secteur aéronautique. France Télévision, BFM TV, *Le Monde*, *Les Échos*, Europe 1, RMC, et j'en passe[1] ; entre deux confinements anti-Covid-19, nombreux sont les médias à diffuser les images supposées représenter l'avion du futur. Trois nouvelles architectures d'avions carburant à

1 « Airbus : vers un avion à hydrogène en 2035 ? », francetvinfo.fr, 21 septembre 2020; « Airbus dévoile trois concepts d'avions de ligne zéro émission pour 2035 », bfmtv.com, 22 septembre 2020; Jean-Michel Bezat, « Airbus ambitionne de commercialiser un avion à hydrogène en 2035 », *Le Monde*, 22 septembre 2020; Bruno Trévidic, « Airbus dévoile sa feuille de route pour un avion à hydrogène "zéro émission" en 2035 », *Les Échos*, 21 septembre 2020; Julien Ricotta, « Temps de vol, prix... Cinq questions sur le concept d'avion à hydrogène présenté par Airbus », Europe 1, 21 septembre 2020; « Des avions à hydrogène pour 2035 : mais pour quoi faire ? », RMC, 22 septembre 2020.

l'hydrogène sont ainsi officiellement présentées – dont la patate écrasée que le service communication d'Airbus préfère que l'on nomme « aile volante » – et l'avionneur promet la mise en service de l'un des trois concepts en 2035[1]. L'annonce est aventureuse, pour ne pas dire casse-gueule, puisqu'il s'agit d'étudier différents concepts, de développer un prototype, et surtout de définir et de faire appliquer de nouvelles normes de sécurité, dont le moindre changement requiert déjà plusieurs années, puis de lancer la production d'engins qui n'ont rien à voir avec les avions civils historiques, le tout en moins de quinze ans.

Le coup de com' d'Airbus répond en fait à un coup de pression politico-médiatique : à la sortie du premier confinement, trois mois plus tôt, le gouvernement français dévoile le « plan de soutien à l'aéronautique » doté d'une enveloppe de 15 milliards d'euros sous forme de subventions, d'investissements, de prêts, de garanties. « En interne, Airbus a accéléré sur l'avion à hydrogène à partir de 2018. L'entreprise a ensuite profité du plan de relance pour y pousser ses technologies, et avec la pression médiatique assez forte qu'ils commençaient à sentir sur les enjeux de décarbonation du secteur, ils se sont sentis obligés de communiquer sans attendre la fin de la phase de prédéveloppement prévue pour 2025[2] », contextualise Loïc Bonifacio, formateur et consultant sur les enjeux de l'hydrogène et de la décarbonation des transports. Le dixième du pactole sera fléché vers « la recherche et le développement » de solutions

1 « Airbus reveals new zero-emission concept aircraft », communiqué de presse d'Airbus, 21 septembre 2020.
2 Échanges par mail avec Loïc Bonifacio, le 11 décembre 2023.

technologiques supposées capables de réduire l'empreinte carbone de l'aviation sans toucher à la sacro-sainte croissance du trafic aérien. « Moi, je serais fier que l'Union européenne, avant la Chine, avant les États-Unis, ait un avion à hydrogène », confie Bruno Le Maire, ministre de l'Économie, sur le plateau du journal de 20 heures de France 2[1]. Le chrono est lancé.

Une patate cryogénique pour traverser l'Europe

Pour une industrie comme l'aéronautique, qui se bagarre contre chaque kilogramme en trop, l'hydrogène présente l'immense avantage de concentrer trois fois plus d'énergie par unité de masse que le kérosène. D'après les travaux de l'historien Clair Juilliet, spécialiste de l'histoire de l'aéronautique, l'idée de transformer les molécules H_2 en carburant des aéronefs du futur remonte à l'entre-deux-guerres[2]. Sous l'impulsion du milieu militaire aux États-Unis, des explorations technologiques et autres estimations économiques sont alors réalisées sur le sujet. Plusieurs recherches se lancent ensuite dans le domaine de l'aviation civile entre les années 1970 et 1980, une période marquée par les chocs pétroliers et la volonté de réduire

1 « Plan de relance : Bruno Le Maire veut soutenir les entreprises », *JT de 20h*, France 2, 3 septembre 2020.
2 Toutes les informations historiques concernant l'avion à hydrogène sont issues du chapitre de Clair Juilliet, « Jalons pour une histoire de l'emploi de l'hydrogène dans l'aéronautique. Contextes, acteurs et exemples de recherches scientifiques et techniques (années 1930-années 1990) », dans Nathalie Kroichvili et Nicolas Simoncini (coord.), *L'hydrogène par les sciences humaines et sociales*, 2024 (à paraître).

la dépendance aux énergies fossiles. Les projets se structurent davantage dans les années 1980 avec la formation de l'Ad Hoc Executive Group (AHEG), chargé de définir et d'animer un programme de recherche et développement sur l'hydrogène dans l'aviation. Le groupe AHEG rassemble d'abord des représentant·es du Canada, de la Grande-Bretagne, de la RFA, des Pays-Bas, de la France, des États-Unis et de la Commission des Communautés européennes, ensuite rejointes par le Japon, l'Arabie Saoudite et la Suisse. Doté d'un budget de 73,6 millions de dollars, le projet du consortium international, qui aurait dû s'étaler sur près de trente ans, visait à mettre en service de premiers aéronefs propulsés à l'hydrogène liquide à partir de 2010. C'est finalement l'URSS qui réussit à envoyer dans le ciel le premier avion expérimental civil carburant à l'hydrogène liquide pendant 21 minutes, le 15 avril 1988. La chute de l'URSS vient ensuite contrarier la plupart des projets.

Comme pour le prototype soviétique, c'est la combustion de l'hydrogène *sous une forme liquide* qui devrait propulser le futur modèle d'Airbus. Transporter de l'hydrogène gazeux, très volumineux, est inenvisageable dans un espace aussi confiné qu'un avion. À l'état liquide, l'hydrogène gagne en densité, mais requiert toujours quatre fois plus de place que le kérosène pour une même quantité d'énergie. En raison de cette contrainte physique, les avions carburant à l'hydrogène liquide sont uniquement envisagés pour des trajets de moins de 3 500 kilomètres, c'est-à-dire des voyages régionaux ou intracontinentaux – pour la plupart réalisables en train – et qui représentent aujourd'hui deux tiers de la consommation en carburant de la flotte mondiale. Pour les long-courriers, responsables de 30 % des émissions mondiales du secteur[1], les hydrocarbures ne sont pas substituables par l'hydrogène, et les industriels de l'aéronautique misent plutôt sur le développement de « carburants d'aviation durables » (SAF[2]), dont certains sont par ailleurs fabriqués à partir d'hydrogène.

L'hydrogène liquide apporte son lot de difficultés techniques, à commencer par la nécessité de maintenir la température sous les −253 °C. Oui, vous avez bien lu : 253 °C en dessous de zéro. Le réservoir cryogénique, au sein duquel serait confiné l'hydrogène liquide, concentre donc une grande partie de l'activité de recherche, les modèles actuels étant trop mastoc pour l'aviation. C'est un sacré défi. À la moindre faille d'isolation dans le réservoir, la température risque d'augmenter, l'hydrogène liquide se mettre à bouillir, à monter en pression, puis à jaillir sous forme de panaches de dix à vingt mètres de haut. Les fumeurs et fumeuses seront prié·es de ne pas oublier leurs patchs à la nicotine au moment de faire leurs valises ! « Il existe un risque non nul que les enjeux de sécurité causent un abandon du projet (ou bien un report important). Si l'avion à hydrogène est plus cher et moins performant que prévu, je pense qu'Airbus le sortira quand même. Mais la sécurité est un tabou dans l'aéro, et s'il reste des risques vis-à-vis des standards de sécurité, alors ils préféreront sûrement faire marche arrière », commente Loïc Bonifacio.

---

1 Clean Sky 2 JU and Fuel Cells and Hydrogen 2 JU, « Hydrogen-powered aviation. A fact-based study of hydrogen technology, economics, and climate impact by 2050 », Office des publications de l'Union européenne, mai 2020.
2 Pour *sustainable aviation fuel.*

Des promesses en l'air

La confection d'un tel engin reste donc un sacré casse-tête, mais il est néanmoins probable que les ingénieur·es d'Airbus en viennent à bout. Et l'industrie aéronautique européenne compte dessus ! En 2021, les principaux lobbies de la filière, qui défendent les intérêts d'aéroports européens, de compagnies aériennes, de constructeurs aérospatiaux ainsi que de prestataires de services de navigation aérienne, ont publié une feuille de route appelée « Destination 2050 », censée démontrer qu'un découplage absolu, mondial et suffisamment rapide entre la croissance du trafic aérien et la réduction des émissions de CO_2 du secteur est possible à horizon 2050[1]. Le document tente de prouver, graphes et calculs compliqués à l'appui, que 92 % des émissions absolues pourraient disparaître en combinant nouvelles technologies d'avions, opérations au sol moins carbonées, SAF et mesures économiques, les 8 % restants pouvant être aspirés par la plantation d'arbres ou par la mise en place de techniques de captage de CO_2 directement dans l'atmosphère (qui ne sont pas encore disponibles). Dans leur scénario, les industriels du secteur imaginent que les avions propulsés à l'hydrogène liquide allégeront leur bilan carbone de 60 millions de tonnes de CO_2, ce qui équivaut à 20 % du total des émissions ciblées. Les avions électriques, dont certains seraient munis d'une pile à combustible alimentée à l'hydrogène, sont supposés éradiquer une autre grosse partie des émissions intracontinentales. Pour

1 La croyance dans le « découplage » est abordée dans le chapitre « L'hydrogène de l'abondance », p. 15.

atteindre les objectifs climatiques du secteur, les lobbies européens considèrent donc qu'une immense partie de la flotte en opération sera remplacée par de nouveaux engins en rupture complète avec les appareils historiques, plus coûteux et tributaires de la mise en place d'une infrastructure de production et d'approvisionnement en hydrogène complexe, tout ceci entre 2035 et 2050. Ce scénario est irréaliste.

La certification d'une nouvelle génération d'avion, qui présente de légers changements par rapport à la version antérieure – ce qui est loin d'être le cas d'une patate volante –, ainsi que le démarrage de la production des nouveaux modèles requièrent au moins une décennie. D'autant plus que la flotte mondiale est seulement renouvelée tous les vingt-cinq ans en moyenne[1]. À ce rythme, et en postulant naïvement que l'ensemble des acteurs du marché aéronautique partagent l'enthousiasme d'Airbus pour l'avion à hydrogène, l'échéance 2050 sera passée depuis longtemps avant que les voyageur·ses ne traversent le ciel européen à bord d'aéronefs n'émettant *à peu près* que de l'eau. Il y a quarante ans déjà, les spécialistes de l'avion à hydrogène, plus honnêtes sur les horizons temporels que les expert·es contemporain·es, envisageaient l'émergence d'une aviation H_2 en 2035, au plus tôt. « À la charnière entre le XXe et le XXIe siècle [...], la mise en œuvre de la technologie hydrogène reste un horizon lointain, au mieux en 2035 pour les premiers prototypes, et en 2050 pour une arrivée un peu plus massive

1 Olivier Del Bucchia et Grégoire Carpentier, « Pouvoir voler en 2050 : quelle aviation dans un monde contraint ? », Supaéro Décarbo/The Shift Project, mars 2021, p. 21 et p. 63.

sur certains segments (court et moyen-courriers) », écrit l'historien Clair Juilliet[1].

Faut-il s'étonner de ces promesses en l'air ? Depuis le début des années 2000, la filière aéronautique mondiale multiplie les annonces concernant la future hausse du taux d'utilisation de carburants alternatifs (les SAF), dont la plupart sont fabriqués à partir d'huiles usagées, de déchets agricoles ou de biomasse, et l'amélioration prochaine de l'efficacité énergétique de ses appareils. Ne se souciant ensuite quasiment jamais de respecter les objectifs promis. C'est ce que révèle un rapport de l'ONG britannique Possible, qui a épluché les ambitions, affichées entre 2000 et 2021, des compagnies aériennes EasyJet, British Airways, Virgin Atlantic, et de divers lobbies qui défendent les intérêts de la filière[2]. Par exemple, l'Association du transport aérien international (IATA), qui représente quelques 300 compagnies aériennes assurant plus de quatre cinquièmes du trafic aérien mondial[3], promet une amélioration de l'efficacité énergétique des appareils de l'ordre de 50 % en 2004, réduit l'objectif à 25 % trois ans plus tard, puis annonce finalement cibler un progrès de 1,5 % par an, bien plus en phase avec les possibilités techniques du secteur. Sur la question des carburants alternatifs, l'IATA affirme en 2007 que les SAF seront mélangés au kérosène à hauteur de 10 % d'ici à 2017, puis fait chuter l'objectif à

1 Clair Juilliet, « Jalons pour une histoire de l'emploi de l'hydrogène dans l'aéronautique », *op. cit.*
2 Keith Alexander et Jamie Beevor, « Missed targets. A brief history of aviation climate targets », *Possible: inspiring climate action*, mai 2022.
3 « La croissance du trafic aérien se poursuit en février », communiqué de presse de l'IATA, 4 avril 2023.

6 % pour 2020, avant d'évoquer une injection approchant les 2 % avant 2025. On en est loin. Les carburants synthétiques comptent pour moins de 0,1 % du carburant consommé par la flotte mondiale d'avions en 2022[1]. « Cela ressemble à une stratégie de la part de l'industrie aéronautique. Fixer des objectifs concrets donne l'impression que la filière s'occupe des impacts environnementaux causés par son activité, ce qui contre la mise en place de mesures politiques qui juguleraient la croissance du trafic », concluent les coauteurs de l'étude[2].

L'aviation hydrogène assoiffée d'électricité

Prenons un instant l'idée d'une propulsion à l'hydrogène liquide au sérieux et imaginons un monde où l'aviation mondiale s'est entièrement convertie à l'H_2. Nous sommes en 2070 à l'aéroport Paris-Charles-de-Gaulle. Les commerces qui vendent des montres très chères et des paquets de bonbons au format XXL sont fermés. Les couloirs sont calmes. Les rares personnes sur place fixent les écrans d'affichage qui annoncent les départs et les annulations de vols. « En raison des mesures de restriction de l'usage de l'eau suite à la période de sécheresse historique qui touche l'Europe du Sud, l'approvisionnement en hydrogène d'origine importée est fortement perturbé et la majorité des vols sont annulés. Nous vous prions de nous excuser de la gêne occasionnée », répète en boucle une voix générée par ordinateur.

Oups, pardon, mauvais scénario. Je reprends.

1 AIE, « Aviation », iae.org, consulté le 30 décembre 2023.
2 Keith Alexander et Jamie Beevor, « Missed targets », *op. cit.*

Nous sommes donc en 2070 à l'aéroport Paris-Charles-de-Gaulle et des tuyaux cryogéniques sont connectés à la rangée d'ailes volantes stationnées sur le tarmac. Au niveau de la bretelle A1, à l'entrée de l'aéroport, des camions citernes, ornés de gros pictogrammes signalant un risque d'explosion, défilent sans fin. Tous les poids lourds cryogéniques transportent de l'hydrogène liquide, le nouveau carburant de l'aviation, et viennent du département voisin, l'Oise, désigné volontaire pour accueillir un immense parc éolien sur tout son territoire, et dont l'électricité sert à fabriquer suffisamment d'hydrogène pour satisfaire les besoins en carburant du deuxième aéroport le plus fréquenté en Europe.

Laissez-moi vous rassurer, aucun département n'a été maltraité pendant l'écriture de ce livre. Ce petit scénario-fiction part des estimations réalisées par un collectif de chercheurs et de chercheuses spécialisées sur les enjeux de transition énergétique, l'Atelier d'écologie politique de Toulouse. Selon leurs calculs, l'approvisionnement en hydrogène liquide de l'aéroport parisien nécessiterait l'installation de 5 000 kilomètres carrés d'éoliennes, ce qui correspond à la surface de l'Oise, ou de 1 000 kilomètres carrés de panneaux photovoltaïques, soit dix fois la ville de Paris, ou bien encore la mise en place de 16 nouveaux réacteurs nucléaires, le tiers du parc français actuel[1]. Outre les enjeux de sécurité et la prouesse technique associés

1 Le collectif a considéré que le rendement global entre l'électricité et l'hydrogène liquide était de 52 % (se basant sur les estimations de l'ONG Transport & Environnement) : il faut en effet de l'électricité pour fabriquer l'hydrogène par électrolyse de l'eau, puis le liquéfier et le stocker. Notons toutefois que les estimations de l'Atelier d'écologie politique de Toulouse englobent les longs

au développement d'un avion à hydrogène, la solution défendue par le champion national de l'aéro repose sur l'existence d'une « économie hydrogène » mature : production d'hydrogène liquide en quantité suffisante, mise en place d'infrastructures de transport de la molécule H_2 par pipeline et/ou par camions spéciaux, adaptation des aéroports à l'arrivée massive de ce carburant contraignant et particulièrement explosif.

À l'exception d'Airbus, rares sont les entreprises de la filière à parier sur cette option technique. Éric Trappier, le dirigeant de Dassault Aviation, a fait part de son scepticisme vis-à-vis du déploiement d'un avion propulsé à l'hydrogène auprès du magazine professionnel *L'Usine nouvelle.* « L'Europe croit à l'avion hydrogène, moi, je n'y crois pas », a-t-il déclaré[1]. Dans les pages du même journal, le patron du motoriste aéronautique Safran, Olivier Andriès, partage les réserves de son homologue : « On peut rêver de l'hydrogène, et c'est sans doute une solution intéressante à long terme, mais si on veut atteindre l'objectif de la neutralité carbone en 2050, il faut s'y mettre dès maintenant[2]. » L'avionneur états-unien Boeing, concurrent historique d'Airbus, ne mise pas non plus sur un futur aéronautique dominé par l'hydrogène liquide.

Notons toutefois que les réticences exprimées par les industriels de l'aéronautique concernent les appareils susceptibles de

---

courriers, qui ne sont pas concernés par l'hydrogène. « Avion à hydrogène : quelques éléments de désenfumage », blogs.mediapart.fr, 29 septembre 2020.
1 Olivier James, « Le patron de Dassault "ne croit pas" en l'avion à hydrogène », usinenouvelle.com, 23 mai 2023.
2 Olivier James, « Le patron de Safran réitère ses réserves vis-à-vis de l'avion à hydrogène d'Airbus », usinenouvelle.com, 14 novembre 2023.

brûler l'hydrogène liquide directement dans le moteur de l'avion, mais ne discréditent nullement le recours à la molécule miracle sous une autre forme. Parmi les différents types de SAF envisagés, pilier central de la stratégie de décarbonation du secteur à l'échelle mondiale, les « électro-kérosènes » consistent à recréer, de manière synthétique, à partir d'hydrogène et de dioxyde de carbone, des molécules similaires à celles qui composent le kérosène fossile. Pour que le carburant artificiel présente un intérêt climatique, l'H_2 doit être fabriqué à partir d'électricité renouvelable (première condition) et le CO_2 doit provenir d'un équipement (qui n'existe pas encore) capable de puiser le carbone directement dans l'atmosphère, ou bien d'un système qui capte le gaz carbonique rejeté par une centrale à biomasse (deuxième condition). Les modalités pour qu'un tel carburant présente un intérêt en matière de décarbonation sont donc incertaines et la chaîne de production est complexe, donnant lieu à des pertes énergétiques sous forme de chaleur de l'ordre de 40 % et à un prix environ six fois plus élevé que le kérosène fossile[1]. Dans le scénario Destination 2050, les entreprises de la filière européenne considèrent pourtant que les SAF représenteront 83 % de la consommation totale de kérosène à partir de 2050. Le règlement européen « ReFuelEU aviation », adopté en octobre 2023, oblige d'ailleurs les fournisseurs de carburants d'aviation à intégrer 2 % de carburants alternatifs en 2025, 6 % en 2030 et 70 % en 2050[2]. Si la majeure partie des carburants alternatifs se com-

1 Groupe 3 du Giec, « Atténuation du changement climatique », AR6, 2022, p. 1067 et 1088.

2 « Initiative ReFuelEU Aviation : le Conseil adopte une nouvelle loi visant à décarboner le secteur de l'aviation », communiqué de presse du Conseil de

posera sans doute d'agrokérosènes, fabriqués à partir d'huiles usagées ou de résidus agricoles et forestiers – impliquant une problématique de déforestation et de ressources végétales limitées –, les électro-kérosènes devraient correspondre à tout le reste du volume de carburants synthétiques requis.

Les traînées de condensation réchauffent le climat

Dans la vidéo promotionnelle d'Airbus, l'avion modélisé sur ordinateur, dépourvu de hublots et brillant de blancheur, plane au milieu d'un décor aseptisé. Une mise en scène léchée, où il manque un élément important : les longs sillons blancs qui accompagnent souvent le passage d'un avion dans le ciel. Les traînées de condensation, des gouttelettes d'eau qui se condensent autour de petites particules solides, sont pourtant loin d'être anecdotiques puisqu'elles contribuent à réchauffer le climat. Les deux dizaines de milliers d'avions aujourd'hui en opération ont expulsé environ 1 milliard de tonnes de CO_2 en 2018, ce qui représente déjà 2,4 % des émissions mondiales causées par les activités humaines. Mais le bilan climatique de l'aviation s'alourdit en prenant en compte les traînées de condensation : il est ainsi plus juste de considérer le secteur comme responsable de 5,1 % du réchauffement climatique actuel[1]. D'après une étude parue dans *Atmospheric Environment*,

l'UE, 9 octobre 2023.

1 Cette estimation prend en compte l'ensemble des rejets de l'avion qui ont un impact sur le climat (pas seulement le CO_2), ainsi que les émissions passées (depuis l'année 2000), pas uniquement des émissions de l'année *n*. Scott

les nuages de glace qui s'étirent aux fesses des avions auraient en effet contribué à plus de la moitié du réchauffement climatique de l'aviation, alors que le dioxyde de carbone y aurait pesé pour un tiers seulement.

Plus encore que pour les activités humaines qui se déroulent sur la terre ferme et pour lesquelles le CO_2 représente bien le principal coupable de l'effet de serre, les pollutions hors CO_2 des avions doivent donc être prises en considération pour espérer réduire le poids climatique du secteur : à plus de 9 000 mètres d'altitude, les paramètres physiques de l'air varient, comme la température et l'humidité, et les rejets de polluants affectent le climat différemment qu'à plus basse altitude.

Avec les avions à hydrogène, qui rejettent davantage de vapeur d'eau que les appareils au kérosène, les traînées de condensation risquent d'apparaître plus fréquemment dans le ciel, ce qui pourrait annihiler l'intérêt climatique de l'engin. À moins que leur formation ne soit limitée grâce à l'absence, ou quasi-absence, de particules de suie dans le gaz d'échappement de l'avion à hydrogène, par lesquelles se forment généralement les traînées. Les nuages de glaces générés par les aéronefs à hydrogène seront peut-être également moins nocifs pour le climat, en fonction du comportement de la lumière traversant la traînée, point qui reste encore à élucider[1]. En bref, on n'en sait rien ! « De nombreuses incertitudes persistent. On ne connaît

---

Delbecq *et al.*, « Référentiel ISAE-SUPAERO : Aviation et Climat, version 1.1 », mai 2022.

1 Groupe 3 du Giec, « Atténuation du changement climatique », AR6, 2022, p. 1088.

ni l'impact précis des traînées de condensation sur le climat ni l'ampleur des traînées que les avions à hydrogène généreront», confirme le climatologue Nicolas Belloin, à la tête du programme de recherche Climaviation[1]. Plusieurs millions d'euros d'argent public sont donc injectés dans le développement d'un avion supposément «zéro émission», au prétexte de lutter contre le changement climatique, sans savoir si l'appareil en question contribuera *effectivement* à réduire la facture climatique du secteur aéronautique.

L'éléphant au milieu de la cabine : la croissance du trafic

Au salon du Bourget de juin 2023, les questions qui fâchent sont cachées sous le tarmac et Emmanuel Macron saisit plutôt l'occasion pour mettre le point sur le *i* de «sobriété» : est bonne «la sobriété bien organisée, non punitive [...], qui fait qu'on évite ce qui est inutile», a déclaré le chef de l'État après être descendu d'un hélicoptère dernier cri développé par Airbus – le parc d'exposition de Paris-Le Bourget étant situé à 15 kilomètres de l'Élysée. «La sobriété qui consiste à dire qu'il faut tout arrêter et qu'il faut renoncer à la croissance, je ne la crois pas raisonnable», ajoute-t-il[2].

1 Entretien téléphonique avec Nicolas Belloin, chercheur à l'IPSL, le 6 juin 2023. Le projet «Climaviation», financé par la Direction générale de l'aviation civile (DGAC) entre 2021 et 2026, associe l'Institut Pierre-Simon Laplace (IPSL) et l'Office national d'études et de recherches aérospatiales (Onéra).

2 «Au Bourget, E. Macron plaide pour une "sobriété" écologique "raisonnable" et "non punitive"», France 24, 20 juin 2023.

C'est bien dommage, parce que les objectifs climatiques du secteur ne seront pas atteints sans brider la monstrueuse croissance du trafic aérien. Jusqu'à l'arrêt brutal de l'activité aéronautique à cause du Covid-19, le trafic aérien doublait tous les quinze ans[1]. Les émissions internationales du secteur ont augmenté de 2,5 % par an sur les deux dernières décennies, tirées par la hausse du nombre de passager·es, et ont même grimpé au rythme de 4 % entre 2010 et 2018[2]. Presque 40 millions de vols ont été enregistrés en 2018, permettant à une minorité de personnes privilégiées de se déplacer à travers les cieux; 80 % de la population mondiale n'ayant jamais pris l'avion[3]. Sachant que le pourcent le plus riche de la planète est coupable de la moitié de la pollution mondiale causée par l'aviation, et que les voyages en jets privés de quelques individus riches génèrent annuellement plus de 1 600 tonnes de CO_2 supplémentaires par tête[4], légiférer sur la croissance du trafic aérien pourrait être pensé comme une mesure de justice climatique et sociale. L'idée passe complètement sous les radars. L'Organisation de l'aviation civile internationale (ICAO), instance mondiale qui dépend de l'ONU, estime que le taux de

1 Paul Chiambaretto, « Trafic aérien mondial, une croissance fulgurante pas prête de s'arrêter », theconversation.com, 8 mai 2019.
2 Groupe 3 du Giec, « Atténuation du changement climatique », AR6, 2022, p. 1086.
3 Thomas Wagner, « 10 chiffres à connaître sur l'avion et le climat », bonpote.com, 6 février 2024.
4 Groupe 3 du Giec, « Atténuation du changement climatique », AR6, 2022, p. 520; Stefan Gössling et Andreas Humpe, « The global scale, distribution and growth of aviation: Implications for climate change », *Global Environmental Change*, vol. 65, 2020.

croissance du trafic entre 2018 et 2050 devrait se poursuivre à hauteur de 3,6 % par an, ce qui est légèrement en dessous des projections d'avant Covid[1], mais largement au-dessus de l'hypothèse de croissance de 1,4 %, sur laquelle repose pourtant toute la feuille de route de décarbonation Destination 2050. Cela finit d'annihiler le semblant de crédibilité qu'on aurait encore pu prêter à ce document.

Si l'aviation est un cas d'école en matière de désinformation climatique, un autre secteur lié à la mobilité, l'industrie automobile, s'engage sur une route de décarbonation difficilement praticable et met plein gaz vers le mirage hydrogène.

L'hydrogène prendra-t-il l'autoroute ?

En surfant sur YouTube, je découvre une séquence, peu visionnée, qui mériterait de trouver son public. La vidéo nous embarque au cœur de Paris, à la fin du mois de janvier 2023, en pleine nuit. Un homme sans cheveux, vêtu d'une combinaison de course bleu marine, sort la tête d'un véhicule de Formule 1 recouvert de logos TotalEnergies et affirme : « La caractéristique de la voiture à hydrogène, c'est qu'elle ne pollue pas. Si ce n'est produire de l'eau extrêmement pure, je viens d'en boire, je vais en reboire devant vous. » Le conducteur sort alors un flacon de verre, adresse un clin d'œil furtif à la caméra, puis boit une

1 « Augmentation du nombre total de passagers aériens dans le monde en 2021 : mieux qu'en 2020, mais toujours moitié moins qu'avant la pandémie », communiqué de presse de l'ICAO, 17 janvier 2022.

gorgée des rejets de son véhicule. Qui est donc ce mystérieux automobiliste visiblement déshydraté ?

Eh non ! Il ne s'agit ni de Koji Sato, le PDG de Toyota, producteur de la Mirai, la berline à hydrogène la plus vendue au monde, ni de Patrick Pouyanné, le PDG de TotalEnergies. Il fallait reconnaître Roland Lescure, le ministre délégué à l'Industrie, dont le portefeuille comprend en plus l'Énergie depuis février 2024[1]. Sans être jugé prioritaire pour développer le marché hydrogène en tant que tel, le sport automobile popularise le combustible hydrogène dans un secteur connexe : les transports routiers. Voitures, autobus, camions et autres véhicules roulants ont craché 6 milliards de tonnes d'équivalent CO_2 en 2019, soit 11 % des émissions mondiales[2]. Il est donc urgent de liquider les émissions de ce secteur camé au pétrole.

Le mauvais rendement de « la voiture à eau »

Les taxis électriques à hydrogène de la société Hype essaiment dans les rues de Paris depuis quelques années. Malgré leur jolie couleur bleu ciel et les nuages blancs, de type cumulus, qui les ornementent, ces berlines expulsent environ 88 grammes d'équivalent CO_2 à chaque kilomètre parcouru, à peu près

1 La scène s'est déroulée sous la houlette de « Mission H24 », un projet qui vise à faire courir une voiture 100 % hydrogène lors de la compétition automobile des 24 Heures du Mans de 2024. Voir la vidéo : « MissionH 24 – Le ministre délégué à l'Industrie a découvert la voiture de course hydrogène ! », Mission H24, youtube.com, 31 janvier 2023, consulté le 5 octobre 2023.
2 Groupe 3 du Giec, « Atténuation du changement climatique », AR6, 2022, p. 1056.

autant qu'une voiture thermique classique[1]. Rien d'étonnant, le nouveau carburant de ces taxis, l'hydrogène, se fabrique encore à partir de sources fossiles polluantes. Moins de 60 000 voitures et utilitaires pleins d'hydrogène (fossile) arpentaient les routes du globe en 2022[2] ; un chiffre ridicule comparé aux 18 millions de voitures électriques à batterie qui sillonnent le monde[3].

De plus en plus de pays, Corée du Sud et Japon en tête, semblent séduits par la voiture à hydrogène : en utilisant un gaz en tant que combustible, et contrairement à la batterie, le véhicule se recharge en quelques minutes seulement et bénéficie d'une autonomie comparable aux bons vieux coucous à essence[4]. Les États-Unis, le Canada, la Chine, l'Allemagne, les Pays-Bas, la France tiennent également compte des besoins du secteur automobile dans leurs stratégies nationales hydrogène[5]. Au risque de gaspiller beaucoup d'énergie.

Dans l'hypothèse où ce nouveau carburant est conçu à partir d'électricité renouvelable, un engin à hydrogène rejette peu de carbone par kilomètre, mais ingurgite 2,3 fois plus d'électricité que le même modèle électrique à batterie pour parcourir la même distance[6]. Un petit ordre de grandeur pour la route ?

---

1 *Ibid.*, p. 1076.
2 AIE, « Global EV Outlook », 2023, p. 37-38.
3 Le chiffre ne prend même pas en compte les voitures hybrides rechargeables. Voir : AIE, « Global EV Outlook », 2023, p. 14.
4 AIE, « Future of hydrogen », 2019, p. 135.
5 WEC, « Working paper. National hydrogen strategies », 2021, p. 7.
6 Lucian-Ioan Dulău, « CO_2 Emissions of Battery Electric Vehicles and Hydrogen Fuel Cell Vehicles », *Clean Technologies*, 2023 ; Aurélien Bigo, « Les 10 choses à savoir sur l'hydrogène dans les transports », polytechnique-insights.com, 15 novembre 2022.

Si toutes les voitures en circulation sur les routes européennes carburaient à l'hydrogène fabriqué par électrolyse de l'eau, le secteur automobile cannibaliserait presque la moitié de la quantité totale d'électricité produite en Europe en 2021. Cela équivaut à 2,4 fois la production électrique annuelle française[1].

Pour comprendre où s'engouffrent ces monstrueux volumes d'électrons, un détour par la fiche technique du véhicule s'impose. Dans l'immense majorité des cas, les voitures à hydrogène sont des voitures électriques (c'est-à-dire qu'elles roulent grâce à un moteur électrique et non un moteur thermique) basées sur un système de « pile à combustible » (une machine qui permet de retransformer l'hydrogène gazeux en électricité). Concrètement, avant de faire tourner la roue du véhicule, l'électricité issue de l'éolienne ou du panneau solaire est d'abord transformée en hydrogène par le biais d'un électrolyseur, le gaz est ensuite compressé (à 700 bars), stocké dans de grosses bonbonnes, puis transporté par camion jusqu'à la station de ravitaillement. Après un passage dans le réservoir du véhicule, l'hydrogène est ensuite retransformé en électricité par le biais de la pile à combustible, avant d'alimenter (enfin !) le moteur électrique relié aux roues de la voiture. À cause de l'énergie qui s'échappe, sous forme de chaleur, à chacune de ces nombreuses étapes, seulement 25 % de l'électricité initialement injectée

---

1 Carlos Calvo Ambel, « How to decarbonize European transport by 2050 », Transport & Environment, novembre 2018, p. 20. Les estimations sont probablement en deçà de la réalité puisque la flotte européenne de voitures a augmenté depuis la publication du rapport de l'ONG en 2018. Concernant la consommation électrique en Europe et en France, voir « Electricity production, consumption and market overview », Eurostat, *europa.eu*, 2023, et « Chiffres clefs de l'énergie », ministère de la Transition énergétique, édition 2021.

dans l'électrolyseur se retrouve dans le moteur électrique en bout de chaîne[1]. Et forcément, le coût en prend un coup : comptez 72 000 euros pour l'achat d'une Toyota Mirai et entre 60 et 75 euros pour 500 kilomètres à l'hydrogène fossile en 2023 – déjà cher, mais inférieur à l'hypothétique plein d'hydrogène renouvelable à la pompe aujourd'hui quasi inexistant[2].

Le recours aux platinoïdes pour fabriquer les piles à combustible limite également l'intérêt des voitures à hydrogène. Le marché actuel est riquiqui : la production atteint à peine 200 tonnes par an, alimentée par des mines situées en Afrique du Sud, en Russie et au Zimbabwe[3]. D'après une étude de la revue *International Journal of Hydrogen Energy*, en imaginant que les véhicules à piles hydrogène atteignent 20 % des ventes automobiles au milieu du siècle (soit une flotte totale de 355 millions de véhicules), le rythme d'ouverture de nouvelles mines ne suivra probablement pas la forte croissance de la demande, et 7 000 tonnes de métaux critiques risquent de manquer en 2050[4]. Notons également qu'à côté de la pile à combustible se

---

1 Luc Bodineau et Pierre Sacher, « Rendement de la chaîne hydrogène. Cas du "power-to-H2-to-power », fiche technique de l'Ademe, janvier 2020, p. 6.

2 Le coût de production de l'hydrogène fossile tourne autour de 2 €/kg, à quoi il faut ajouter le coût de compression et de transport. À titre de comparaison, le coût de l'hydrogène électrique d'origine renouvelable (quasi inexistant) s'élève en 2023 à entre 4 € et 6 €/kg. Voir Irena, « Green Hydrogen Supply: A guide to policy making », 2021 ; et « Que faut-il penser des voitures à hydrogène ? », *Autoplus*, 8 février 2023.

3 Geoffrey Reverdiau *et al.*, « Will there be enough platinum for a large deployment of fuel cell electric vehicles? », *International Journal of Hydrogen Energy*, 14 octobre 2021.

4 Les estimations supposent que les piles à combustible requièrent autant de platinoïdes qu'aujourd'hui et que les ventes augmentent progressivement année après année. Voir *ibid.*

loge systématiquement une batterie : celle-ci reste certes plus légère que les centaines de kilos de batteries des voitures 100 % électriques, mais fonctionne tout de même à partir de lithium, cobalt, manganèse, nickel, cuivre ou graphite, préalablement arrachés du sous-sol.

Figure n° 2 – Rendement de la chaîne hydrogène

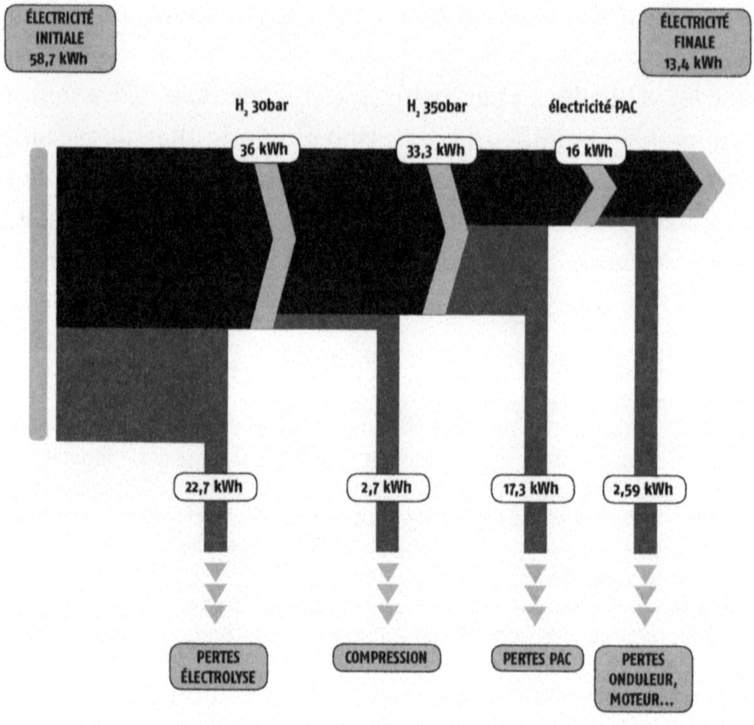

Le rendement d'une voiture électrique à hydrogène n'est pas bon : au moment de la mise en mouvement effective du véhicule, les trois quarts de l'énergie électrique initialement injectée dans le système se seront dissipés, principalement sous forme de chaleur. Si les voitures électriques à batteries sont beaucoup plus efficaces (70 % de rendement), d'autres alternatives à l'utilisation d'un véhicule personnel, bien plus vertueuses pour le climat, existent dans de nombreux cas pour réaliser le déplacement envisagé (la marche, le vélo, les transports en commun, etc.)[1].

Moteur thermique : opération sauvetage

Malgré le *rendement énergétique** déjà très mauvais de la voiture *électrique* à hydrogène, les constructeurs Porsche, Toyota, Kia, Hyundai, les équipementiers Siemens, Cummins et quelques autres malins tentent de développer un système encore plus inefficace : un véhicule *thermique* à hydrogène. « Il y a des moteurs à combustion interne propres. Ceux qui fonctionnent avec de l'hydrogène. Stop au couperet dogmatique sans grand fondement ! » fustigeait Philippe Boucly lors de l'édition 2023 du salon industriel qui regroupe la filière française de l'hydrogène à Belfort. Le chef de France Hydrogène reprochait à la Commission européenne sa décision de bannir la vente de véhicules neufs dotés de moteur thermique essence et Diesel à horizon 2035, bien que l'interdiction ne concerne pas les moteurs thermiques à hydrogène. « Les moteurs thermiques

1 Source de l'image : Luc Bodineau et Pierre Sacher, « Rendement de la chaîne hydrogène », *op. cit.* PAC : pile à combustible.

à hydrogène, réglés différemment et comportant quelques différences avec les moteurs essence ou Diesel malgré une appellation similaire, présentent l'avantage de pouvoir mobiliser des compétences industrielles, dans la motorisation, dont on dispose déjà. Ils sont également plus robustes que les piles à combustible, et pourraient être intéressants pour les poids lourds qui circulent sur de longues distances à régime constant », explique Loïc Bonifacio. Les applications pertinentes des véhicules qui brûlent directement l'hydrogène sont peu nombreuses et ne suffiront peut-être pas à épargner l'ensemble des usines de production de moteurs thermiques.

Pour tenter de grappiller quelques autres parts dans le marché de la motorisation thermique, les équipementiers automobiles s'associent avec Shell, Total, BP et consorts, et jouent une dernière carte joker : les « *électro-carburants** ». Encore plus voraces en énergie. Encore plus complexes techniquement. Encore plus chers. Attachez votre ceinture. La recette d'un carburant synthétique réussi, difficile à exécuter, réclame deux ingrédients – le dihydrogène (encore lui !) et le dioxyde de carbone – ainsi qu'une multitude d'équipements. Outre la chaîne de production d'hydrogène renouvelable avec laquelle nous sommes désormais familier·es[1], ainsi que le très énergivore aspirateur à CO_2 industriel ou atmosphérique, la confection des électro-carburants requiert encore deux autres usines chimiques. La première permet de fabriquer du méthane artificiellement,

1 Qui se compose, elle aussi, de plusieurs unités différentes : parc éolien, ferme solaire ou réacteur nucléaire, électrolyseur, compresseur, système de transport (par hydrogénoducs ou par camions).

en faisant réagir le CO_2 et l'H_2 à haute température (entre 600° C et 900° C), la seconde permet de transformer ce méthane synthétique en carburants liquides, digestes pour nos véhicules (e-diesel, e-essence, e-kérosène, etc.), par le biais d'une réaction chimique qui réclame du fer ou du cobalt. En bout de course, seulement 13 % de l'électricité initialement introduite dans l'électrolyseur contribue à faire tourner la roue d'un véhicule nourri aux électro-carburants[1], ce qui nécessite quatre à cinq fois plus d'électrons qu'une voiture à batterie[2].

Ajoutons qu'un véhicule alimenté par un carburant composé d'une chaîne de molécules de carbone, qu'elle soit bricolée ou fossile, crache toujours du dioxyde de carbone. Pire : la combustion de l'e-essence génère même deux fois plus de monoxyde de carbone, trois fois plus d'ammoniac et autant d'oxydes d'azote que l'essence classique. Alors à quoi bon s'embêter avec une technique compliquée, énergivore, chère *et* polluante ? La théorie nous apprend que la quantité de gaz carbonique puisée dans l'atmosphère pour concevoir les carburants synthétiques correspond à la quantité de CO_2 générée pour faire avancer le véhicule. Sur le papier donc, les électro-carburants sont considérés comme « neutres en carbone »[3]. Puis, il y a la vie réelle,

1 Carlos Calvo Ambel, « E-fuels too inefficient and expensive for cars and trucks, but may be part of aviation's climate solution – study », Transport & Environment, 2017.
2 Aurélien Bigo, « L'Allemagne a bloqué temporairement l'adoption de la fin de vente des voitures thermiques dans l'UE d'ici 2035 », linkedin.com, avril 2023.
3 À supposer, comme dans le cas de l'électro-kérosène, que les électro-carburants soient produits à partir d'hydrogène renouvelable et que le CO_2 utilisé soit bien issu d'une unité de captage direct dans l'atmosphère (« DAC »),

et l'équation « CO_2 émis = CO_2 capté » ne tient pas. D'après une analyse de l'ONG Transport & Environment[1], les voitures électriques carburant à l'e-essence pourraient émettre 60 grammes d'équivalent CO_2 par kilomètre en 2035 en Europe, selon les termes actuels de la directive chargée de réglementer une partie des carburants alternatifs (« RED »), soit cinq fois plus que les voitures à batterie.

Sortir de la société automobile

Les preuves contre la mobilité légère à hydrogène s'accumulent, mais qui aurait intérêt à briser la promesse de pouvoir, un jour, arpenter les routes, cheveux au vent, à bord d'un véhicule qui ne rejette (à peu près) que de l'eau ? La société s'est en effet motorisée *ad nauseam* au cours du XXe siècle, à coups de déploiement de réseaux autoroutiers, d'étalement urbain, de prolifération d'hypermarchés en périphérie des villes, de colonisation des imaginaires, résultat d'un projet politique que les sociologues Yoann Demoli et Pierre Lannoy appellent le « populisme automobile[2] ». En parallèle, les traditionnelles deu-

---

et non d'un système de captage de CO_2 des fumées industrielles (bien plus sensé d'un point de vue thermodynamique, mais qui ne puise pas dans la réserve historique des émissions et ne permet donc pas aux électro-carburants d'être labellisés « neutres en carbone »).

1 Voir « E-fuel cars are not zero emission », transportenvironment.org, 5 octobre 2023.

2 Le « populisme automobile » correspond au projet politique d'équiper l'intégralité de la population en automobiles, d'après les sociologues Yoann Demoli et Pierre Lannoy, « Le grand écart de l'automobilisme contemporain : un incontournable terrain sociopolitique », *AOC*, 8 mars 2019.

deuches se sont métamorphosées en SUV, dilapidant toujours plus de matériaux, d'espace et d'énergie par kilomètre[1].

Avant de vendre en masse des voitures dopées aux batteries, à l'hydrogène ou à toute autre technologie miracle, la priorité pour conserver une planète vivable et promouvoir une société plus juste est de sortir du tout automobile. Là encore, les mesures à adopter sont moins techniques que politiques : réorienter l'aménagement du territoire de manière à favoriser les trajets de proximité, réduire les déplacements du quotidien en repensant la place du travail et des loisirs dans nos vies, rendre possible et encourager les modes de transport plus sobres comme la marche et le vélo, limiter la taille et le poids des véhicules ainsi que les vitesses sur les routes, stopper les nouveaux projets d'autoroute, favoriser le covoiturage, l'autopartage et investir dans les trains de nuit, les cars, etc.[2]. Sur ce dernier point, les mérites de l'hydrogène pour décarboner les transports en commun (mais aussi les camions) sont souvent vantés. Qu'en est-il réellement ?

On pédale en plein délire

Le vélo, quelle invention formidable : une simple roue reliée à un ingénieux système mécanique tire le meilleur de la force de notre mollet et triple notre vitesse de déplacement à pied. Lorsqu'on y

---

1 Notons que les SUV (qui représentent la moitié des modèles de voitures électriques proposés) sont nés parce que les constructeurs automobiles ont profité de failles de règles antipollution aux États-Unis, d'après l'enquête de Keith Bradsher, *High and mighty. The Dangerous Rise of the SUV*, PublicAffairs, 2002.

2 Aurélien Bigo, « "J'adore la bagnole" électrique, mais aussi le vélo, le train et l'autopartage », *Libération*, 30 septembre 2023.

ajoute une petite batterie, les itinéraires de 10 km sont possibles sans trop d'effort, et le vélo pourrait alors remplacer jusqu'aux deux tiers des trajets aujourd'hui effectués en voiture en France[1]. Mais depuis peu, le vélo à hydrogène, dispendieux, énergivore, sans réel gain de performance par rapport à son concurrent à batterie, séduit certaines collectivités locales françaises au détriment de l'essentiel : mener des politiques d'aménagement du territoire ambitieuses en faveur de la petite reine.

À titre d'exemple, dans le cadre d'une expérimentation, Saint-Lô et Cherbourg ont été dotés de ces vélos à gaz, trois fois plus consommateurs en électricité que leurs équivalents à batterie, entre 2017 et 2021[2]. Les 20 vélos, ainsi que les stations à hydrogène dédiées, ont coûté 723 000 € à la collectivité, soit 36 000 € le biclou, dix fois le prix d'un vélo à batterie. Avec une telle somme, 50 abris-vélos de 30 places, une dizaine de vélorues, 3 km de pistes cyclables ou encore une petite voie verte auraient pu voir le jour et permettre le développement de la pratique du vélo[3]. Puisqu'une batterie électrique classique à plat peut très bien être remplacée par une batterie chargée en un instant, les 150 à 200 km d'autonomie et la recharge en quelques minutes du vélo hydrogène ne suffisent pas à compenser l'immense inconvénient que représente son coût.

---

1 Mathieu Chassignet, « Enquête nationale sur la mobilité des Français : quelques enseignements de la nouvelle édition et évolutions récentes », blogs.alternatives-economiques.fr, 3 janvier 2022.

2 « Les vélos à hydrogène "Bhyke", une solution vraiment efficiente pour se déplacer à Saint-Lô et à Cherbourg ? », *Techniques de l'ingénieur*, 4 septembre 2018.

3 Alice Brauns, *Guide des coûts des politiques vélo*, Club des villes et territoires cyclables, novembre 2020.

Pour les engins lourds, le compte n'y est pas

Moins sexy que la voiture à hydrogène, mais déjà plus sensée, la mobilité lourde représente l'autre axe prioritaire de la stratégie européenne hydrogène, à côté de la décarbonation des industries déjà consommatrices de la molécule totem. Dans une perspective technico-économique, la pertinence, ou non, de propulser d'imposantes machines roulantes (autobus, autocars, trains, camions) avec de l'hydrogène repose sur deux éléments principaux : d'une part l'impossibilité d'une électrification directe (qui implique moins de pertes en énergie), d'autre part le coût. À l'aune de ces critères, les gros véhicules constituent rarement de parfaits candidats pour l'hydrogène.

Le bien-fondé des autobus à hydrogène, par exemple, reste à démontrer. Très en vogue, ce type de transport en commun intra-urbain est déjà une réalité, en particulier en Chine et en Corée[1], mais aussi dans plusieurs agglomérations françaises, comme Pau, Versailles, Lens ou Belfort, et d'autres villes (Strasbourg, Paris, Lyon, Nantes et Clermont-Ferrand) se disent séduites par l'idée. Impossible toutefois d'imaginer déployer une flotte d'autobus hydrogène, très chère, sans soutien public ; sur le Territoire de Belfort, le gestionnaire du réseau de transport en commun Optymo a ainsi bénéficié de subventions publiques à hauteur de 2 millions d'euros pour mettre en service 7 autobus à hydrogène. Même à horizon 2030, les bus H_2 devraient

1 7 000 autobus à hydrogène circulent sur les routes en 2023, soit 40 % de plus que l'année passée, ce qui reste toujours bien en deçà des 650 000 bus à batteries. AIE, « Global Hydrogen Review 2023 », p. 33.

rester 50 % plus chers que les bus électriques à batterie, d'après une étude comparative parue dans la revue *Energies*[1]. Certes, le carburant gazeux offre une plus grande autonomie que l'utilisation de batteries, mais est-ce vraiment indispensable sur les distances relativement courtes parcourues par un bus ? L'investissement dans des autocars à hydrogène semble déjà plus justifié (à la condition, et non des moindres, que l'hydrogène électrique d'origine renouvelable soit disponible en quantité suffisante) puisque les 200 à 400 kilomètres d'autonomie des batteries actuelles ne suffisent pas toujours pour couvrir un long trajet.

Sur la base d'un retour d'expérience en Allemagne, le train à hydrogène se retrouve, lui aussi, détrôné par son concurrent à batteries. En octobre 2022, un an après avoir lâché 93 millions d'euros pour 14 trains munis de piles à combustible, la compagnie ferroviaire publique allemande LNVG fait marche arrière, et décide de commander 102 nouveaux trains hybrides (batteries et diesel). Selon les conclusions du Land du Bade-Wurtemberg, l'exploitation d'un train à hydrogène sur trente ans aurait été 40 % à 60 % plus onéreuse que la possession d'un modèle 100 % à batterie, et la facture grimpe jusqu'à +80 % par rapport à l'hybride. Soulignons que l'argument automatiquement brandi pour défendre l'hydrogène dans les transports, l'autonomie, ne s'applique pas au ferroviaire : contrairement aux trains à batteries susceptibles de se recharger au cours du trajet sur

1 Hanhee Kim, « Comparative TCO Analysis of Battery Electric and Hydrogen Fuel Cell Buses for Public Transport System in Small to Midsize Cities », *Energies*, 2021.

les lignes électrifiées, et qui disposent donc d'une grande flexibilité, un seul plein d'hydrogène ne satisferait pas une journée entière de voyage, et un plus grand nombre de trains devraient être achetés pour assurer le même service[1].

Sur l'ensemble de la mobilité hydrogène, les poids lourds connaissent l'envolée la plus importante. La décarbonation du secteur est urgente : les camions, moyens et lourds, pèsent pour le tiers des émissions du transport routier. Il y a quelques années, le recours au gaz hydrogène pour déplacer plusieurs dizaines de tonnes d'acier sur des centaines de kilomètres aurait pu se justifier : les camions lourds dotés de batteries électriques devaient à l'époque être rechargés tous les 50 à 100 kilomètres[2]. Mais ce n'est plus le cas. « Il y a désormais des poids lourds à batteries qui ont des autonomies annoncées de plusieurs centaines de kilomètres, et l'offre en poids lourds électriques s'annonce plus abondante dans les prochaines années que pour l'hydrogène », assure Aurélien Bigo, chercheur dans le domaine de la transition énergétique des transports[3].

Quoi qu'il en soit, pour conserver des conditions autorisant la vie sur Terre, l'urgence n'est pas de fabriquer en masse des véhicules lourds, certes moins émetteurs, permettant la mise en circulation de montagnes d'objets, souvent inutiles, sur de très grandes distances. L'urgence consiste à décider collectivement

1 « Strategie für emissionsfreie Fahrzeuge auf nicht elektrifizierten Strecken », dossier de presse du ministère des Transports, Land du Bade-Wurtemberg, 17 octobre 2022.
2 Groupe 3 du Giec, « Atténuation du changement climatique », AR6, 2022, p. 1072.
3 Échanges par écrit entre décembre 2023 et janvier 2024.

des biens de consommation qui continueront de voyager, et à réduire au maximum leurs trajets (en relocalisant les moyens de production). Soit tout le contraire de la tendance actuelle : le transport de marchandises risque de tripler de volume d'ici à 2050, tiré par le commerce international et l'éclatement des chaînes d'approvisionnement des industries, « ce qui rendra la décarbonation du fret routier très difficile », pointent les auteurs et autrices du Giec chargées d'évaluer les moyens disponibles pour atténuer les impacts du réchauffement climatique[1].

Vite, vite, vite, des stations de ravitaillement

Malgré tout, l'Union européenne, empêtrée dans l'idéologie de la croissance verte, continue de croire dans la mobilité hydrogène, et projette de faire pousser des stations de distribution d'hydrogène tous les 200 kilomètres sur le réseau de transport central avant la fin de la décennie. Le règlement européen relatif au déploiement des infrastructures pour carburants alternatifs (Afir) met littéralement la charrue de la distribution avant les bœufs qui produisent et utilisent l'hydrogène. Comme le démontre l'économiste Nuno Bento à partir du déploiement de la voiture électrique en Norvège, l'infrastructure ne doit pas précéder la hausse des ventes et la baisse des prix. Bien au contraire : c'est la réduction (éventuelle) des coûts des véhicules qui tire la demande, puis entraîne, dans un second temps,

1 Groupe 3 du Giec, « Atténuation du changement climatique », AR6, 2022, p. 1056.

la mise en place des stations de recharge[1]. Dans le domaine du chauffage des bâtiments par l'hydrogène, des décisions d'investissement public important risquent aussi d'être prises de manière précoce.

L'hydrogène dans les foyers, un projet imprudent

Après avoir ciblé le garage des particuliers, avec la voiture à hydrogène, voilà que les promoteurs et promotrices de la molécule totem forcent la porte des maisons et appartements dans l'objectif supposé d'endiguer la folle croissance des émissions de CO_2 enregistrée par le secteur des bâtiments : + 50 % sur les vingt dernières années[2]. La promesse qui entoure le chauffage à hydrogène est séduisante, puisqu'il s'agit de s'attaquer aux rejets de CO_2 du cinquième secteur le plus polluant sans engager de travaux d'isolation dans les logements ni même baisser le thermostat. Le Japon, pays pionnier en la matière, compte équiper le quart des foyers par des systèmes de chauffage à hydrogène à horizon 2030, ce qui représente 5,3 millions de chaudières à installer, sachant que 300 000 unités (alimentées à

1 Nuno Bento, « L'histoire se répète-t-elle ? », conférence donnée lors de la journée « Hydrogène et sciences humaines et sociales » organisée par l'université de technologie Belfort-Montbéliard, 30 juin 2022.
2 Sont prises en compte les émissions directes liées à la combustion d'énergies fossiles, mais aussi les émissions indirectes liées à la production d'électricité, de chaleur et de froid issue des réseaux. Voir : Groupe 3 du Giec, « Atténuation du changement climatique », AR6, 2022.

l'hydrogène carboné) sont en place sur l'archipel depuis 2019[1]. Le Royaume-Uni considère également le chauffage à hydrogène comme prioritaire[2].

Un chauffage coûteux et dangereux

Mais il y a une couille dans ce potage mijoté sur une gazinière hydrogène. Trente-deux études indépendantes, compilées au sein d'une publication parue dans la revue *Joule* en 2022[3], aboutissent à la même conclusion : les systèmes de chauffage à hydrogène sont moins efficaces et plus onéreux que les pompes à chaleur ou les installations solaires thermiques. Se chauffer à l'hydrogène renouvelable requiert cinq fois plus d'électricité qu'une pompe à chaleur efficace et risque de coûter deux fois plus cher que le chauffage au gaz[4]. Ajoutons que, par rapport à la pompe à chaleur toujours, et en prenant en compte la phase de production par électrolyse de l'eau alimentée par électricité renouvelable, le chauffage à hydrogène possède le plus mauvais bilan en termes d'impacts sur l'environnement (eutrophisation et acidification de l'eau, écotoxicité terrestre et marine, artificialisation des sols, etc.). Par exemple, en suivant les scénarios

---

1 Monica Nagashima, « Japan's Hydrogen Society Ambition: 2020 Status and Perspectives », *Notes de l'Ifri*, septembre 2020.
2 « Working paper. National hydrogen strategies », World Energy Council, septembre 2021.
3 Jan Rosenow, « Is heating homes with hydrogen all but a pipe dream? An evidence review », *Joule*, 2022.
4 Alex Lawson, « "World-first" hydrogen project raises questions about its role in fuelling future homes », *The Guardian*, 20 septembre 2022.

à 2050 du gestionnaire de réseau de transport électrique britannique, les chauffages à hydrogène engloutiraient presque un tiers de surface au sol de plus que les thermopompes[1].

Les mauvais résultats des chaudières à hydrogène sont faciles à comprendre : avant d'être transformé en chaleur par un brûleur adéquat, l'hydrogène sort d'un électrolyseur, lui-même alimenté en électricité, puis doit passer par un compresseur (pour prendre moins de place en volume) pour enfin être distribué dans les maisons via une canalisation spéciale. À chaque étape, une quantité d'énergie se perd sous forme de chaleur. Sans oublier que, en raison du faible contenu énergétique par unité de volume de l'hydrogène, trois fois plus d'hydrogène est requis pour produire la même quantité de chaleur que le gaz fossile[2]. Directement alimentée par de l'électricité, la pompe à chaleur bénéficie au contraire d'une efficacité remarquable : pour une unité d'électricité consommée, le système génère trois à quatre unités de chaleur. Le groupe 3 du Giec confirme d'ailleurs que « l'hydrogène jouera un rôle très modeste dans le secteur des bâtiments à horizon 2050 d'après les scénarios évalués[3] ».

Au-delà des enjeux climatiques et environnementaux, chauffer les maisons et appartements à l'hydrogène pose question en matière de sécurité. Le gaz hydrogène est bien plus

---

1 Peter C. Slorach et Laurence Stamford, « Net zero in the heating sector: Technological options and environmental sustainability from now to 2050 », *Energy Conversion and Management*, 2021.
2 Irena, « Global hydrogen trade to meet the 1.5°C climate goal », *op. cit.*, p. 103.
3 Groupe 3 du Giec, « Atténuation du changement climatique », AR6, 2022. p. 972.

explosif que le gaz fossile, puisque sa « plage d'explosivité » est plus large, les fuites sont plus difficiles à éviter et l'énergie nécessaire pour déclencher une détonation est bien plus faible[1]. D'après une analyse des risques commandée par le gouvernement britannique, le nombre d'accidents domestiques annuels pourrait être multiplié par quatre par rapport à l'utilisation des brûleurs actuels ; 39 par an pour l'hydrogène contre 9 pour le gaz naturel, ce qui implique que 65 personnes risquent de subir des blessures chaque année, contre 17 pour le gaz fossile[2]. En outre, la qualité de l'air intérieur, déjà considérée comme un enjeu majeur de santé publique[3], risque encore de se détériorer si le bâtiment est chauffé à l'hydrogène. La température de la flamme hydrogène étant plus élevée que celle générée par le gaz fossile[4], les émissions d'oxydes d'azote (NOx) risquent d'augmenter, et les asthmatiques seront prié·es de respirer ailleurs. « Je n'en ai aucun doute : il existe désormais suffisamment de connaissances et de preuves pour rejeter la solution hydrogène pour le chauffage domestique », tranche Tom Baxter, professeur en ingénierie chimique, spécialiste des enjeux de sécurité, dans un article paru dans *The Chemical Engineer*[5].

---

1 Voir « Gare aux fuites d'hydrogène », p. 236.
2 Hy4Heat, « Work Package 7. Safety Assessment: Conclusions Report (Incorporating Quantitative Risk Assessment) », Department for Business, Energy & Industrial Strategy, Ove Arup & Partners Ltd, mai 2021.
3 « Qualité de l'air intérieur », anses.fr, 28 novembre 2017.
4 Mike Menzies, « Hydrogen: The Burning Question », *The Chemical Engineer*, 23 septembre 2019.
5 Tom Baxter, « Home Hydrogen: Is it Safe? », *The Chemical Engineer*, 27 octobre 2022.

Dissoudre les atouts de l'hydrogène dans le gaz fossile

Alors que les preuves contre l'hydrogène pur pour décarboner les bâtiments s'accumulent, les industriels du secteur du gaz mettent en avant une solution qui semble a priori plus raisonnable : le « *blending* ». L'idée consiste à injecter de petites quantités d'hydrogène dans les pipelines encore remplis de gaz fossile, ce qui éviterait de gros investissements pour construire de nouvelles canalisations spécialement adaptées au transport de la molécule H_2. Sans surprise, les gestionnaires des réseaux de transport de gaz naturel et les distributeurs promeuvent activement cette solution. Ainsi, Engie, premier distributeur de gaz fossile en France, intègre déjà entre 6 % et 20 % d'hydrogène au réseau de Cappelle-la-Grande, une petite ville près de Dunkerque (Hauts-de-France), dans le cadre d'un projet expérimental d'un montant de 15 millions d'euros, dont le tiers est financé par l'État[1]. Une démonstration similaire, menée par le distributeur de gaz britannique Nothern Gas Networks, a lieu dans le nord-est de l'Angleterre[2]. Avant de subir des contraintes physiques trop fortes, les gazoducs existants pourraient tolérer un mélange allant jusqu'à 20 % d'hydrogène pour 80 % de

1 Plus précisément, le projet GRHYD a été retenu lors de l'appel à manifestation d'intérêt (AMI) « Hydrogène et piles à combustible » piloté par l'Ademe dans le cadre du programme des « Investissements d'avenir ». Voir : CRE, « Transformer en hydrogène l'électricité d'origine renouvelable », smartgrids-cre.fr, 23 juin 2022.
2 « Pioneering the safe use of blended hydrogen in gas networks to reduce carbon emissions », hydeploy.co.uk, consulté le 20 décembre 2023.

gaz fossile[1]; les émissions liées à la combustion du mélange gazeux CH_4/H_2 étant supposées inférieures à l'utilisation du gaz naturel seul, plus le taux d'hydrogène est important, plus grande est la décarbonation associée.

Au vu des efforts à mener pour fabriquer et conditionner l'hydrogène renouvelable, le niveau de réduction des émissions de CO_2 dû au *blending* est décevant. D'après un rapport de l'Agence internationale des énergies renouvelables[2], en considérant que l'hydrogène provient de ressources renouvelables et que le taux d'injection maximal est atteint (20 % d'hydrogène, 80 % de gaz fossile), les émissions de CO_2 liées au chauffage diminueraient de seulement 7 %. Côté portefeuille, comme l'hydrogène renouvelable affiche un prix toujours bien supérieur au prix moyen du gaz fossile[3], la facture de chauffage à la fin du mois risque d'être plus de 30 % plus élevée qu'actuellement[4]. Au regard des résultats scientifiques, le *blending* n'offre pas une solution de décarbonation crédible, mais risque plutôt de devenir une source de gaspillage de l'hydrogène bas-carbone, dont les volumes disponibles sont limités, donc précieux, en le mélangeant avec une énergie fossile et polluante.

---

1 Konstantinos Kanellopoulos, *et al.* « Blending hydrogen from electrolysis into the European gas grid », Publications Office of the European Union, 2022.
2 Irena, « Global hydrogen trade to meet the 1.5°C climate goal », *op. cit.*
3 *Ibid.*
4 Mengxiao Sun *et al.*, « Effects on the performance of domestic gas appliances operated on natural gas mixed with hydrogen », *Energy*, 2022.

Semer le doute

Le scénario selon lequel le gaz fossile actuellement consommé pourrait être remplacé par un gaz non carboné ou à plus faible teneur en carbone (hydrogène, biométhane, gaz de synthèse) convainc néanmoins certain·es responsables politiques, en particulier au Royaume-Uni. « Les industriels du gaz, les fabricants et les installateurs de chaudière à gaz sont les seuls à promouvoir l'hydrogène dans les bâtiments. Sans l'alternative hydrogène, ces entreprises risqueraient, à terme, de fermer boutique », éclaire Paul Martin, ingénieur-chimiste et membre de la Coalition scientifique de l'hydrogène, un collectif d'ingénieurs et scientifiques qui militent pour un usage raisonné de la molécule totem[1]. Après avoir analysé des rapports industriels, des supports de communication et mené des entretiens, trois chercheurs en sciences sociales ont montré qu'à l'origine de la construction et de la mise en circulation du discours de promotion du « gaz vert » en Grande-Bretagne se trouvent uniquement des acteurs issus du monde des affaires, puissants et influents : des entreprises liées au secteur gazier britannique (en particulier les fabricants de chaudières à gaz, les gestionnaires et les propriétaires des réseaux de distribution de gaz), des lobbys, ainsi que l'industrie du gaz de pétrole liquéfié (GPL) hors réseau[2]. Le média d'investigation britannique *DeSmog*, spécialisé sur la désinformation climatique, a par ailleurs révélé les

---

1 Échange avec Paul Martin par mail, le 15 août 2023.
2 Richard Lowes *et al.*, « Heating in Great Britain: An incumbent discourse coalition resists an electrifying future », *Environmental Innovation and Societal Transitions*, 2020.

tactiques d'influence menées par le lobby britannique « Energy and Utilities Association » (EUA) pour semer le doute sur les bénéfices associés à l'installation des pompes à chaleur[1]. Entre 2021 et 2022, l'association de défense des intérêts des fabricants et des usagers industriels des chaudières à gaz a orchestré une campagne médiatique offensive, au cours de laquelle une centaine d'articles et d'entretiens accusant les thermopompes de « type soviétique » d'être « coûteuses et bruyantes » ont été publiés dans des médias aussi reconnus que *The Telegraph, The Express,* ou encore la BBC.

Si les pompes à chaleur, ou autres systèmes de chauffage peu carboné et efficace, s'avèrent bénéfiques pour décarboner le secteur des bâtiments, priorité toutefois à la rénovation thermique et à la baisse de la température dans son logement pour réduire les émissions de CO_2 causées par le chauffage et l'utilisation des produits électroménagers. D'autres alternatives techniques aux pompes à chaleur, plus « low tech », existent d'ailleurs, mais sont mises à l'écart de la discussion publique, risquant de bousculer le modèle énergétique industriel en place. C'est ce que montre Paul Bouet, chercheur en histoire de l'architecture, au sujet du « mur Trombe », un système solaire dit « passif » grâce auquel les maisons peuvent tirer la majeure partie de l'énergie nécessaire au chauffage directement des rayons du soleil. Une première mini maison climatisée de trois mètres de côté fabriquée en France a été installée à Colomb-Béchar en Algérie en 1958, puis d'autres installations ont été construites dans les

1 Phoebe Cooke, « Revealed: Media Blitz Against Heat Pumps Funded by Gas Lobby Group », *DeSmog*, 20 juillet 2023.

années 1960 à Odeillo, en Occitanie. Puis... patatras. À partir de la fin des années 1970, les techniques de chauffage solaire passif se retrouvent marginalisées. « Elles sont alors mises en concurrence avec les techniques dites "actives", qui recourent à l'électricité et à différents échangeurs pour fonctionner, tout en visant une fourniture complète et automatisée des besoins en chauffage. Ces dernières font l'objet d'équipements dédiés qui se prêtent à l'industrialisation et peuvent être installés sur des bâtiments ordinaires sans en bouleverser la conception ni l'apparence générale », explique Paul Bouet[1].

Les techniques de chauffage passif, si elles étaient mises en œuvre plus largement, ne seraient toutefois pas adaptées à tous les types de bâtiments ni à toutes les zones géographiques. La décarbonation du secteur reposerait toujours, en partie, sur l'abandon de systèmes alimentés au gaz au profit de techniques électriques. Sauf qu'à l'échelle mondiale quatre cinquièmes des électrons sont fabriqués à partir de charbon, de gaz ou de produits pétroliers[2]. Pour qu'électrification rime avec décarbonation, l'urgence consiste donc à remplacer les modes de production polluants actuels par d'autres voies de fabrication d'électricité moins carbonées (en priorité les énergies solaires et éoliennes). Or, même dans le secteur de l'électricité, les promoteurs et promotrices de l'hydrogène tentent d'imposer leur combustible miracle.

---

1 Paul Bouet, « Histoire du mur Trombe », p. 261, dans François Jarrige et Alexis Vrignon (dir.), *Face à la puissance, op. cit.*

2 « International », dans *Chiffres clefs de l'énergie – Édition 2022*, statistiques.developpement-durable.gouv.fr, novembre 2022.

La fée hydrogène (re)fabrique l'électricité miracle

« Les problèmes ne disparaissent pas dans les airs. Mais dans l'hydrogène. » Au salon industriel dédié à la filière hydrogène, en novembre 2023 à Bruxelles, le slogan de la multinationale allemande RWE, placé juste à côté d'un petit garçon qui sourit en jouant avec un avion en papier, illumine le stand. À l'heure actuelle, RWE fait pourtant disparaître de grandes quantités de problèmes dans les airs puisque l'entreprise de l'énergie vend principalement de l'électricité fossile issue de ses centrales thermiques. « Nous nous sommes engagés à fermer nos centrales à charbon d'ici à 2030. Quant à nos centrales à gaz, nous allons les convertir en centrales à hydrogène », explique toutefois Nils Weise, responsable commercial du groupe, chargé d'animer le pavillon. Dans un communiqué de presse, RWE vient justement d'annoncer que la compagnie pétrolière et gazière Equinor lui fournira l'hydrogène bleu nécessaire pour alimenter ses centrales reconverties en Allemagne[1]. Du gaz fossile sera alors utilisé pour fabriquer de l'hydrogène en Norvège, les émissions de CO_2 associées seront capturées et stockées, puis cet hydrogène sera ensuite acheminé jusqu'en Allemagne par canalisation (une infrastructure qui n'existe pas encore) afin d'alimenter une centrale de production d'électricité. Les centrales allemandes n'utiliseront donc plus *directement* du gaz fossile pour produire de l'électricité, mais consommeront

1 « RWE and Equinor agree on strategic partnership for security of supply and decarbonisation », communiqué de presse de RWE, 5 janvier 2023.

indirectement du gaz fossile pour produire de l'électricité. Pourquoi faire simple quand on peut faire compliqué ?

Une piètre efficacité

Outre l'Allemagne, plusieurs pays s'engagent dans le développement de la production d'électricité à partir d'hydrogène ; le Japon et la Corée du Sud, le Vietnam, les États-Unis, le Mexique, le Royaume-Uni[1]. Comme le marché de l'hydrogène bas-carbone n'existe pas encore, plutôt que de brûler tout de suite 100 % d'hydrogène pur dans les centrales reconverties, les sociétés qui portent ce type de projets envisagent d'abord d'injecter de petites doses d'hydrogène, puis d'augmenter la quantité progressivement. C'est par exemple le cas de RWE[2]. Mais cela réduit considérablement l'intérêt climatique d'une telle centrale électrique. Dans une première étape, lorsque le mélange comprend 12 % d'hydrogène renouvelable pour 88 % de gaz fossile, les émissions de CO_2 ne sont réduites que de 4 %[3]. Le bilan climatique des sites de production d'électrons s'améliore certes à mesure que le taux d'hydrogène injecté augmente, mais... au détriment de l'efficacité totale du système. C'est logique : avant d'être transformé en électricité, le gaz naturel subit une étape

1 Moins de 0,2 % des électrons fabriqués à l'échelle mondiale proviennent de la combustion de l'hydrogène. AIE, « Global Hydrogen Review 2023 », p. 44-45.
2 « RWE and Equinor agree on strategic partnership for security of supply and decarbonisation », communiqué de presse de RWE, 5 janvier 2023.
3 Simon Öberg *et al.*, « Exploring the competitiveness of hydrogen-fueled gas turbines in future energy systems », *International Journal of Hydrogen Energy*, vol. 47, 2022.

supplémentaire (sa transformation en hydrogène) par rapport à la combustion directe dans une centrale électrique (dont le rendement est déjà mauvais en lui-même). Ainsi, en prenant en compte la perte d'énergie lors du vaporeformage de méthane, le rendement électrique global s'établit entre 23 % et 31 %[1]. Cela signifie qu'environ deux tiers de l'énergie initialement contenue au sein du volume de gaz fossile injecté dans l'unité de production d'hydrogène se perdra sous forme de chaleur avant de permettre à notre ampoule électrique de briller. Puis de toute façon, produire de l'électricité en brûlant de l'hydrogène bleu ne présente aucun intérêt climatique[2].

Dompter les énergies renouvelables

À côté des centrales thermiques reconverties, un autre type d'usine qui recourt à l'hydrogène pour fabriquer des électrons émerge : ces dernières reposent sur la mise en série de grosses piles à combustible, les machines qui permettent de refabriquer des électrons à partir d'hydrogène.

Les batteries étant peu adaptées à la conservation des électrons sur plusieurs mois, la molécule totem permet ainsi de concrétiser une vieille ambition : stocker l'électricité renouvelable en

1 Le rendement d'un procédé de reformage de méthane à la vapeur tourne autour de 65-75 %, et celui d'une centrale thermique à gaz classique est compris entre 35 et 42 %. « Methane Steam Reforming », *Encyclopedia of Sustainable Technologies sciencedirect.com*, 2017 ; et Klaus Willnow (Siemens), « Energy Efficient Solutions for Thermal Power Plants: ANNEX III Technical Report », WEC Knowledge Network, août 2013.
2 V oir « L'hydrogène bleu risque de réchauffer le climat », p. 111.

intersaison, et transformer les rayons du soleil et la force du vent en énergie maîtrisable. Les jours très venteux, ou caniculaires, l'électricité produite par les éoliennes ou les panneaux n'est pas entièrement consommée, alors les électrons excédentaires alimentent un électrolyseur pour fabriquer de l'hydrogène. Le gaz, comprimé, puis stocké, sera ensuite reconverti en électricité lors de périodes calmes ou nuageuses, par le biais d'une pile à combustible. Une longue chaîne d'équipements compose donc ces centrales électriques prométhéennes – un parc éolien ou solaire, un électrolyseur, un compresseur, un système de stockage, une pile à combustible, un onduleur, et même des batteries. Avec une telle cascade de convertisseurs, seul le tiers des électrons produits par les éoliennes ou les panneaux solaires est *effectivement* injecté dans le réseau, le reste disparaît sous forme de chaleur[1]. D'après les estimations d'Ivan Faucheux, commissaire de la Commission de régulation de l'énergie, une administration publique indépendante chargée de veiller au bon fonctionnement des marchés de l'énergie en France, le surcoût du mégawattheure fabriqué à partir de telles centrales serait compris entre 200 et 300 euros[2].

L'ambitieuse entreprise « HDF Energy », pour « Hydrogène de France », multiplie pourtant les annonces d'installation de

1 Plus précisément, le rendement global du système atteint 35 % si des batteries sont ajoutées à la série d'équipements de l'installation. Sans elles, l'efficacité de la centrale n'est que de 22 %. À noter toutefois, le rendement est du même ordre qu'une centrale thermique à charbon, ou qu'une centrale nucléaire (qui ont donc aussi l'avantage d'être pilotables). Voir : Luc Bodineau et Pierre Sacher, « Rendement de la chaîne hydrogène. Le cas du power-to-H_2-to-power », fiche technique de l'Ademe, janvier 2020.
2 Ivan Faucheux, « Hydrogène, le point de vue d'un régulateur », *Annales des Mines – Réalités industrielles*, 2022.

ses centrales électriques hydrogène en Namibie, au Mexique, en Indonésie, à la Barbade, à Chypre, en Italie et en France[1]. Le plus puissant parc solaire avec stockage d'hydrogène du monde, estampillé HDF, devrait se déployer sur une parcelle grande comme 170 terrains de foot[2] en Guyane française, dimensionné pour alimenter 10 000 foyers en électricité (en contrepartie de 78 hectares de forêt à raser), et mettre un terme aux coupures de courant régulières que subit une partie de la population. Initialement prévue pour 2024, la Centrale électrique de l'Ouest guyanais (CEOG) et ses 170 millions d'euros d'investissement accuse un retard de plusieurs mois en raison, semble-t-il, de la vision tronquée de ce que les industriels ont coutume d'appeler « l'acceptabilité sociale[3] ». Entre 2021 et 2022, les habitant·es du village amérindien Prospérité, situé à 2 kilomètres du lieu d'implantation prévu de CEOG, ont bloqué le démarrage des travaux de déforestation à différentes reprises. Le chef coutumier du village Roland Sjabere assure toutefois ne pas être opposé, sur le principe, au projet de la centrale, mais conteste son emplacement qui empiète sur l'espace forestier. « Dans cette forêt, on prélève de quoi se nourrir, se soigner, c'est un espace de loisirs pour les enfants, un espace de transmission des valeurs et des traditions. Si on vient à manquer de forêt et d'accès à l'eau, c'est l'âme du village qui commencera à mourir. Et nous serons obligés de nous tourner vers la ville, un modèle de vie qui nous ressemble

1 « Projets en cours », hdf-energy.com, consulté le 26 décembre 2023.
2 Le projet s'étale sur 140 ha. Et un terrain de foot mesure (au maximum) 0,825 ha.
3 Voir, dans la conclusion, la section « Politiser la question climatique », p. 266.

moins », explique Roland Sjabere interrogé par le média *Politis*[1]. De son côté, la direction de HDF Energy estime avoir pris le temps de la concertation et souligne avoir obtenu l'ensemble des autorisations. « Une longue concertation a été menée pour aboutir au projet final avec les divers intervenants au dossier, État, collectivité territoriale de Guyane, commune de Mana, etc. Les Guyanais ont été consultés, les populations autochtones en particulier, dont les intérêts et coutumes ont été préservés », défend Thierry Déau, président de CEOG, dans un communiqué[2]. Le chantier a repris en août 2023 sous haute surveillance policière, et les tentatives de blocage sont violemment réprimées[3].

Des électrons à l'ammoniac, une relation toxique ?

La plupart des projets de production d'électricité à partir d'hydrogène reposent sur des turbines à gaz reconverties en centrale à hydrogène (dans 70 % des cas), ou bien l'exploitation de piles à combustible (10 %). Au-delà de ces deux dispositifs techniques, de plus en plus d'entreprises comptent brûler de l'ammoniac, fabriqué à partir d'azote et d'hydrogène, pour fabriquer de l'électricité. Plusieurs projets destinés à explorer cette piste ont été annoncés en Asie-Pacifique, aux États-Unis et en Europe[4]. Le recours à la molécule NH_3, principalement utilisée pour fabriquer des fertilisants, permet un stockage beaucoup plus facile que l'hydrogène, et bénéficie d'une

1 Vanina Delmas, « La lutte électrique du peuple kali'na en Guyane française », *Politis*, 7 décembre 2022.
2 « CEOG dément formellement les fausses informations diffusées à son encontre et renouvelle sa volonté de dialogue avec les autorités et les populations locales », communiqué de presse de CEOG, 7 novembre 2022.
3 Enzo Dubesset, « En Guyane, la lutte d'un peuple amérindien contre une centrale électrique », *La Croix*, 24 novembre 2023.
4 AIE, « Global Hydrogen Review 2023 », p. 42.

infrastructure déjà en place[1]. Il semble pourtant peu raisonnable de tirer sur la demande de cette industrie chimique particulièrement polluante ! Une centrale électrique qui fonctionne à partir d'un ammoniac produit dans les conditions actuelles rejette deux fois plus de CO_2 dans les airs qu'une centrale à charbon, pourtant réputée pour son bilan carbone désastreux, et trois fois plus qu'une centrale à gaz[2].

Sur le papier, l'idée mise en avant consiste évidemment à faire fonctionner les centrales électriques à partir d'ammoniac « vert » ou « bleu », issu d'un hydrogène lui-même « vert » ou « bleu », et donc fabriqué par une industrie hydrogène bas-carbone qui n'existe pas encore. En outre, insistons sur le fait que l'ammoniac est une substance toxique, corrosive, inflammable et explosive, et sa combustion risque donc de contribuer à générer des pics de pollution à base d'oxydes d'azote, toxiques, et de libérer du protoxyde d'azote (N_2O), un terrible gaz à effet de serre[3].

Sous terre, des capacités de stockage limitées

Les centrales électriques qui fonctionnent à partir de piles à combustible rendent le lissage des variations de puissance propres aux énergies éoliennes et solaires possibles, et peuvent ainsi transformer ces énergies dites « intermittentes » en énergies dites « pilotables ». Ce pouvoir prométhéen dépend d'une autre brique technique : la mise en place d'une infrastructure de stockage massif d'hydrogène sous la terre.

1 Voir « L'hydrogène n'est pas une énergie décentralisée », p. 220.
2 AIE, « The Role of Low-Carbon Fuels in the Clean Energy Transitions of the Power Sector », 2022, p. 10.
3 AIE, « Global Hydrogen Review 2023 », p. 41.

Le stockage souterrain de grands volumes d'hydrogène est moins risqué que le recours aux bouteilles sous pression; l'oxygène de l'air, qui peut jouer le rôle de comburant en cas de fuite d'hydrogène, est absent en profondeur, et les risques d'agressions externes (tornade, incendie, attentat) sont nuls. Il existe deux principales zones de stockage souterrain envisagées : des cavités de sel, ou bien des roches poreuses, criblées de petits trous au sein desquels les molécules H_2 pourraient se loger, comme on en trouve dans les réservoirs de pétrole ou de gaz épuisés. Il existe toutefois trop peu de données scientifiques pour miser pleinement sur cette deuxième option[1].

Les cavités salines, creusées artificiellement dans des dépôts géologiques de sel à quelques centaines de mètres de profondeur, représentent donc le mode de stockage souterrain le plus adapté aux caractéristiques de l'hydrogène. « Le sel est un matériau incroyable, c'est ce qu'on a de plus imperméable. La confiance concernant les cavités salines est justifiée », commente Thomas Le Guenan, ingénieur de recherche spécialiste des risques du sous-sol au Bureau de recherches géologiques et minières (BRGM). Mais les potentiels de stockage par cavernes salines sont mal répartis à l'échelle mondiale, puisqu'ils sont surtout situés en Amérique du Nord et en Europe, et les capacités totales sont trop limitées par rapport aux ambitions de la

1 Les premières données disponibles sont d'ailleurs peu encourageantes. Dans le cadre d'un projet pilote en Autriche en 2016, après avoir introduit un mélange gazeux contenant 10 % d'hydrogène dans un ancien réservoir de gaz, seul 80 % du volume d'hydrogène injecté a été récupéré. Le reste a réagi avec les molécules environnantes, a fui, ou a été converti par des bactéries productrices de méthane. Voir : AIE, « Global Hydrogen Review 2023 », p. 119.

filière[1]. Il existe aujourd'hui une centaine de cavités dédiées au gaz fossile, ce qui représente 10 % de la capacité de stockage du méthane à l'échelle mondiale. Mais même si l'ensemble de ces sites étaient convertis au stockage de l'hydrogène, de nouvelles cavités devraient être creusées ; la molécule H_2 prend trois à quatre fois plus de place que le gaz fossile (à pression et quantité d'énergie équivalentes)[2]. Or, la mise en place d'une nouvelle cavité ne se fait pas du jour au lendemain. Il faut en effet forer des dômes de sel, puis injecter d'immenses volumes d'eau sous la terre pour dissoudre le sel, ce qui prend des mois, voire des années pour les cavernes de centaines de milliers de mètres cubes[3]. Pour atteindre la neutralité carbone en 2050, d'après le scénario de l'Agence internationale de l'énergie, il faudrait des volumes de stockage d'hydrogène en cavités salines quasiment cent fois plus importants que ceux qui ont été annoncés jusqu'à présent[4].

Avant de creuser de gigantesques trous pour abriter des molécules H_2 produites en masse, soulignons que les rapports de l'AIE, de même que les autres études d'« expert·es », reposent sur une hypothèse : celle du développement nécessaire d'un marché mondial de l'hydrogène. Ce postulat mérite d'être interrogé.

---

1 Irena, « Global hydrogen trade to meet the 1.5°C climate goal », *op. cit.*, p. 107.
2 AIE, « Global Hydrogen Review 2023 », p. 120.
3 Ineris, « État des connaissances sur le stockage de l'hydrogène en cavité saline et apport du projet ROSTOCK-H », octobre 2021.
4 AIE, « Global Hydrogen Review 2023 », p. 120.

L'HYDROGÈNE GLOBAL

Sur une scène ornée par deux jolies compositions florales, sept hommes en costumes, dont les teintes varient du bleu nuit au gris anthracite, et une femme en robe blanche se passent le micro. Au début de l'automne 2023, industriels, entrepreneur·es, scientifiques et autres professionnel·les lié·es au secteur de l'hydrogène se sont donné rendez-vous à Belfort pour la deuxième édition du salon français dédié à cette industrie en plein essor. Les discussions de la plénière d'ouverture tournent autour des infrastructures de transports et de stockage à mettre en place pour favoriser les échanges entre les futurs pays producteurs de la molécule totem et les futurs pays consommateurs. Depuis son siège en bois, jambes croisées, Philippe Boucly, le président de France Hydrogène que je ne présente plus, prend la parole. « On imagine produire de l'hydrogène depuis le Maroc, la Mauritanie, l'Égypte, puis l'importer en Europe, alors que le mix électrique de ces pays n'est pas décarboné et que la base industrielle demande à être développée. Moi j'appelle ça... du néocolonialisme vert ! » Des interjections se font entendre dans la pénombre de la salle, mais voilà que les deux animateurs de la table ronde, tels des chiens de garde, sont déjà passés au sujet suivant.

Le soupçon du néocolonialisme vert

Le « colonialisme vert » peut se définir comme « l'extension des relations coloniales de pillage et de dépossession (ainsi que de déshumanisation de l'autre) à l'ère des énergies renouvelables », résume le chercheur et militant Hamza Hamouchene dans l'ouvrage collectif *Dismantling Green Colonialism*, qu'il a codirigé[1]. Dans cette nouvelle forme de domination, « les besoins énergétiques d'une certaine région du monde sont rendus prioritaires par rapport à d'autres ». Les ressources pour répondre à ces besoins viendront de pays comme la République démocratique du Congo, la Bolivie, le Chili, l'Indonésie et le Maroc, liste le chercheur, « où la destruction de l'environnement et l'exploitation des travailleurs et travailleuses vont se poursuivre et même s'intensifier ». Face aux pays riches du Nord, « les économies des périphéries, du Sud, sont placées dans une position subordonnée de fournisseurs de ressources naturelles bon marché et de réservoirs de main-d'œuvre pas chère », développe Hamza Hamouchene.

L'Allemagne est au cœur des critiques. « C'est le premier pays, dès 2017, à avoir forgé une stratégie qui vise à chercher de l'hydrogène... partout ailleurs. J'ai dénombré 42 programmes diplomatiques dédiés à l'hydrogène entre l'Allemagne et un pays tiers en septembre 2023. À titre de comparaison, la France en comptait 8, et j'inclus l'Espagne et le Portugal », contextualise Mikaa Mered, chercheur indépendant sur les enjeux relatifs

1 Hamza Hamouchene et Katie Sandwell (dir.), *Dismantling Green Colonialism. Energy and Climate Justice in the Arab Region*, Pluto Press, 2023.

à la géopolitique de l'hydrogène et coordinateur du pôle hydrogène pour le Medef[1]. À elle seule, l'Allemagne compte importer entre 50 % et 70 % de son hydrogène à horizon 2030, dont une grande partie devrait provenir de Namibie, son ancienne colonie, d'Afrique du Sud et de la République démocratique du Congo. La stratégie hydrogène de l'Union européenne dans son ensemble, qui vise à importer 10 millions de tonnes d'hydrogène bas-carbone dès 2030, risque également de provoquer des dérives néocoloniales. Pour s'approvisionner, l'Union européenne cible les pays de la région du Moyen-Orient et de l'Afrique du Nord (MENA) – l'Égypte et le Maroc étant particulièrement entreprenants –, mais regarde aussi du côté de l'Afrique australe et même de l'Amérique du Sud.

Avant de disséquer la menace néocoloniale qu'incarne la politique énergétique européenne vis-à-vis des pays du Sud global[2], il est important de comprendre que l'« ère des énergies renouvelables » étend « les relations coloniales de pillage et de dépossession » entre les États qui appartiennent à la même grande région désignée sous l'acronyme MENA, qui se compose de pays dont les différences de richesses sont abyssales.

1 Entretien avec Mikaa Mered en marge du forum Hydrogen Business For Climate à Belfort, le 3 octobre 2023.
2 La notion de « Sud global » englobe un ensemble de pays très hétérogènes d'Asie, d'Afrique, d'Amérique du Sud, des Caraïbes, qui subissent les effets néfastes de la mondialisation (pillage de leurs matières premières, nouvelles formes d'exploitation, migrations et urbanisation massive). Bien que contestable, je choisis d'utiliser cette notion dans la suite du chapitre parce qu'elle est « centrée sur la production du savoir par les subjectivités subalternes du monde globalisé » et qu'elle « se présente comme un retour aux sources de la critique postcoloniale ». Lorenzo Ravano, « La notion de *global South* et l'histoire de la pensée politique », *Crisol*, n° 16, 2021.

La domination des pétromonarchies du Golfe

Fin novembre 2023, la 28e réunion annuelle des Nations unies sur le climat (COP 28) se tient à Dubaï, aux Émirats arabes unis, sous la présidence de Sultan al-Jaber, directeur général de la compagnie pétrolière publique Abu Dhabi National Oil Company. Malgré leur intention de produire et de vendre du pétrole et du gaz aussi longtemps qu'il existera une demande[1], les pétromonarchies de la région occupent une position de premier plan dans les débats internationaux sur la politique énergétique et la lutte contre le réchauffement climatique. Les investissements massifs que ces pays riches en hydrocarbures flèchent dans les secteurs du captage de carbone, de l'énergie solaire et de l'hydrogène participent au verdissement de leur image sur la scène internationale.

L'hydrogène bleu, qui associe une unité de captage de carbone à une usine de fabrication d'hydrogène fossile, permet carrément aux États du Golfe (en particulier les Émirats arabes unis, l'Arabie Saoudite, le Koweït, Bahreïn, Oman et le Qatar) de poursuivre leurs activités d'extraction et de production de pétrole et de gaz tout en se targuant d'agir pour le climat. L'Arabie Saoudite fut ainsi le premier pays au monde à exporter une cargaison d'hydrogène bleu (sous la forme d'ammoniac, plus commode à transporter sur de longues distances) vers la Corée du Sud en décembre 2022, par le biais de la compagnie

---

1 Christian Henderson, « Unjust Transitions: The Gulf States' Role in the "Sustainability Shift" in The Middle East and North Africa », dans Hamza Hamouchene et Katie Sandwell (dir.), *Dismantling Green Colonialism*, *op. cit.*

pétrolière nationale Saudi Aramco[1]. Outre l'hydrogène bleu, les pétromonarchies engagent aussi des projets monstrueux, par leur taille et leurs conséquences sur les vies humaines, dans le domaine de l'hydrogène renouvelable. En Oman, par exemple, le gouvernement a décidé de dédier 50 000 kilomètres carrés à la production d'hydrogène, ce qui représente près d'un sixième de l'ensemble du pays[2]. Dans les zones arides de la région de Golfe, la mise à disposition de 10 litres d'eau pure (ce qui nécessite 20 à 30 litres d'eau de mer) par kilogramme d'hydrogène fabriqué risque de concurrencer les besoins en eau pour l'agriculture et la population[3]. Soulignons d'ailleurs que le dessalement de l'eau, un processus énergivore, représente déjà 20 % de la consommation d'énergie de l'Arabie Saoudite[4].

Au-delà de la consommation d'eau et de surface au sol, certaines molécules H_2 provenant de la région du Golfe auront l'odeur de sang. Dans le nord-ouest du royaume d'Arabie Saoudite, 600 tonnes d'hydrogène renouvelable devraient être produites chaque jour, puis exportées sous forme d'ammoniac, depuis la mégalopole futuriste Neom en cours de construction dans la province désertique de Tabuk, où vit la communauté des Howeitat depuis plusieurs siècles. Le 13 avril 2020, Abdou Rahim al-Howeiti est abattu par les forces de l'ordre après avoir critiqué les expulsions et avoir refusé de quitter sa maison.

1 « World's First Commercial Shipment of Blue Hydrogen Delivered to Korea », maritime-executive.com, 18 décembre 2022.
2 « Agreements signed for $20billion of green hydrogen projects », communiqué de presse du ministère des Affaires étrangères d'Oman, 1er juin 2023.
3 « The dirty truth about the EU's hydrogen push », *op. cit.*
4 Christian Henderson, « Unjust Transitions », *op. cit.*

Deux ans plus tard, en octobre 2022, trois membres du groupe des Howeitat sont condamnés à mort par des tribunaux d'exception saoudiens pour avoir protesté contre l'expulsion forcée de leur tribu[1]. Pas de quoi freiner l'appétit européen ! L'Arabie Saoudite a scellé des accords de coopération dans le domaine de l'hydrogène avec l'Allemagne, la France et les Pays-Bas. Frans Timmermans, alors vice-président de la Commission européenne, s'y est même rendu en mars 2023 avec Kadri Simson, commissaire européenne à l'Énergie, pour discuter d'une coopération possible dans le domaine de l'hydrogène[2].

Carrefour du « capitalisme fossile mondialisé », les pays du Golfe confortent ainsi leur place au centre du régime mondial de l'énergie en s'assurant de vendre leurs productions « vertes » sur le marché mondial. Le cas de Saudi Aramco est emblématique. En 2022, la société pétrolière du royaume saoudien annonce avoir amassé près de 150 milliards d'euros, le plus gros bénéfice de l'histoire de l'industrie pétrolière, supérieur aux résultats *combinés* des géants pétroliers occidentaux Shell, BP, ExxonMobil et Chevron. Cette force de frappe financière permet aux États du Golfe d'acquérir des actifs dans le secteur des énergies renouvelables et de l'hydrogène en Égypte, en Tunisie, au Maroc ou en Jordanie. Autre exemple : les Émirats arabes unis ont pu signer une proposition pour investir dans deux sites de production d'hydrogène vert en Égypte, sur les côtes de la Méditerranée et de la mer Rouge, par le biais de l'entreprise nationale

---

1 Jean-Luc Mounier, « En Arabie saoudite, la mégalopole du futur Neom engendre déjà ses condamnés à mort », france24.com, 14 octobre 2022.
2 « The dirty truth about the EU's hydrogen push », *op. cit.*

Masdar ; la branche d'investissement de Masdar possédant plus de 18 milliards d'euros d'actifs sur le marché mondial des énergies renouvelables[1].

Par l'investissement et l'octroi de prêts dans des projets de production d'électricité renouvelable et d'hydrogène situés dans des pays d'Afrique du Nord, les États du Golfe exercent « une force semi-périphérique, voire sous-impérialiste[2] » au sein de la région du MENA. Le chercheur en économie politique Christian Henderson prend l'exemple de l'Égypte, à laquelle l'Arabie Saoudite, les Émirats arabes unis et le Koweït ont accordé une aide d'environ 30 milliards de dollars entre 2014 et 2016. « Ce flux d'argent a joué un rôle central dans la restauration d'un régime autoritaire dans le pays arabe le plus peuplé, permettant le règne du président Abdelfattah al-Sissi et la stabilisation du pays dans la phase contre-révolutionnaire, après la révolution de 2011 », développe-t-il[3]. En somme, les États pétroliers du Golfe, nettement plus riches que leurs voisins, « participent à la capture et au siphonnage de la plus-value au niveau régional, reproduisant des relations d'extraction, de marginalisation et d'accumulation par dépossession, de type "centre/périphérie" », explique Hamza Hamouchene[4]. À la domination exercée par ces pays au niveau régional se superposent « des relations

1 Christian Henderson, « Unjust Transitions », *op. cit.*
2 Hamza Hamouchene et Katie Sandwell (dir.), *Dismantling Green Colonialism, op. cit.*
3 Christian Henderson, « Unjust Transitions », *op. cit.*
4 Hamza Hamouchene, « The Energy Transition in North Africa: Neocolonialism Again! » dans Hamza Hamouchene et Katie Sandwell (dir.), *Dismantling Green Colonialism, op. cit.*

d'extraction, de marginalisation et d'accumulation par dépossession » entre les pays du Nord et les pays du Sud global.

Le Sahara au service de la gabegie énergétique européenne

Perchée en haut d'une dune de sable qui serpente vers l'infini, la silhouette d'un homme aux cheveux blancs se dessine au milieu d'un paysage désertique de Mauritanie. Imprimée dans l'ouvrage *Heroes of Hydrogen 2022*, publié par le lobby Hydrogen Europe, la photographie illustre le portrait consacré à Thierry Lepercq, l'entrepreneur français de l'hydrogène solaire rencontré dans le premier chapitre[1]. « L'Afrique sera l'endroit où on va produire l'hydrogène. C'est toujours la même logique : de l'espace, des coûts au plus bas, une industrie qui veut se développer. On est loin de la production locale sympathique. Mais seule cette logique-là peut nous permettre de répondre à l'urgence de remplacer extrêmement rapidement les combustibles fossiles. Sans quoi l'espèce humaine est *over* », m'explique-t-il lors de notre rencontre dans les beaux quartiers de Paris.

Ce n'est pas la première fois que les ressources naturelles des zones désertiques que sont le soleil et le vent suscitent les convoitises d'entrepreneurs et d'industriels européens. En témoigne le projet « Desertec », lancé en 2009 en Allemagne, puis abandonné après plusieurs années de controverses sur son coût faramineux et ses relents néocoloniaux. Soutenu par des

1 Justin Jin, *Heroes of Hydrogen*, Hydrogen Europe, 2022, p. 48-49.

industriels et institutions financières d'Europe, il consistait à couvrir une partie de la surface du désert du Sahara de centrales solaires thermiques, de parcs photovoltaïques et de fermes éoliennes, puis d'envoyer tout le flux d'électrons produits vers l'Europe via des câbles électriques spéciaux qui auraient traversé la Méditerranée. Derrière ce projet se cachait une vision simpliste du Sahara – qui s'étire pourtant sur 8 600 000 km^2 (soit quinze fois la France) et traverse 11 territoires différents – en tant que vaste espace uniforme, peu peuplé, et jouissant d'une insolation idéale pour produire de l'énergie solaire en abondance. « Ce récit trompeur ignore les questions de propriété et de souveraineté et masque les relations internationales hégémoniques qui facilitent l'épuisement des ressources, la privatisation des terres et des ressources communes et la dépossession de communautés. Même lorsque la population est clairsemée, les paysages et les territoires traditionnels sont ancrés dans les cultures et les communautés. Les droits et la souveraineté des peuples doivent être respectés dans toute transformation socio-écologique » écrit Hamza Hamouchene[1].

Depuis 2019, le projet Desertec renaît de ses cendres à la faveur du miracle hydrogène. Desertec 3.0 (c'est son nouveau nom) vise toujours à transformer la vaste région d'Afrique du Nord et du Moyen-Orient en « une "centrale" d'énergie zéro émission au service des marchés énergétiques mondiaux », cette fois plus seulement en produisant de l'électricité, mais aussi en implantant des électrolyseurs pour fabriquer de l'hydrogène[2].

---

1 Hamza Hamouchene, « The Energy Transition in North Africa », *op. cit.*
2 « About us », dii-desertenergy.org, consulté le 3 décembre 2023.

« L'idée n'est plus d'exporter l'énergie par des câbles électriques comme c'était prévu dans la première mouture du projet, mais par le biais de canalisations ou par voie maritime », souligne le spécialiste en géopolitique hydrogène Mikaa Mered. L'exportation reste donc au cœur de la stratégie portée par Dii Desert Energy, un lobby industriel international basé à Dubaï qui promeut l'exploitation des ressources énergétiques des zones désertiques de la région du MENA, et dont les membres se composent notamment des sociétés françaises TotalEnergies, EDF, Engie ainsi que d'autres pétroliers et énergéticiens d'Europe et d'ailleurs[1].

Tirant des leçons de l'échec passé, les promoteurs de la version 3.0 de Desertec prennent toutefois soin de préciser que la production d'énergie sera exportée sur les marchés mondiaux « une fois que les besoins nationaux auront été suffisamment satisfaits par une énergie sans émissions ». Peut-on seulement y croire ? Prenons le cas de l'Égypte, qui compte le plus grand nombre de projets hydrogène de la région et se positionne comme future « plaque tournante » du marché mondial du vecteur d'énergie[2]. D'après des estimations menées par la Banque européenne d'investissement, l'Alliance solaire internationale et l'Union africaine[3], les besoins en hydrogène des industries du

1 « Partners », dii-desertenergy.org, consulté le 27 mai 2024.
2 MENA Hydrogen Alliance, « Hydrogen developments and opportunities in the MENA region », 2023, p. 4.
3 Corporate Value Associates (CVA), « Africa Solar Hydrogen Project (ASHyP). Solar2Hydrogen system design and contribution to decarbonization for the COP27 », étude commandée par la Banque européenne d'investissement, l'Alliance solaire internationale et l'Union africaine, décembre 2022.

« hub égyptien » s'élèveraient seulement à 2,5 millions de tonnes par an à horizon 2030. Si le gaz hydrogène est peu exploitable localement, signalons que l'électricité renouvelable, finalement fléchée vers la fabrication des molécules H_2, aurait été fort utile pour la sphère économique égyptienne. La consommation d'électricité a en effet grimpé de 140 % depuis les années 2000 dans le pays, et la génération des électrons repose quasi exclusivement sur l'exploitation de centrales thermiques fossiles[1].

Mais peu importe ! Sur les 10 millions de tonnes d'hydrogène que l'Égypte pourrait produire en 2030, cette étude évalue donc que 7 millions pourraient être vendues à l'international. « D'autant plus que nos amis égyptiens ne semblent pas intéressés par l'utilisation locale ! Mais nous insistons auprès d'eux pour que leurs industries bénéficient de l'hydrogène en premier ! En tant qu'Européen, je pense qu'il est important d'insister sur ce point, sinon nous risquons de mettre en place un système néocolonial », défend Jorgo Chatzimarkakis, le président d'Hydrogen Europe. En suivant la logique de M. Chatzimarkakis, en plus des lourds investissements nécessaires pour bâtir les infrastructures de production et de transport de l'hydrogène vert, les industriels et les gouvernements de la région devraient également prévoir de grosses dépenses pour adapter leurs usines à la molécule H_2. Voire carrément pour remplacer les procédés existants, comme dans le secteur de la sidérurgie. Sous un angle économique, contraindre les futurs exportateurs d'hydrogène comme l'Égypte à le consommer localement risque plutôt de renforcer la menace

1 Observatoire de la sécurité des flux et des matières énergétiques, « Les enjeux énergétiques en Afrique du Nord : focus sur l'Égypte », 2021, p. 7.

néocoloniale via une dépendance financière à l'égard de prêts multilatéraux contractés en monnaie étrangère. « Cette dépendance aux devises fortes (le dollar par exemple) expose les pays à une plus forte vulnérabilité financière. En situation de crise financière qui s'accompagne d'une dépréciation de leur monnaie, le service de la dette s'alourdit, augmentant leur probabilité de défaut de payement et rendant ces pays vulnérables aux *sudden stops* [un effondrement massif et inattendu des flux de capitaux] », expliquent les économistes Delphine Lahet et Stéphanie Prat dans le média de vulgarisation scientifique *The Conversation*[1]. En Afrique australe, la Namibie illustre bien les risques d'endettement en monnaie étrangère que représente l'implantation de l'industrie très capitalistique qu'est l'hydrogène.

L'ambitieux plan de la Namibie pour décarboner l'Allemagne

Située dans le sud-ouest de l'Afrique, la Namibie est un pays de 2,5 millions d'habitant·es, marqué par une colonisation allemande courte (de 1884 à 1915) mais violente. Jouant sur les rivalités ethniques interne au pays, les colons allemands ont perpétré le premier génocide du XXe siècle, décimant les Herreros et les Namas entre 1904 et 1908[2]. Mais, aux yeux de l'Europe, la Namibie représente surtout un territoire constitué de vastes

1 Delphine Lahet et Stéphanie Prat, « Pourquoi les pays émergents et en développement émettent-ils encore de la dette en dollars et en euros ? », theconversation.com, 21 janvier 2021.
2 « La Namibie, histoire d'une colonie allemande », *France Culture*, 8 janvier 2020.

déserts ensoleillés et balayés par des vents puissants, idéal pour alimenter l'Occident en énergies renouvelables. « Nous voulons avoir une énergie propre. Et vous disposez de toutes les ressources en abondance. Alors faisons équipe ! » a déclaré Ursula von der Leyen, présidente de la Commission européenne, au président namibien Hage Geingob lors de la COP 27 de 2022 en Égypte. Le gouvernement namibien, qui fonde sa stratégie économique sur le développement de l'énergie solaire et éolienne destinée à l'exportation, souhaite investir l'équivalent de 18 milliards d'euros dans l'hydrogène vert, soit plus que son PIB de 11 milliards d'euros en 2022[1].

Le projet le plus emblématique du pays, dont le gigantisme séduit l'Europe, devrait permettre de produire massivement de l'hydrogène et de l'ammoniac vert avant la fin de la décennie. Située au cœur du parc national Tsau ǁKhaeb, qui abrite une vie animale et végétale flamboyante, la colossale infrastructure recouvrirait 4 000 km² (soit trente-huit fois la ville de Paris). Il est prévu que l'eau soit pompée dans la mer, puis dessalée, avant d'être envoyée dans des canalisations jusqu'à des électrolyseurs connectés à des champs solaires et éoliens. Une autre canalisation devrait ensuite acheminer l'hydrogène, préalablement compressé, vers une autre usine chimique pour le transformer en ammoniac, plus commode à transporter sur de très grandes distances, lui-même transféré par pipelines dans des navires dédiés à l'exportation sous forme liquéfiée[2].

---

1 Oxpeckers, « Shades of green hydrogen: EU demand set to transform Namibia », climatechangenews.com, 15 novembre 2023.
2 Site internet hyphenafrica.com, consulté le 1er décembre 2023.

D'après une investigation menée par les médias *Climate Home News* et *Oxpeckers*, le gouvernement a choisi de confier ce giga projet estimé à 9 milliards d'euros à la société Hyphen Hydrogen Energy. Cette coentreprise associe Enertrag, un fournisseur d'énergie renouvelable basé en Allemagne, avec Nicholas Holdings Limited, un fonds d'investissement enregistré dans les îles Vierges britanniques, un paradis fiscal, et détenant sa participation dans Hyphen via un fonds commun de créances basé à Maurice, également connue pour ses règles fiscales peu contraignantes. S'il se concrétise, le complexe industriel nécessitera également de construire un nouveau port (ce qui représente l'équivalent de 2 milliards d'euros), ainsi qu'une toute nouvelle ville prête à accueillir une main-d'œuvre de 15 000 personnes, doublant ainsi la population actuelle de la ville voisine de Lüderitz. Hyphen prétend embaucher 90 % de Namibien·nes (dont un tiers de jeunes), mais cette promesse s'avère irréaliste, étant donné que les profils recherchés (formés en ingénierie ou en construction) ne sont pas disponibles localement, comme le démontre l'enquête précitée[1].

À travers sa Banque européenne d'investissement, l'Union européenne pourrait prêter jusqu'à 500 millions d'euros au gouvernement namibien pour financer ce type de projets[2], s'octroyant en échange la garantie de compter parmi les clients

1 Oxpeckers, « Shades of green hydrogen », art. cit.

2 On en est au stade de la déclaration politique : seule une « déclaration commune » entre le président de la BEI, Werner Hoyer, et le président namibien, Hage Geingob, concernant « un prêt potentiel » a été signée. « EIB to support green energy in Namibia », Communiqué de presse de la Banque européenne d'investissement daté du 16 novembre 2022.

prioritaires de la Namibie. « Dans une logique non colonialiste, il faudrait s'assurer que le développement de projets d'hydrogène vert n'engage pas la Namibie dans un système d'endettement en monnaies étrangères tout en développant les capacités industrielles du pays. Ce n'est pas du tout l'horizon qui se dessine. L'hydrogène vert est une industrie extrêmement capitalistique, et ni les capitaux ni les technologies ne sont disponibles en Namibie », explique Ndongo Samba Sylla, économiste et coauteur d'un article sur le plan hydrogène de la Namibie et les risques socio-économiques associés[1].

Dans ce pays d'Afrique australe, confronté à des vagues de sécheresse qui s'aggravent avec le réchauffement climatique, la population souffre de la soif et de la faim de manière récurrente[2], et moins de la moitié des Namibien·nes ont accès à l'électricité[3]. « Il faudrait commencer par électrifier le pays et se questionner sur la pertinence d'utiliser des réserves d'eau pour le secteur de l'hydrogène plutôt que pour la population », relève Ndongo Samba Sylla. En outre, la Namibie ne compte pas d'industries chimiques ou pétrochimiques sur son territoire qui pourraient bénéficier de cette production d'hydrogène au niveau local[4].

---

1 Entretien en visio avec Ndongo Samba Sylla, le 7 novembre 2023. Voir aussi : Daniela Gabor et Ndongo Samba Sylla, « Derisking Developmentalism: A Tale of Green Hydrogen », *Development and Change*, 2023.

2 Chloé Sartena, « Dans l'est de la Namibie, une sécheresse historique affame hommes et bêtes », *Le Monde*, 11 septembre 2019.

3 Agence française de développement et Groupe de la Banque mondiale, « Accès à l'électricité en Afrique subsaharienne. Adoption, fiabilité et facteurs complémentaires d'impact économique », 2020, p. 13.

4 Corporate Value Associates (CVA), « Africa Solar Hydrogen Project (ASHyP) », *op. cit.*

Plus généralement, l'argent injecté dans l'hydrogène détourne ces fonds d'autres mesures climatiques indispensables, comme l'électrification du pays par le biais de sources renouvelables, le passage à une agriculture de type agroécologique, la mise en place de services de transport en commun ou la construction de bâtiments efficaces d'un point de vue énergétique. « Si ces plans se concrétisent, ils représenteront la dernière ponction néocoloniale de ressources, à une époque où les ressources renouvelables devraient être utilisées pour les besoins énergétiques locaux et pour atteindre les objectifs climatiques locaux, plutôt que d'aider l'UE à sauvegarder sa sécurité énergétique et à mettre en œuvre sa stratégie climatique », tranche Hamza Hamouchene[1]. Au-delà de la région du MENA et de l'Afrique australe, l'Union européenne envisage de se fournir en hydrogène jusqu'en Amérique du Sud, voire jusqu'en Australie, pour sécuriser ses approvisionnements et atteindre ses propres objectifs de décarbonation[2].

L'hydrogène n'est pas une énergie décentralisée

Un planisphère criblé de flèches orange, dont la plupart se dirigent vers l'Europe, orne la couverture du rapport qui défend la vision, désormais dominante, de la manière selon laquelle

1 Hamza Hamouchene, « The Energy Transition in North Africa », *op. cit.*
2 Joint Research Centre, « Assessment of Hydrogen Delivery Options », Commission européenne, 2021 ; et John Ainger et Maria Tadeo, « Australia Is Boosting Hydrogen Exports to EU as Part of Green Push », bloomberg.com, 31 janvier 2023.

le « commerce international de l'hydrogène » doit se développer[1]. Le ton est donné par le Hydrogen Council, un groupe de près de 150 industriels du gaz et du pétrole, de l'automobile et autres banquiers et sociétés d'investissement, lancé par l'ancien PDG d'Air Liquide, Benoît Poitier, à l'occasion du Forum économique mondial de Davos de 2017[2]. C'est le lobby mondial de la filière qui promeut les intérêts de ses membres en défendant l'émergence de la fameuse « économie de l'hydrogène ».

L'association professionnelle rêve d'une planète quadrillée par une quarantaine de routes d'import-export d'hydrogène et de ses dérivés. Le transport du vecteur d'énergie sur les distances les plus courtes, de l'ordre du millier de kilomètres, serait rendu possible par la mise en place de canalisations spéciales, des « hydrogénoducs ». Les échanges sur plusieurs milliers de kilomètres seraient opérés par des navires spécialement conçus pour transporter des produits hydrogéniques. D'après l'Agence internationale de l'énergie, l'Australie concentre à elle seule la moitié du volume mondial d'hydrogène et de ses dérivés spécifiquement dédiés à l'exportation. Sa position géographique à proximité du marché asiatique s'avère idéale, la Corée du Sud et le Japon se positionnant en tant que futurs grands importateurs de produits hydrogéniques. Le continent américain (États-Unis et Chili) représenterait l'autre principal pôle d'exportation mondial d'hydrogène en volume.

1 Hydrogen Council et McKinsey&Company, « Global Hydrogen Flows: Hydrogen trade as a key enabler for efficient decarbonization », octobre 2022.
2 Parmi les membres, on retrouve par exemple TotalEnergies, Saudi Aramco, BP, Shell, Equinor, ainsi que General Motors, Honda, BMW, Toyota, d'après les données disponibles sur le site d'Hydrogen Council. hydrogencouncil.com, consulté le 8 décembre 2023.

La mise en place d'un marché mondialisé de l'hydrogène s'oppose à l'utopie promue par le prospectiviste états-unien Jeremy Rifkin ; celle d'un vecteur d'énergie émancipateur pour les territoires, où les sites de production seraient localisés à proximité de « hubs industriels » dont les besoins en hydrogène sont importants, ou bien de zones urbaines fortement dotées en mobilité hydrogène. Même si l'Union européenne et les industries de la filière ont lancé un site internet pour promouvoir la vision rifkinienne, les « vallées hydrogène[1] » ne concernent en réalité qu'une minorité de projets en développement[2]. D'après les estimations du lobby mondial, pour optimiser au mieux les prix sur le marché international de l'hydrogène d'ici à 2050, 60 % de l'ensemble des produits hydrogéniques devront être transportés sur de longues distances, par pipeline ou par bateau, ce qui devrait représenter un flux annuel de 440 millions de tonnes. « Pour l'instant, je constate qu'il n'existe pas d'offre technologique à la portée des citoyen·nes ordinaires (le petit patronat ou le monde agricole par exemple). J'irais même plus loin : on s'est servi du discours de la reterritorialisation de l'énergie pour nourrir un projet de nature industrielle », analyse Fabrice Flipo, philosophe des sciences[3].

1 Le partenariat public-privé « Clean Hydrogen Partnership », axé sur l'innovation et la recherche dans les technologies de l'hydrogène en Europe, a créé une carte interactive pour recenser les projets de « vallées hydrogène » à travers le monde. Voir : « Hydrogen Valleys », h2v.eu, consulté le 15 décembre 2023.
2 « Depuis 2021, l'investissement dans la production d'hydrogène est dominé par un nombre relativement faible de très grands projets. » AIE, « Global Hydrogen Review 2023 », p. 129.
3 Entretien avec Fabrice Flipo, le 5 mai 2023.

« Pipeliner » avec l'argent du contribuable

Pour réaliser les ambitions d'import-export au sein du marché européen, une trentaine de compagnies spécialisées dans le transport et la distribution du gaz en Europe, dont les françaises GRTgaz et Teréga, ont lancé « l'initiative de la dorsale européenne de l'hydrogène ». Un projet titanesque qui consiste à mettre en place un réseau de canalisations hydrogène traversant 28 pays européens. « Notre vision consiste à déployer 30 000 kilomètres de canalisation en 2030, puis d'aboutir sur un réseau de 53 000 kilomètres d'ici à 2040 qui reliera les zones de production d'hydrogène compétitives avec des zones de forte demande, comme l'Allemagne. Il y aura des projets de dimension locale, par exemple le projet "HySoW", porté par Teréga, qui vise à relier l'Occitanie et la Nouvelle-Aquitaine, et d'autres d'ampleur plus européenne, tels que "H_2Med" entre l'Espagne et l'Allemagne via la France », développe Marie-Claire Aoun, directrice chargée de la prospective et des relations institutionnelles chez Teréga et présidente de Gas For Climate, un consortium qui regroupe une dizaine d'industriels du gaz à l'origine du projet de la dorsale hydrogène[1].

D'après les plans des industriels, de nombreux tuyaux partiraient de l'Afrique du Nord en direction de l'Allemagne ; une partie traverserait l'Espagne et la France, le reste parcourrait l'Italie et l'Europe centrale. D'autres hydrogénoducs relieraient les pays Baltes et scandinaves, dotés de riches ressources

1 Au cours d'une table ronde du forum Hydrogen Business For Climate à Belfort, le 3 octobre 2023.

éoliennes, vers les pays demandeurs, Allemagne, Belgique, Pays-Bas en tête. Plus à l'est, les gestionnaires des gazoducs européens imaginent transporter l'hydrogène depuis la Grèce ou l'Ukraine via la Bulgarie, la Roumanie, la Hongrie, la Slovaquie et l'Autriche vers l'Europe centrale.

Contrairement au réseau de gaz fossile, qui s'étire sur 1,4 million de kilomètres à travers le monde, les canalisations hydrogène sont quasi inexistantes. Pourtant, seulement 40 % de la « dorsale hydrogène européenne » exigerait la construction d'hydrogénoducs neufs. La majorité du futur réseau hydrogène reposerait en effet sur des canalisations gazières existantes que les opérateurs des réseaux de gaz promettent d'adapter à la circulation de la molécule H_2[1]. Cette forme de recyclage des infrastructures déjà en place devrait réduire le coût d'investissement total, quoique toujours faramineux. D'après les calculs des industriels eux-mêmes, le montant pour déployer le réseau d'hydrogénoducs devrait osciller entre 80 et 143 milliards d'euros, soit l'équivalent d'une fois, voire une fois et demie le PIB du Luxembourg. Enfin, si l'on s'en tient aux estimations les plus optimistes. Les prévisions des compagnies gazières, qui remontent à juillet 2020, n'intègrent pas l'inflation de ces dernières années ; la flambée des prix pourrait gonfler le budget total de plusieurs milliards d'euros supplémentaires[2].

1 Les canalisations d'hydrogène représentent aujourd'hui seulement 4 600 kilomètres et sont situées aux États-Unis et en Europe du Nord. Voir : Irena, « Global hydrogen trade to meet the 1.5°C climate goal », *op. cit.*, p. 102.
2 « European Hydrogen Backbone. Implementation roadmap – cross border projects and cost update », novembre 2023 ; et Polly Martin, « Europe's "hydro-

Dans l'espoir de justifier la pertinence d'un projet d'une telle ampleur, et grappiller des subventions et autres aides publiques, les industriels insistent sur la compétitivité des pipelines pour le transport de la molécule sur de longues distances. Selon les estimations de l'Agence internationale de l'énergie[1], la circulation de 1 kilogramme d'hydrogène gazeux au sein d'un pipeline sous terre long de 3 000 kilomètres coûterait entre 0,37 et 0,46 euro, un peu plus pour les conduites sous-marines[2]. C'est au moins six fois moins cher que le transport par camion sur une même distance[3]. « Si on additionne l'ensemble des projets annoncés d'ici à 2030, nous sommes à 28 000 kilomètres d'infrastructures de transport, ce qui est proche de la vision que nous portons ! Sauf que, point important, nous sommes encore loin des "décisions finales d'investissement"... », constate Marie-Claire Aoun.

Pour concrétiser les dizaines de milliers de kilomètres de projets, il faut d'abord rassurer les investisseur·es. Et pour

gen backbone" of cross-border pipelines will cost billions more euros than initial estimates », *Hydrogen Insight*, 24 novembre 2023.

1 AIE, « Global Hydrogen Review 2023 », p. 103-104.

2 Le prix serait 1,6 fois plus élevé pour les conduites sous-marines selon : « European Hydrogen Backbone. A European hydrogen infrastructure vision covering 28 countries », avril 2022.

3 Les coûts de transport d'hydrogène par camion aux États-Unis s'établissent autour de 0,9 €/kg (sous forme de gaz comprimé) et autour de 0,09 €/kg (sous forme liquide) pour 100 km, soit 27,48 €/kg ou 2,70 €/kg sur 3 000 km. Mais transporter l'hydrogène par fret routier sur une si longue distance n'est pas envisagé : mon calcul vise simplement à donner un ordre de grandeur (un peu grossier). Xianming Jimmy Li *et al.*, « Paths to low-cost hydrogen energy at a scale for transportation applications in the USA and China via liquid-hydrogen distribution networks », *Clean Energy*, 2020.

tranquilliser les détenteurs et détentrices des capitaux, les industriels comptent sur l'aide de l'État. Convaincue par cette réaction en chaîne, la Commission européenne souhaite intégrer à la liste des *projets d'intérêt commun et mutuel** (PIC-PIM) de nombreux potentiels tronçons de la dorsale hydrogène, tels que l'« AquaDuctus » et « H_2ercule » (des gazoducs de grande envergure en Allemagne), « MosaHYc » (entre la Sarre et la Lorraine) ou « H2med » (entre l'Espagne et l'Allemagne), ce qui les rendrait éligibles à l'obtention de fonds publics en plus d'autres garanties et facilitations administratives[1]. Est-ce bien raisonnable ? « Le besoin de consommation étant très localisé à court et peut-être même à moyen terme, la construction d'une infrastructure paneuropéenne de stockage et de transport d'hydrogène, ainsi que sa régulation sur le modèle de celle du gaz naturel comme l'envisage la Commission européenne, exposent la collectivité à des coûts échoués importants », relève Ivan Faucheux, commissaire de la Commission de régulation de l'énergie (CRE), une administration publique indépendante chargée de réguler les réseaux de gaz et d'électricité, qui sont

1 La liste contient des projets d'infrastructures énergétiques reliant les pays européens (PIC) ou l'Europe et des pays tiers (PIM), censés aider l'Union européenne à atteindre ses objectifs en matière d'énergie et de climat, en cohérence avec le Green Deal européen. Ils sont sélectionnés par la Commission, puis validés par le Parlement et le Conseil. L'obtention du statut de PIC/PIM est hautement stratégique pour les entreprises de l'énergie : il s'agit d'une condition préalable pour éventuellement bénéficier d'un financement de l'UE, et le démarrage effectif du chantier est beaucoup plus rapide (les procédures d'octroi des autorisation et l'évaluation environnementale sont accélérées). Commission européenne, « Questions et réponses sur la nouvelle liste des projets d'intérêt commun et des projets d'intérêt mutuel de l'Union dans le domaine de l'énergie », 28 novembre 2023.

des monopoles, au bénéfice des consommateurs et consommatrices françaises, et de veiller au bon fonctionnement des marchés de l'énergie en France[1]. « On ne doit pas seulement dimensionner les infrastructures aux besoins de court terme, on doit anticiper et prévoir les besoins futurs en cohérence avec la politique énergétique nationale. En tant qu'acteur privé, on peut difficilement prendre en charge les coûts relatifs à une projection politique, qui relèvent plutôt de la sphère publique, commente Anthony Mazzenga, directeur développement chez GRTGaz. La CRE adopte une position prudente, elle est dans son rôle[2]. » La vigilance reste pourtant de mise, au risque de jeter l'argent public par les hydrogénoducs. Prenons l'exemple emblématique d'H2med, un gros projet de « corridor hydrogène » supposé relier la péninsule Ibérique à l'Allemagne via la France. Outre les doutes liés à la concrétisation des annonces de méga-production d'hydrogène renouvelable, et donc à l'existence même de molécules à transporter, soulignons d'abord que le principal porteur du projet, Enagás, est coupable d'avoir surinvesti dans la construction d'infrastructures gazières inutiles en Espagne. D'après le think tank IEEFA[3], entre 2015 et 2020, alors que les taux d'utilisation des infrastructures existantes

1 Ivan Faucheux, « Hydrogène, le point de vue d'un régulateur », *Annales des Mines – Réalités industrielles*, 2022.
2 Entretien par téléphone le 20 février 2024. Je tiens à préciser que le service communication de GRTgaz a relu et validé les citations d'Anthony Mazzenga (sans les modifier). C'est un procédé que je désapprouve, mais il s'agissait d'une condition pour que j'obtienne l'entretien.
3 L'Institut d'économie énergétique et d'analyse financière (IEEFA) est un think tank états-unien spécialisé dans la transition énergétique.

étaient déjà faibles, le gestionnaire de réseau de transport de gaz espagnol a profité d'une faille dans la réglementation pour installer ou agrandir des gazoducs et d'autres systèmes de stockage de gaz. Le tout aux dépens des consommateurs et consommatrices espagnol·es, dont les factures de gaz comptent parmi les plus élevées d'Europe[1]. Comment donc faire confiance à Enagás pour mettre en œuvre un projet qui repose sur des fonds publics importants ? « Nous avons confiance dans notre partenaire », déclare Anthony Mazzenga de GRTGaz, le porteur du projet transfrontalier côté français. « Enagás est par ailleurs uniquement chargé de développer H2med sur le territoire espagnol, non pas en France », tient-il à préciser. Notons également que H2med vient remplacer le polémique projet « MidCat », un gazoduc censé transporter du gaz fossile espagnol vers la France à travers les Pyrénées. Finalement abandonné après dix ans de controverses, MidCat a fait perdre 7,3 millions d'euros au fonds public européen Connecting Europe Facility entre 2016 et 2017, selon un rapport de l'ONG les Amis de la Terre[2]. Les entreprises impliquées dans H2med, le successeur de MidCat donc, affirment pourtant bleu sur blanc sur leur site internet que « la principale source de financement devrait provenir de l'UE », estimant que le coût total tournera autour de 2,5 milliards d'euros[3].

---

1 Ana Maria Jaller-Makarewicz, « Gas in Spain: Still oversupplied and overcompensated », IEEFA, 19 septembre 2022.
2 Les Amis de la Terre, « Mythecat. Déconstruire les mythes autour du projet de gazoduc MidCat entre la France et l'Espagne », mai 2018.
3 « Frequently asked questions », h2medproject.com, consulté le 28 décembre 2023.

Le « *blending* » reste une mauvaise idée

Pour transporter de l'hydrogène en utilisant les gazoducs existants, sans même les modifier, une option existe, et séduit autant les gestionnaires de transport de gaz sur de longues distances que les industriels qui distribuent le gaz directement dans les foyers. Il s'agit du « *blending* ». La technique consiste à intégrer une certaine portion d'hydrogène (20 % maximum) au flux de gaz fossile. Mais le mélange de l'hydrogène au gaz naturel ne fait sens ni économiquement ni climatiquement, comme expliqué précédemment[1]. « En France, le *blending* n'est pas la solution empruntée. Cela n'a pas d'intérêt économique, et s'avère très complexe à mettre en œuvre », confirme Anthony Mazzenga de GRTgaz. L'idée continue toutefois de faire son chemin à l'international, comme en témoignent les études de faisabilité lancées en 2023 aux États-Unis et en Corée du Sud sur le sujet, ou la mise en place en 2022 d'un démonstrateur en Allemagne, par Linde, capable de sortir de l'hydrogène pur à partir d'un mélange hydrogène/gaz fossile[2].

De dangereux vecteurs chimiques

Lorsque les distances envisagées se chiffrent en milliers de kilomètres, les hydrogénoducs ne comptent plus parmi les moyens de transport envisageables, et l'hydrogène devrait alors circuler par voie maritime. Mais la circulation sur les océans nécessite au préalable de transformer l'H_2 gazeux en une forme plus dense. Trois pistes principales sont à l'étude, toutes gourmandes en énergie :

---

1 Voir la section « Dissoudre les atouts de l'hydrogène dans le gaz fossile », p. 191.
2 AIE, « Global Hydrogen Review 2023 », p. 117.

— la première option consiste à liquéfier l'hydrogène, un liquide étant plus facilement transportable qu'un gaz ;

— la deuxième possibilité nécessite de faire réagir l'hydrogène avec un réactif afin de créer un « liquide organique porteur d'hydrogène » (LOHC), ce qui implique de séparer l'H_2 du réactif initial une fois arrivé à destination ;

— la dernière piste se sert de l'ammoniac (NH_3), issu de la réaction entre l'azote (N) et le dihydrogène (H_2), comme « véhicule » de transport de l'hydrogène.

L'hydrogène sous forme liquide bénéficie d'une meilleure densité que l'hydrogène sous forme gazeuse, un atout pour l'embarquer à bord d'un navire où l'espace est restreint. Pour obtenir l'équivalent énergétique de 1 litre d'essence, 7 litres d'hydrogène gazeux comprimé à 700 bars sont requis, contre seulement 4 litres d'hydrogène liquide[1]. Autres avantages : une fois arrivé à bon port, l'hydrogène liquide retrouve sa forme gazeuse très facilement et le bilan carbone complet reste sous la barre du kilo d'équivalent CO_2 par kilo d'hydrogène transporté si l'hydrogène en question est bas carbone et que le navire de transport carbure lui aussi à l'hydrogène liquide (et non au fioul lourd). Sauf que l'hydrogène devient liquide lorsque la température cryogénique de –253 °C est atteinte et il n'existe pour l'instant aucun bateau doté d'un tel système cryogénique. De l'hydrogène liquide a bien été acheminé entre le Japon et l'Australie en 2022, mais l'expédition fut réalisée par le *Suiso Frontier*, un bateau de démonstration peu efficace et alimenté au diesel,

1 « Tout savoir sur l'hydrogène », ifpenergiesnouvelles.fr, consulté le 19 décembre 2023.

qui présente encore des émissions de gaz à effet de serre élevées. « Il n'y aura pas de navire de type "hydrogénier" au moins avant la fin de la décennie. L'industrie du gaz naturel liquéfié a mis cinquante ans pour passer d'une technologie de laboratoire à un marché mondialisé. Avec l'hydrogène, nous n'avons pas cinquante ans devant nous, et l'hydrogène liquide risque d'arriver trop tard », analyse Mikaa Mered[1]. Ajoutons que les usines de liquéfaction existantes consomment, sous forme d'électricité, l'équivalent de 30 % de l'énergie contenue dans l'hydrogène[2], et que l'hydrogène se met à bouillir dès que la température excède les – 253 °C, augmentant le risque que la molécule ne s'évapore et ne provoque une explosion. D'après le média *Hydrogen Insight*, un incendie s'est d'ailleurs déclaré sur le *Suiso Frontier* quelques jours avant son expédition en direction du Japon[3].

La deuxième option consiste à utiliser une molécule tierce en tant que vecteur de l'hydrogène. Ou plutôt, en tant que « vecteur de vecteur de vecteur d'énergie », le LOHC en question étant un vecteur de l'hydrogène, qui est lui-même un vecteur de l'électricité, qui est elle-même issue d'une source d'énergie primaire, ce qui génère beaucoup de perte d'énergie[4]. Dans la

1 Entretien avec Mikaa Mered en marge du forum Hydrogen Business For Climate à Belfort, le 3 octobre 2023.
2 Irena, « Global hydrogen trade to meet the 1.5°C climate goal », *op. cit.*, p. 51.
3 Leigh Collins, « "Serious incident". Fire aboard world's first hydrogen carrier vessel investigated by Australian authorities », *Recharge News*, 4 avril 2022.
4 Entre la zone où l'hydrogène est produit, au Chili par exemple, et le lieu de consommation de l'hydrogène, possiblement en Allemagne, l'énergie totale contenue dans la cargaison d'hydrogène à exporter aura été amputée d'au moins un tiers, voire de deux cinquièmes, voir : Irena, « Global hydrogen trade to meet the 1.5°C climate goal », *op. cit.*

plupart des cas, la molécule d'hydrogène est associée avec du « toluène », un dérivé du pétrole, ce qui donne naissance à une molécule LOHC plus facile à transporter qu'à nommer : le « méthylcyclohexane ». Comme il s'agit d'un hydrocarbure, le procédé LOHC permet de réutiliser les infrastructures pétrolières existantes, et cela représente l'atout principal de la solution. Mais le bilan carbone n'est pas glorieux. En négligeant les émissions associées à la production d'hydrogène, le transport de LOHC par un navire propulsé par un carburant fossile entre l'Afrique du Sud et l'Allemagne par exemple (ce qui représente environ 15 000 kilomètres) générerait au total 3,9 kilogrammes d'équivalent CO_2 par kilogramme d'hydrogène transporté[1], un résultat supérieur au seuil européen retenu pour qualifier l'hydrogène de « bas-carbone[2] ».

Les deux possibilités décrites ci-dessus restent toutefois anecdotiques face à l'ammoniac : la molécule NH_3 représente le mode de transport choisi dans 80 % des projets d'export annoncés en 2022[3]. L'atout majeur de l'ammoniac réside dans l'existence d'un marché mondialisé mature ; les infrastructures actuelles seront certes insuffisantes si l'import-export de l'hydrogène se généralise, mais le savoir-faire est là[4]. Comme l'industrie de

1 L'estimation repose sur l'hypothèse selon laquelle la production de 1 kg d'hydrogène génère 1 kg eqCO_2. « Global Hydrogen Review 2023 », p. 127.
2 Cela ne disqualifie pas forcément ce mode de transport en Europe puisque, en avril 2024, on ne connaît toujours pas la méthode retenue par la Commission européenne pour calculer les émissions associées à un volume d'hydrogène : est-ce uniquement la production de l'hydrogène, ou l'ensemble du cycle de vie qui est pris en compte ?
3 AIE, « Global Hydrogen Review 2023 », p. 102.
4 Pour répondre à la demande en hydrogène, il faudrait tripler les infrastructures commerciales d'ammoniac existantes d'ici à 2030. Voir : *ibid.*, p. 122.

l'ammoniac représente l'un des principaux consommateurs d'hydrogène, l'utilisation de la molécule NH_3 en tant que véhicule de transport pour l'hydrogène présente également l'avantage qu'on peut le consommer directement, sans avoir à le retransformer en H_2. Le bilan carbone de la solution est d'ailleurs meilleur que le LOHC : 1,2 kilogramme d'équivalent CO_2 émis pour 1 kilogramme d'hydrogène transporté sous forme d'ammoniac sur 15 000 kilomètres à bord d'un navire fossile classique (en admettant que la production de l'hydrogène soit très bas-carbone)[1].

Est-il toutefois raisonnable d'intensifier les échanges mondiaux de l'ammoniac, hautement toxique, et donc de renforcer la probabilité que des incidents graves se produisent ? Les effluents de NH_3 ont la fâcheuse tendance à se fixer sur toutes sortes de sources aqueuses, faisant des yeux, de la gorge, des poumons, de la peau des cibles prisées. Les personnes en contact avec des émanations d'ammoniac peuvent ressentir de douloureuses brûlures, des irritations, et risquent même de mourir en cas de fortes concentrations[2]. En outre, en cas d'accident en mer, l'ammoniac risque de provoquer un incendie et/

1 Même hypothèse que pour le calcul précédent : fabriquer 1 kg d'hydrogène émet seulement 1 kg eqCO_2 dans les airs. *Ibid.*, p. 127. Pointons toutefois qu'une certaine proportion de l'hydrogène exporté sous la forme NH_3 répondra bien à une demande d'hydrogène pur. L'ammoniac en tant que « vecteur de vecteur de vecteur d'énergie » se traduira là aussi par un rendement médiocre.

2 Les irritations commencent à des concentrations dans l'air très faibles, de l'ordre de 30 ppm (parties par million). En cas de contamination d'une pièce à 20 000 ppm, 3 min suffisent pour provoquer le décès d'une personne adulte. Voir : Rémy Bouet, « Ammoniac. Essais de dispersion atmosphérique à grande échelle », rapport de l'Ineris pour le ministère de l'Aménagement du territoire et de l'Environnement, 1999.

ou une explosion du navire, et présente un danger létal pour la vie marine[1]. La molécule NH_3 étant déjà utilisée, transportée, stockée sous diverses formes, le recensement des accidents liés à l'industrie de l'ammoniac donne une idée des risques associés à la généralisation de ce type de vecteur hydrogène. Comme le rappelle Paul Poulain, expert des risques industriels[2], 31 personnes ont perdu la vie en 2001, à Toulouse, à la suite de l'explosion de l'usine AZF où étaient stockées 300 à 400 tonnes d'engrais azoté fabriqué à partir d'ammoniac. La catastrophe au port de Beyrouth, en août 2020, déclenchée par l'explosion de 400 à 600 tonnes de nitrate d'ammonium, s'est soldée par la mort de plus de 200 personnes, et plus de 6 000 personnes ont été blessées. Même lorsque les volumes stockés sont moindres, les dégâts peuvent être colossaux. Le 24 mars 1992 à Dakar, au Sénégal, l'explosion d'une citerne qui transportait à peine 22 tonnes d'ammoniac a provoqué la mort de 129 personnes, dont certaines sont survenues des semaines après l'accident en raison de la toxicité du produit[3]. Mille cent cinquante autres personnes ont subi des brûlures ou des intoxications. En 2003, à proximité de Saint-Étienne en France, trois tonnes d'engrais azoté entreposées dans un hangar agricole explosent. Bilan : 23 personnes blessées, dont un pompier plongé dans le coma pendant deux mois.

---

1 *Ibid.*

2 Paul Poulain, *Tout peut exploser. Enquête sur les risques et les impacts industriels*, Fayard, 2021, p. 76-77.

3 Rémy Bouet, « Ammoniac. Essais de dispersion atmosphérique à grande échelle », *op. cit.*, p. 4.

Moins de circulation sur les eaux, moins de pollution

La filière maritime, deuxième plus gros émetteur dans le secteur des transports après la mobilité routière, pèse pour près de 3 % des émissions mondiales de CO_2, et une bonne partie des stratégies de décarbonation des armateurs, ports, entreprises des chantiers navals, énergéticiens et équipementiers repose, là encore, sur la molécule totem[1]. Ainsi, l'ammoniac et l'hydrogène liquéfié pourraient être utilisés en tant que carburants alternatifs, capables de propulser les navires de fret à la place du fioul lourd. Autre option technique à base d'hydrogène envisagé : les électro-carburants, qui associent de l'hydrogène renouvelable et du dioxyde de carbone, et plus précisément, dans le cas du maritime, l'*électro-méthanol** ou l'électro-méthane. Notons qu'en plus des rejets de CO_2, le secteur maritime est responsable du tiers des émissions mondiales d'oxyde d'azote (NO_x), toxique pour la vie humaine et animale[2], et le problème continuera à se poser en brûlant des électro-carburants ou de l'ammoniac. En quarante ans, le volume de marchandises transportées par voie maritime a augmenté de 250 %[3], ce qui permet aux animaux d'élevage, fruits, légumes et autres produits alimentaires, céréales, huiles, véhicules, machines et équipements industriels, gadgets de toutes sortes de parcourir plusieurs milliers de kilomètres au sein d'immenses conteneurs métalliques[4]. Comme pour les autres activités humaines (industrie lourde, mobilité routière, aviation, etc.), avant de se lancer tête baissée dans l'adoption massive de

1 « Feuille de route de décarbonation de la filière maritime », direction générale des Affaires maritimes, de la Pêche et de l'Aquaculture, janvier 2023.
2 « Ocean shipping and shipbuilding », oecd.org, consulté le 25 janvier 2024.
3 Groupe 3 du Giec, « Atténuation du changement climatique », AR6, 2022, p. 1093.
4 Jacob Lee, « The 5 Types of Goods Transported by Sea: A Guide to Ocean Freight Shipping », USA Freight Forwarding Services, 20 décembre 2022.

techniques qui présentent de multiples inconvénients, les efforts devraient se concentrer sur la définition, prise de manière collective et démocratique, des besoins essentiels et sur les relocalisations des moyens de production que cela implique.

Gare aux fuites d'hydrogène

Retour à Port-Jérôme, en Normandie, au bord d'une Seine bordée d'usines qui fument. La visite de l'usine de production d'hydrogène bleu d'Air Liquide s'achève, nous retournons dans le bâtiment principal protégé par une porte blindée, où nous ôtons nos combinaisons antistatiques censées limiter les risques d'explosion. Christophe Grill, le directeur du site, s'assoit, puis respire un grand coup. « Lorsqu'on était à proximité des camions qui contiennent de l'hydrogène sous pression, j'étais particulièrement vigilant, souffle-t-il. S'il y a la moindre fuite d'hydrogène, une petite source d'énergie peut suffire à déclencher une explosion, d'où l'interdiction d'amener vos téléphones portables. Mais c'est la première fois que je fais visiter le site à autant de personnes munies d'appareils photo... »

Une molécule explosive

La molécule totem possède une « plage d'inflammabilité dans l'air » très large : une étincelle, ou bien une décharge électrostatique, peut déclencher une explosion lorsque le taux d'hydrogène est compris entre 4 % et 75 % d'un volume d'air donné. À titre de comparaison, la plage d'inflammabilité dans l'air du méthane, composant principal du gaz fossile, un combustible du quotidien, est beaucoup plus restreinte, puisque les molécules CH_4 doivent occuper entre 5 % et 14 % d'un volume d'air donné pour présenter un risque de détonation. Si le risque d'explosion est presque nul à l'air libre, les accidents en endroits confinés sont possibles même en présence d'une très faible quantité d'hydrogène. En atteste la destruction en 2004 d'un local du laboratoire de l'Institut français du pétrole et des énergies nouvelles (Ifpen), à Solaize, près de Lyon, causée par une fuite de... 13 grammes d'H_2[1]. La flamme d'hydrogène, dont la température s'élève à 2 000 °C, est invisible, ce qui représente un danger supplémentaire.

Le crash du zeppelin *Hindenburg*, un ballon nazi gonflé à l'hydrogène, le 6 mai 1937, est devenu le symbole de la dangerosité de la molécule H_2. À l'issue d'un voyage de trois jours au-dessus de l'Atlantique, le *Hindenburg* prend feu dans le ciel de New York, 35 passagers et passagères perdent la vie sur les 97 personnes à bord[2]. L'accident fait l'objet d'une couverture médiatique exceptionnelle pour l'époque, précipitant la fin de l'ère des dirigeables. Nombreux·ses sont les spécialistes du secteur à spontanément évoquer l'événement comme une catastrophe historique dont on aurait tiré des leçons pour le futur. « Dans mon enquête de terrain en Normandie, les risques liés à

---

1 IGEDD et CGE, « Sécurité du développement de la filière Hydrogène », igedd.developpement-durable.gouv.fr, novembre 2022, p. 50, cité dans « Hydrogène : la prévention des risques liés à ce "gaz dangereux" est "un véritable défi", selon un rapport d'inspection », *Contexte*, 14 février 2023.

2 « *Hindenburg* disaster », en.wikipedia.org, consulté le 23 août 2023.

l'hydrogène n'apparaissaient pas dans les questions posées par le public, mais ils étaient abordés par les acteurs institutionnels ou les entreprises elles-mêmes. C'est assez logique : pour désarmer les éventuelles critiques, les entreprises expliquent qu'il y a un risque, mais qu'il est identifié, maîtrisé », analyse le sociologue Rudy Amand[1].

En ce qui concerne les usages actuels, quasi exclusivement cantonnés à quelques grands acteurs industriels, les risques semblent relativement bien maîtrisés. D'après un rapport des services d'inspection du ministère de l'Économie et de la Transition écologique, la principale base de données nationale d'accidentologie recense, en 2021, 377 accidents impliquant l'hydrogène dans le monde sur une période de trente ans, dont 251 en France, lesquels ont tué 7 personnes. « Mais cette observation ne préjuge pas de l'avenir, lorsque les usages de l'hydrogène concerneront beaucoup de nouveaux acteurs, moins aguerris à la maîtrise des risques », est-il toutefois écrit dans le document[2]. Les craintes concernant la manipulation de la molécule H_2 par des entreprises moins rodées dans la gestion des risques semblent justifiées par les incidents les plus récents impliquant l'hydrogène, et recensés dans le rapport. En Corée du Sud, dans la province du Gangwon en 2019, 2 personnes sont tuées

1 Entretien avec Rudy Amand à Caen, le 12 juin 2023. Voir aussi : Rudy Amand, *Hydrogène et transition énergétique. Analyse socio-anthropologique d'une trajectoire régionale*, L'Harmattan, 2021.
2 La liste des accidents n'est pas exhaustive. Le rapport précise d'ailleurs que « les bases de données d'accidentologie sont relativement pauvres en ce qui concerne l'hydrogène ». Voir : IGEDD et CGE, « Sécurité du développement de la filière Hydrogène », *op. cit.*, p. 48.

et 6 autres sont blessées à la suite de l'explosion d'un réservoir d'hydrogène, ou bien à cause de la défaillance d'un électrolyseur, les raisons exactes restent floues. La même année, en Californie, une explosion survient sur un parking de camions qui transportent des citernes et des bouteilles d'hydrogène, puis à Kjørbo, en Norvège, une fuite d'hydrogène dans une station-service provoque une explosion et un incendie[1]. Dans le domaine de la mobilité toujours, le site d'information *Hydrogen Insight* raconte l'accident, survenu en février 2023, d'un camion transportant 420 kilos d'hydrogène dans l'Ohio, aux États-Unis, transformé en « boules de flamme de dix mètres de haut », blessant trois personnes[2]. Au cours de l'été 2023, la molécule fuyarde est également impliquée dans l'incendie d'un camion transportant une centaine de bouteilles d'hydrogène dans l'État du Pendjab en Inde, dans l'explosion d'un bus à pile à combustible lors de son ravitaillement en carburant en Californie, ou encore dans la désintégration d'un réservoir chez un fabricant de pièces de stockage d'H_2 en Autriche. « Folie. J'habite à plus de 3 kilomètres sans ligne de vue directe et l'explosion a fait trembler mes fenêtres », commente sur les réseaux sociaux un habitant à proximité du site autrichien, relayé par le média spécialisé[3].

1 *Ibid.*, p. 50.
2 Agnete Klevstrand, « "Explosion after explosion": Three injured after truck towing 420kg of hydrogen crashes and explodes in Ohio », *Hydrogen Insight*, 7 février 2023.
3 Polly Martin, « Truck towing hydrogen cylinders consumed by fire after crash in India », *Hydrogen Insight*, 23 juin 2023; Polly Martin, « Engulfed in flames: Fuel cell bus in California destroyed after explosion during refuelling », *Hydrogen Insight*, 19 juillet 2023 et Leigh Collins, « Hydrogen explosion

Aux yeux des décideurs et des décideuses, les menaces qu'implique le déploiement de technologies hydrogène dans différentes sphères du quotidien ne semblent pas contrebalancer les services rendus par la molécule totem. La peur de rater la marche vers le progrès est bien trop vive. Au XIXe siècle déjà, au cours de la révolution industrielle, les patrons d'industrie et les positivistes aux manettes avaient pleinement conscience des dangers liés aux nouvelles techniques, comme l'inoculation de la petite vérole, l'industrialisation de la soude artificielle ou l'implantation du gaz d'éclairage dans les foyers, mais choisirent de les imposer à la population en connaissance de cause, d'après les travaux de l'historien Jean-Baptiste Fressoz[1]. Les fuites d'hydrogène présentent pourtant un autre risque majeur, celui de réchauffer le climat, qui pourrait limiter la raison même pour laquelle on investit dans les technologies hydrogène aujourd'hui.

Un gaz à effet de serre indirect

À partir d'une certaine quantité de molécules H_2 qui s'échappe dans les airs, l'intérêt climatique d'une « économie hydrogène » diminue. D'après les premières estimations, les pertes d'hydrogène doivent être contenues entre 1 % et 3 % sur toute la chaîne de valeur pour que le déploiement d'une filière hydrogène bas-carbone évince autant d'émissions de CO_2 que

in Austria: "I live more than 3km away... and the blast made my windows shake" », *Hydrogen Insight*, 10 août 2023.

1 Jean-Baptiste Fressoz, *L'apocalypse joyeuse*, *op. cit.*

prévu dans les scénarios de décarbonation officiels[1]. Les prévisions ne concernent pas l'hydrogène fabriqué par un système de vaporeformage de méthane connecté à une unité de captage de CO_2 : ce mode de production ne représente pas une solution sérieuse pour le climat sur le long terme[2].

Les fuites d'hydrogène doivent impérativement être limitées en raison du « pouvoir réchauffant global » de la molécule H_2 : d'après l'une des évaluations les plus récentes, publiée dans *Communications Earth & Environment*[3], l'effet sur le climat de 1 tonne d'hydrogène larguée dans les airs équivaut à l'émission de 13 tonnes de dioxyde de carbone sur une période de 100 ans. Si l'hydrogène n'apparaît pas sur la liste officielle des trouble-fête à effet de serre, il participe au réchauffement du climat de manière *indirecte*, en chamboulant le comportement des autres gaz à effet de serre, et en particulier celui du méthane, doté d'un puissant pouvoir réchauffant. Dans l'atmosphère, la molécule H_2 a en effet tendance à réagir avec le « radical hydroxyle » ($HO^{\cdot}$), lequel dispose en temps normal d'un pouvoir destructeur à l'encontre des molécules de méthane. Alors quand le $HO^{\cdot}$ n'est plus là, les CH_4 dansent... et réchauffent le climat ! D'autres mécanismes, moins centraux, concourent à faire de l'hydrogène un gaz à effet de serre indirect. L'oxydation de l'hydrogène réagit par exemple avec l'acide atmosphérique, ce qui contribue à produire de l'ozone troposphérique, un autre gaz à effet de serre. Enfin, le méthane, dont

1 Didier Hauglustaine *et al.* « Climate benefit of a future hydrogen economy », *Communications Earth & Environment*, 2022.
2 Voir la section « Le bleu est l'ennemi du bien », p. 98.
3 *Ibid.*

la durée de vie dans l'atmosphère augmente avec la présence d'hydrogène, génère lui-même de l'ozone et de la vapeur d'eau dans la stratosphère, des gaz aux propriétés radiatives[1].

Composée d'une paire d'atomes H, l'un des plus petits éléments chimiques connus, la minuscule molécule H_2 possède la fâcheuse habitude de se faufiler partout, même entre les mailles cristallines de matériaux comme l'acier, ce qui rend la gestion du risque de fuite particulièrement délicate. Le transport de l'hydrogène par canalisations, en particulier les tronçons qui proviendront de gazoducs à peine modifiés, représente l'un des endroits où les émissions fugitives risquent d'être les plus importantes. « L'hydrogène modifie les propriétés de l'acier des canalisations, il ne les détruit pas. Nous allons donc utiliser le réseau de gazoducs en l'état, mais nous tiendrons compte des changements mécaniques causés par l'hydrogène en baissant la pression dans le pipeline par exemple. Nous allons en revanche changer les équipements comme les compteurs et les valves », explique Anthony Mazzenga de GRTgaz. Les principaux points de vulnérabilité concernent en effet les valves, les joints, les compresseurs, les échangeurs thermiques ainsi que toutes les autres zones de passage, essentielles pour interconnecter les technologies hydrogène entre elles[2]. Outre les fuites involontaires, le gaz hydrogène est parfois largué dans les airs pour des raisons de sécurité ou lors d'opération de maintenance, des

1 Aline Nippert, « Les fuites d'hydrogène réchauffent le climat », *Reporterre*, 2 janvier 2023.
2 Nathan Mann, « Stockage, transport, compression... Comment le Cetim s'attaque aux difficultés mécaniques de l'hydrogène », usinenouvelle.com, 5 janvier 2023.

pratiques qui concernent surtout les industries chargées de produire la molécule totem[1].

Déployer la filière hydrogène à l'aveuglette

En Normandie, juste avant de sortir visiter l'usine de production d'hydrogène d'Air Liquide, Erwin Penfornis, directeur de l'activité « énergie hydrogène » au sein du groupe, nous présente quelques chiffres. J'apprends alors que le géant de la chimie, créé il y a plus de cent vingt ans et présent dans 73 pays, opère 350 unités de production d'hydrogène dans le monde, dont il tire 3 milliards d'euros de chiffre d'affaires par an (sur un total de 28 milliards). J'en profite pour interroger le directeur sur le taux de pertes d'hydrogène du groupe Air Liquide. « On vient justement de lancer une commission pour mesurer précisément les fuites d'hydrogène sur nos sites », me répond-il en souriant. J'écarquille les yeux : même Air Liquide, l'un des leaders mondiaux du secteur, ignore quelle quantité d'hydrogène s'échappe de ses installations.

À cause du manque de données, la quantification du bénéfice climatique associé au déploiement d'une filière hydrogène bas-carbone reste floue. En agrégeant les premières études sur le sujet, les pertes d'hydrogène sur l'ensemble de la future chaîne de valeur pourraient osciller entre 1 % et... 12 %. L'incertitude est énorme. Si l'on se concentre sur les études empiriques les plus récentes, les déperditions d'hydrogène seraient comprises

1 Frazer-Nash Consultancy, « Fugitive Hydrogen Emissions in a Future Hydrogen Economy », mars 2022.

entre 0,1 % et 6,9 % en fonction du mode de production et de transport, ce qui resserre un peu l'écart[1]. D'après des projections établies dans un rapport de l'université Columbia, compte tenu des estimations disponibles et des technologies hydrogène existantes, les pertes d'hydrogène mondiales devraient probablement rester sous la barre des 5,6 % à horizon 2050[2]. Les chiffres ci-dessus doivent être pris avec précaution ; le taux de fuites hydrogène futur dépend surtout du bon vouloir des entreprises impliquées dans l'ensemble de la chaîne de valeur et de la mise en place de normes strictes.

Or, pour l'heure, les pouvoirs publics nationaux et européens sont bien silencieux sur le sujet. « L'enjeu des fuites est fondamental ! Or, dans toutes les conférences internationales, salons et autres événements dédiés à l'hydrogène, et je participe à beaucoup d'entre eux, le sujet des fuites n'est JAMAIS abordé. Jamais, jamais, jamais ! » insiste Mikaa Mered, le spécialiste en géopolitique de l'hydrogène[3]. Ni la stratégie européenne de juillet 2020, ni la Programmation pluriannuelle de l'énergie, ni le plan France Relance, ni la stratégie nationale de l'hydrogène de septembre 2020, ni celle de l'Allemagne n'aborde le sujet. La question du risque est également absente du cahier des charges des projets d'intérêt commun (PIC) européens et des appels à projets « Écosystèmes territoriaux » de l'*Ademe**. C'est

---

1 Matteo B. Bertagni *et al*, « Risk of the hydrogen economy for atmospheric methane », *Nature Communication*, 2022.
2 Zhiyuan Fan *et al*, « Hydrogen Leakage: A Potential Risk for the Hydrogen Economy », energypolicy.columbia.edu, juillet 2022.
3 Entretien avec Mikaa Mered en marge du forum Hydrogen Business For Climate à Belfort, le 3 octobre 2023.

ce que signale le rapport des services d'inspection du ministère de l'Économie et de la Transition écologique. « La mission a constaté que la prise de conscience de la nécessité de prendre très au sérieux les risques liés à l'hydrogène est inégale au sein de la filière, est-il écrit dans le document. Même si certains acteurs sont très conscients de l'importance des enjeux de sécurité, et très conscients aussi qu'un accident grave directement causé par l'utilisation d'hydrogène pourrait "tuer la filière", cette prise de conscience semble émerger moins vite que l'engouement pour cette nouvelle forme d'énergie[1]. »

Depuis le début des années 2020, les annonces de projets hydrogéniques, plus ou moins mégalos, affluent, et traduisent bien l'enthousiasme qui entoure la molécule totem. Dans les stratégies climatiques nationales, l'année 2030 représente un jalon crucial, et les entreprises qui portent des projets liés à l'hydrogène se réfèrent à cette échéance quand elles formulent leurs promesses. Au-delà des feuilles de route et autres bavardages, qu'en est-il *concrètement* dans la mise en œuvre de ces projets ? Bilan de mi-parcours.

Ça va de nouveau faire pschitt ?

Le 11 février 2021, alors que je travaille pour une rédaction spécialisée dans l'innovation et l'industrie depuis quelques mois et que je me familiarise doucement avec les enjeux relatifs

---

1 IGEDD et CGE, « Sécurité du développement de la filière Hydrogène », *op. cit.*, p. 55.

à l'hydrogène, je reçois un mail à l'objet particulièrement tape-à-l'œil : « 30 industriels de l'énergie préparent la future filière européenne d'hydrogène totalement vert au prix des énergies fossiles ». Je l'ouvre, mi-curieuse, mi-méfiante. Les chiffres avancés donnent le tournis. HyDeal Ambition promet d'installer 67 gigawatts d'électrolyseurs, alimentés par 95 gigawatts d'électricité solaire, en moins d'une décennie[1], et dépasserait donc, à lui seul, les ambitions officielles portées par l'Union européenne pour 2030[2]. Lancé par Thierry Lepercq, le héros du capitalisme industriel rencontré au premier chapitre, HyDeal Ambition est sacré « projet d'hydrogène renouvelable le plus gigantesque au monde » par l'Agence internationale pour les énergies renouvelables dans son classement de 2022[3]. Le projet, certes tapageur, regroupe néanmoins des entreprises et des acteurs financiers crédibles, bien implantés dans le milieu de l'énergie, et l'ensemble de la filière se trouve représentée ; il y a des spécialistes de l'électrolyse (dont le français McPhy), des développeurs solaires, des opérateurs de transport et de stockage de gaz (notamment Enagás, GRTgaz et Teréga), de futures industries consommatrices de la molécule (parmi lesquelles ArcelorMittal), des acteurs financiers, et même la Banque européenne d'investissement.

1 « 30 industriels de l'énergie préparent la future filière européenne d'hydrogène totalement vert au prix des énergies fossiles », communiqué de presse d'HyDeal Ambition, 11 février 2011.
2 Pour rappel, l'Union européenne souhaite la mise en place de 40 GW d'électrolyseurs sur le territoire européen d'ici à 2030 (l'ambition est multipliée par 2 en tenant compte des objectifs en termes d'hydrogène importé). Voir « Des giga-usines pour fabriquer les électrolyseurs », p. 71.
3 Irena, « Geopolitics of the Energy Transformation: The Hydrogen Factor », 2022, p. 87.

Quelle est ma légitimité pour mettre en doute les promesses d'un partenariat industrialo-institutionnel aussi solide ?

Trois ans après le lancement du projet, HyDeal Ambition pourrait pourtant être rebaptisé « HyDeal Déception » : les prétentions initiales du consortium européen, pourtant « crédibles » et « solides », ont dégringolé d'un facteur vingt. Ce n'est pas une division par deux, ni même par dix... mais par vingt ! Au bas mot. Le premier site estampillé « HyDeal » devrait en effet accueillir à partir de 2028 des électrolyseurs d'une capacité de 3,3 gigawatts seulement, abreuvés par 4,8 gigawatts de panneaux solaires, dans le nord de l'Espagne[1]. L'éléphant HyDeal attend donc une souris... mais il est même fort probable qu'il n'accouche jamais ! En effet, l'étape cruciale pour un projet industriel, la « décision finale d'investissement », qui correspond au moment où les investisseurs versent concrètement l'argent promis, n'a pas encore été franchie par HyDeal España en avril 2024. La tentative de lever 80 millions d'euros s'est d'ailleurs soldée par un échec en septembre 2023[2]. Assis dans un fauteuil confortable, Thierry Lepercq esquisse un sourire. « L'ambition n'est pas réduite, c'est juste le timing qui a un peu glissé dans le temps, après s'être confrontée à la réalité que connaissent beaucoup d'acteurs de l'hydrogène[3]. »

1 Annoncé en février 2022 dans le nord de l'Espagne, HyDeal España devait initialement atteindre 7 GW d'électrolyseurs et 9 GW d'énergie solaire de capacités installées à partir de 2030. Même pour ce premier projet concret, les ambitions initiales ont été sapées de moitié entre 2022 et 2024. « HyDeal España », hydeal.com, consulté le 13 avril 2024.
2 Entretien avec Thierry Lepercq, le 6 mai 2024.
3 Entretien avec Thierry Lepercq, le 5 septembre 2023. À l'occasion d'un nouvel entretien, le 6 mai 2024, Thierry Lepercq m'explique qu'il se tourne

« Et encore des paroles, que tu sèmes au vent »

La « réalité » sur laquelle les projets hydrogéniques trébuchent porte ainsi le nom étrange de « décision finale d'investissement ». Une fois les études de faisabilité technico-économiques réalisées, les contrats avec les futures entreprises sous-traitantes négociés, les éventuelles concertations publiques, souvent requises pour l'obtention du permis de construire, achevées, les belles paroles des investisseur·es ne suffisent plus. Ces derniers doivent alors s'engager concrètement à verser les sommes promises, ou bien renoncer à financer le projet. Liée au domaine de la finance, la décision finale d'investissement, abrégée FID pour « *final investment decision* », représente une question de vie ou de mort pour un projet industriel, surtout s'il est gourmand en capitaux – ce qui est le cas dans le domaine de l'hydrogène.

À en croire les promesses des porteurs et porteuses de projets hydrogène à travers le monde, les capacités de production annuelle d'hydrogène bas-carbone pourraient atteindre 38 millions de tonnes en 2030 (soit deux cinquièmes de la taille actuelle du marché mondial de l'hydrogène). Mais seulement 4 % des projets annoncés ont franchi l'étape fatidique du FID d'après

---

désormais vers le continent africain avec HyDeal Africa. « Contrairement à HyDeal Ambition, qui n'était finalement qu'une plateforme de consultation, nous allons lancer une société de trading et de service, qui réunit des acteurs mauritaniens, marocains, européens, chinois, visant à installer une *marketplace* capable d'agréger une demande et une offre de 20 Mt d'hydrogène renouvelable par an à 2,5 €/kg. La production se situera en Mauritanie et au Maroc, elle sera en partie destinée au marché européen, le transport se fera par pipeline. L'objectif n'est donc pas réduit, au contraire, puisqu'on vise 20 Mt. »

l'Agence internationale de l'énergie[1], 10 % d'après le Conseil de l'hydrogène[2]. « Et encore, il s'agit soit de projets financés sur fonds propres soit sur subventions. Pratiquement aucun projet reposant sur une logique de marché, s'appuyant donc sur un contrat de vente d'hydrogène, n'a atteint le FID », pointe Thierry Lepercq en prenant l'exemple de la flotte d'autobus à hydrogène déployée dans la ville du Mans, en France, chère et peu rentable, dont la concrétisation repose donc sur de fortes subventions publiques.

Le blocage actuel s'explique en grande partie par la non-compétitivité de l'hydrogène issu d'électricité renouvelable[3]. Néanmoins, les prix pourraient s'équilibrer à l'avenir. D'abord parce que l'électricité solaire et éolienne – qui représente la plus grosse partie des dépenses de production de l'hydrogène vert – coûte respectivement 80 % et 40 % de moins qu'il y a dix ans, et que cette diminution du prix de l'énergie renouvelable devrait continuer. Ensuite parce que le coût des machines capables de fabriquer des molécules H_2 à partir d'électricité et d'eau, les électrolyseurs, a déjà diminué de 60 % depuis 2010 et la tendance devrait également se poursuivre[4]. La probable hausse du prix de l'hydrogène fossile pourrait également jouer en faveur de l'hydrogène renouvelable ; à cause de la guerre en Ukraine, le kilogramme d'hydrogène produit à partir de gaz fossile a parfois dépassé les 5 euros sur le marché européen[5].

1 AIE, « Global Hydrogen Review 2023 », p. 11.
2 « Perspectives hydrogène 2023 », hydrogencouncil.com, mai 2023.
3 Voir « Des subventions à gogo », p. 30.
4 *Ibid.*
5 Maxime Gérardin et Patrick Criqui, « Les coûts d'abattement », *op. cit.*, p. 15. Je ne fais pas mention de la hausse du prix du CO_2 sur le marché carbone, à

Qui de l'œuf ou de la poule ?

En dépit de telles conjectures, qui plaideraient en faveur du développement de grandes capacités de production d'hydrogène renouvelable, la décision finale d'investissement reste un pari risqué. Comme le signale le rapport de France Stratégie, pour vendre de l'hydrogène renouvelable à 3 euros du kilogramme, l'électricité doit coûter au plus 40 euros le mégawattheure, « ce qui n'est pour l'instant atteint par aucun moyen de production électrique en France, raccordements compris »[1]. Or, même à ce prix, déjà difficile à atteindre, l'hydrogène renouvelable ne serait toujours pas compétitif par rapport à l'hydrogène fossile. En outre, inonder le marché de molécules H_2 n'a aucun sens si le reste de la chaîne de valeur (les usages, le transport, le stockage) ne se développe pas en parallèle. « Pour qu'il y ait un vrai marché, il faut qu'il y ait une offre, un prix, des infrastructures, une demande, et que tout arrive en même temps », pointe Thierry Lepercq. Pour illustrer la complexité économique de la situation, les industriels de l'hydrogène mobilisent souvent le paradoxe de l'œuf et de la poule : comment savoir qui des producteurs et transporteurs d'hydrogène (l'œuf) ou des futures industries et entreprises consommatrices

---

dessein. En effet, d'après un rapport du gestionnaire du réseau de transport d'électricité français, « de manière paradoxale, l'analyse montre qu'une augmentation du prix des quotas d'émissions de CO_2 sur le marché européen pourrait avoir un effet opposé, et entraîner une hausse plus importante sur le prix de revient de l'hydrogène bas-carbone que sur l'hydrogène d'origine fossile ». Voir : RTE, « La transition vers un hydrogène bas-carbone. Atouts et enjeux pour le système électrique à l'horizon 2030-2035 », 2020, p. 64.

1 *Ibid.*

d'hydrogène (la poule) doivent apparaître en premier, et permettre le lancement de la filière de l'hydrogène bas-carbone ?

C'est pour résoudre ce dilemme de basse-cour et éviter que le projet hydrogénique ne meure dans l'œuf que les gouvernements du monde entier élaborent des « stratégies nationales hydrogène » et flèchent plusieurs milliards d'euros de subventions vers le secteur. Malgré leur surenchère, les aides publiques sont loin de suffire à garantir l'émergence d'une « économie hydrogène », pour laquelle les investissements attendus, et qui restent risqués, se comptent en milliers de milliards d'euros. Selon Hydrogen Europe, il faudrait injecter entre 5 600 et 28 000 milliards d'euros (publics et privés) d'ici à 2050 dans la filière hydrogène « bas-carbone » pour qu'elle sorte de terre à l'échelle mondiale, dont 1 100 à 2 400 milliards rien qu'en Europe. À titre de comparaison, l'ensemble des subventions publiques dédiées aux projets hydrogéniques annoncées en 2030 dans les pays de l'OCDE et la Chine auraient atteint 94 milliards d'euros pour 2030[1], ce qui représente entre 0,3 % et 1,7 % des besoins globaux en capitaux attendus en 2050.

Les risques financiers ont déjà bien douché les éventuelles poules consommatrices d'hydrogène, et la demande en hydrogène produit à partir d'électrolyse de l'eau atteint péniblement les 2,5 millions de tonnes par an, soit huit fois moins que l'objectif européen officiel, d'après les résultats d'une étude réalisée par le

1 L'estimation des subventions publiques provient de la Banque mondiale, citée par Hydrogen Europe. Hydrogen Europe, « Clean Hydrogen Monitor 2023 », p. 114-115.

CEA[1]. Le sidérurgiste ArcelorMittal et le pétrolier TotalEnergies, qui pourraient, à eux seuls, faire grimper la demande en hydrogène bas-carbone en flèche, ne cachent pas leur scepticisme. Malgré les milliards d'euros de subventions, « nous ne pourrons pas utiliser l'hydrogène vert dans nos aciéries européennes, car nous nous catapulterions complètement hors du marché », a ainsi déclaré Geert Van Poelvoorde, responsable des opérations européennes d'ArcelorMittal, en février 2024, dans le cadre d'une interview au magazine économique néerlandophone *Trends*, relayée par *Hydrogen Insight*. «Comment puis-je expliquer à notre siège mondial que je souhaite investir près de 2 milliards d'euros, alors que je sais déjà que l'usine ne peut pas faire face à la concurrence mondiale ? » Et de prendre pour exemple l'échec d'HyDeal España, dont ArcelorMittal était codéveloppeur : « Il y avait aussi un grand consortium autour de l'hydrogène pour nos aciéries en Espagne, où nous recevons 450 millions d'euros de subventions. Ce projet s'est désintégré, car il aurait nécessité un investissement de 8 milliards d'euros[2]. » En référence au giga-appel d'offres de TotalEnergies, qui vise à acheter 500 000 tonnes d'hydrogène vert chaque année, Patrick Pouyané, le PDG de la poule aux œufs d'or noir, a affirmé fin avril 2024, lors du Forum économique mondial à Riyad, que les propositions tournent en moyenne autour de 8 euros le kilogramme, « et non pas 3 ou 5 euros ». « Si je paye 8 euros le kilo, contre 1 euro pour l'hydrogène

1 CEA, « Étude Sisyphe : dynamique de la demande européenne en hydrogène bas-carbone d'ici 2024 », avril 2024.
2 Rachel Parkes, « "Green hydrogen is too expensive to use in our EU steel mills, even though we've secured billions in subsidies" », hydrogeninsight.com, 21 février 2024.

gris, vous savez qu'il y a quelque chose à absorber, a-t-il ajouté. Pour être clair, il n'y a aucun moyen de réellement réduire les coûts de l'hydrogène vert si seuls ces marchés de niche – l'industrie difficile à réduire, les raffineries, etc. – sont ciblés. Si nous n'avons pas de marché pour l'hydrogène destiné aux transports, il sera très difficile d'en réduire les coûts. Or, ce n'est pas du tout acquis, car plus je regarde l'évolution des transports, plus il est clair que l'électricité et les batteries font d'énormes progrès pour les véhicules électriques, même pour les camions, alors quelle sera vraiment la place, l'espace pour l'hydrogène[1] ? »

Un déficit de compétences

Aux incertitudes économiques, de loin le principal problème identifié par les chantres de la molécule totem, s'ajoute le risque de manquer de profils capables de concevoir, d'installer, de réparer, d'utiliser les machines présentes sur l'ensemble de la chaîne de valeur, et de connaître les spécificités de la molécule H_2. D'après un livre blanc publié par France Hydrogène[2], bien que l'industrie hydrogène n'en soit qu'à ses balbutiements, 17 métiers sont déjà en tension, principalement au niveau opérationnel (soudeur·ses, technicien·nes d'essais et de maintenance industrielle, électricien·nes, etc.), sur un total de 84 métiers identifiés. Les profils ingénieur ou dotés d'un

1 Polly Martin, EU hydrogen targets are 'impossible' as green H2 costs eight times as much as grey H2 today: Total CEO », hydrogeninsight.com, 29 avril 2024.
2 France Hydrogène, « Compétences-métiers de la filière hydrogène. Anticiper pour réussir le déploiement d'une industrie stratégique », 2021.

doctorat, très demandés par les entreprises du secteur puisque les activités de recherches et de conception sont encore importantes, risquent également de manquer, les formations initiales spécifiques à l'hydrogène étant rares. Pour que la filière européenne se déploie, 1 million de postes devront être pourvus dès 2030, selon les estimations d'Hydrogen Europe[1].

Malgré les projets annoncés en cascade, malgré le fort soutien financier des États, malgré l'agitation médiatique, les obstacles qui empêchent le déploiement effectif d'une « civilisation hydrogène » restent nombreux. Le brusque engouement autour d'un marché mondial de l'hydrogène ne suffit pas à assurer sa concrétisation, celui-ci engendrera peut-être même l'effet inverse. Pensons à la tulipomania qui gagna les Provinces-Unis (les Pays-Bas actuels) au milieu du XVIIe siècle. Dans le nord du pays, les espèces les plus appréciées se vendaient 1 000 florins en 1623, 5 500 en 1633, puis 13 000 florins au plus haut de la folie florale ; sachant que le revenu annuel moyen était de 150 florins[2]. La tulipe incarne la richesse et suscite les convoitises. Mais en février 1637, patatras ! les cours du bulbe de tulipe s'effondrent, mettant sur la paille de nombreuses riches familles. Une fois que sera passée la saison des semis d'argent public, l'hydrogène mania va-t-elle, elle aussi, finir par faner ?

1 Green Skills for Hydrogen, « European Hydrogen Skills Strategy », 2023.
2 Micheline Hotyat, « La tulipe. Objet de rêve et de convoitise », *La Géographie*, 2017.

CONCLUSION : LE TOTEM DE LA CROISSANCE VERTE

L'hydrogène incarne un espoir puissant : celui de pouvoir *remplacer* l'ensemble des énergies fossiles par des ressources moins carbonées sans changement profond dans nos modèles de développement. La fonction symbolique que revêt l'hydrogène dans les sociétés capitalistes soumises à l'impératif écologique me semble comparable à celle de l'animal totem dans certaines communautés traditionnelles; l'animal totem renvoyant à l'ancêtre chargé de protéger un clan, auquel il attribue même parfois son nom[1]. L'hydrogène, l'un des tout premiers atomes créés après le Big Bang, notre très très vieil aïeul à l'origine de la formation de la matière elle-même[2], est supposé protéger la planète en même temps que les modes de vie occidentaux, et son implantation mondiale conférerait à l'humanité le nom de « civilisation hydrogène ». Dans un cas, la puissance conférée au totem repose sur un univers de croyances résumé par le terme de totémisme, dans l'autre, le halo magique

---

1 Alain Rey (dir.), *Dictionnaire historique de la langue française*, Les Dictionnaires Le Robert, 2010 (4e éd.).
2 « L'essentiel sur... La matière », cea.fr, mis à jour le 13 mai 2022.

qui l'entoure repose sur le croissancisme vert. Dans l'univers de croyances croissanciste, il serait possible de « faire plus avec moins », résume la philosophe et sociologue Dominique Méda, c'est-à-dire de « continuer à croître à condition que la production économique s'affranchisse de sa dépendance aux flux de matières[1] ». Le retour à la croissance économique serait non seulement possible, mais salutaire.

L'économie hydrogène contre la nature[2]

La doctrine de la croissance verte infuse dans les sphères de pouvoir depuis des années déjà. Jusqu'à sa consécration, en 2019, lors de la présentation du Pacte vert européen par la Commission européenne, par lequel les politiques publiques dites climatiques comptent « répondre aux destructions provoquées par l'extension des marchés et le déferlement technique par encore plus de marché et de technique[3] ». J'expliquais au premier chapitre qu'aucun pays ayant mis en œuvre une stratégie climatique fondée sur la croissance verte n'a réussi à aboutir à un découplage absolu, suffisamment rapide, permanent, total, seule voie pour que la Terre reste habitable dans une économie en croissance. Si elle se concrétise, la « civilisation hydrogène » de demain ne permettra-t-elle pas de réussir

---

1 Dominique Méda, « Introduction », dans Thomas Coutrot, David Flacher, Dominique Méda, *Pour en finir avec ce vieux monde. Les chemins de la transition*, Utopia, 2018.
2 En référence à Hélène Tordjman, *La croissance verte contre la nature, op. cit.*
3 *Ibid.*, p. 6.

là où les technologies d'hier ont échoué ? La réponse est non. Un découplage d'une telle ampleur est très peu probable à l'avenir, explique Timothée Parrique, auteur d'une thèse sur l'économie de la décroissance, après avoir épluché la littérature scientifique sur le sujet[1]. L'économiste identifie sept raisons de douter d'une croissance verte capable de limiter les risques qui menacent la viabilité de la planète dans le futur ; cinq d'entre elles concernent directement la technologie totem.

– Les solutions technologiques envisagées pour résoudre un problème écologique créent souvent de nouveaux problèmes ou en exacerbent d'autres. La molécule totem ne fait pas exception, puisque deux des principales machines de l'industrie hydrogène (l'électrolyseur et la pile à combustible) reposent sur l'exploitation du platine et de l'iridium, des métaux critiques, et requièrent des PFAS, des produits chimiques toxiques pour la santé et extrêmement persistants dans l'environnement. Ajoutons que les fuites de molécules H_2 participent au réchauffement du climat.

— Les dépenses d'énergie nécessaires pour extraire une « unité de ressource » augmentent en fonction du temps, les matériaux les plus faciles d'accès étant exploités en premier. L'extraction des matières premières nécessaires à la production des panneaux solaires et des éoliennes, requise pour fabriquer de l'hydrogène renouvelable, demandera donc de plus en plus d'énergie, ce qui dégradera l'environnement plus fortement.

1 Timothée Parrique, *Ralentir ou périr. L'économie de la décroissance*, Seuil, 2022.

— Les taux de recyclage sont bien loin d'atteindre les 100 % pour un produit donné, et les procédés de recyclage sont généralement gourmands en énergie et en produits chimiques. Dans le cas de l'hydrogène, qui repose sur des technologies complexes, les procédés de recyclage ne sont d'ailleurs pas encore disponibles à grande échelle[1].

— Certains découplages observés, purement comptables, résultent de l'externalisation de l'impact environnemental des pays du Nord vers des pays du Sud global rendue possible par le commerce international. En opposition aux discours qui présentent l'hydrogène comme une énergie décentralisée, la filière hydrogène telle qu'elle se dessine sera mondialisée, ce qui risque d'amplifier ce type de faux découplage.

— Enfin, les vertus écologiques du lancement de technologies plus sobres sont très limitées, voire inexistantes, parce que l'argent économisé grâce aux gains énergétiques engendre généralement une hausse de la consommation de la part des entreprises ou des ménages. C'est ce qu'on appelle les « effets rebond ». Par exemple, une voiture moins gourmande en carburant, qui permet donc de faire des économies sur chaque plein, risque d'être utilisée plus fréquemment par le propriétaire, annihilant le bénéfice climatique associé à la meilleure efficacité du véhicule. En plus des modifications dans les comportements, ces innovations peuvent entraîner des changements *structurels* délétères d'un point de vue écologique. Ainsi, subventionner des voitures hydrogène, supposément moins

1 Plateforme filière automobile & mobilité, « Position technique de filière. Hydrogène et piles à combustible », février 2020, p. 11.

polluantes, pourrait renforcer un système de transport basé sur l'automobile au détriment d'alternatives plus vertueuses, comme les transports publics ou le vélo[1].

L'hydrogène mania participe donc à la légitimation des politiques climatiques fondées sur les innovations numériques et les technologies vertes, et risque de nous embarquer dans une impasse mortifère.

Vers un nouveau macro-système toxique ?

Loin de la gestion décentralisée d'une énergie propre, l'hydrogène global repose en effet sur ce que le socio-anthropologue de l'énergie Alain Gras nomme un *macro-système technique**, à savoir des « objets techniques liés par des réseaux d'échanges », dont le déploiement est « autant idéologique que technologique ». « Invisible et souterraine, l'infrastructure de la société moderne repose sur des réseaux dont les mailles recouvrent des surfaces gigantesques, étaye Alain Gras. Cette toile d'araignée tissée

1 Toujours selon Timothée Parrique, les deux dernières raisons de douter du fondement scientifique de la croissance verte, moins directement liées à l'industrie hydrogène, sont les suivantes : d'une, l'impact climatique de l'économie des services est sous-estimé et, de deux, les entreprises sont incitées à orienter l'innovation vers la baisse des dépenses relatives au travail et au capital, qui sont les postes les plus onéreux, et non vers la réduction de l'exploitation des ressources naturelles, dont le coût est relativement plus faible. Pour plus de détails, Timothée Parrique *et al.*, « Decoupling Debunked. Evidence and arguments against green growth as a sole strategy for sustainability », European Environmental Bureau, 2019.

autour de la planète permet une sorte de mobilisation virtuelle de la puissance en tous lieux et à tout moment, elle branche ainsi le citadin sur une source d'images, de produits, d'énergie parfois géographiquement très éloignée[1]. » À titre d'exemples, le train relié au réseau ferroviaire correspond à un macro-système technique, de même que la centrale électronucléaire connectée au réseau électrique, ou même le réseau social Facebook apparenté à sa plateforme d'abonné·es. De la même manière, l'hydrogène global serait rattaché à tout un réseau politico-industriel international. Le marché mondial de l'hydrogène tel qu'il se dessine requerrait ainsi l'installation de nouvelles infrastructures techniques gigantesques, composées d'usines géantes, de milliers de kilomètres de pipelines, de flottes de navires-cargos spéciaux, de ports et d'aéroports adaptés, ainsi que la mise en place d'un arsenal de réglementations facilitant la mise en circulation et l'utilisation massive de molécules explosives (le dihydrogène et l'ammoniac) et toxiques (l'ammoniac).

Nul ne sait où se situent les centres de ces réseaux, comment ils sont organisés ni même qui les contrôle, développe Alain Gras, mais qu'importe ! Ces constellations monstres apportent bien du confort au quotidien ; il suffit d'appuyer sur un interrupteur pour que la lumière soit. Notons que le conglomérat techno-institutionnel relatif à l'hydrogène ne se contente pas d'augmenter le confort matériel. L'hydrogène global *sauverait* nos modes de vie, confortables mais carbonés, de la menace que pourrait représenter l'emballement climatique. L'hydrocratie

1 Alain Gras, *Les macro-systèmes techniques*, PUF, 1997.

construit précisément sa rhétorique autour de cette promesse, et transforme ainsi l'hydrogène en « nouveau pétrole ».

Mais la commodité se paye. Dans ses travaux, Alain Gras insiste sur l'urgence de comprendre comment se constitue la puissance de ces « nouveaux dinosaures » pour que « la démocratie et l'éthique pénètrent jusqu'au territoire des spécialistes ». « La puissance délivrée par ces macro-systèmes, écrit-il avec son coauteur, le sociologue Gérard Dubey, est telle que les pouvoirs politiques et économiques ne peuvent que tenter de les contrôler, à moins qu'ils ne se laissent manipuler en coulisses. En France, l'illustration est aisée. EDF, Areva, le corps des Mines furent, et restent, des acteurs décisifs dans les choix électriques, souvent très lourds de conséquences », avertissent les chercheurs[1]. Les politiques publiques liées à l'hydrogène illustrent également « cette nouvelle forme d'abandon de sa souveraineté par l'individu dans un État qui se veut démocratique ». Pensons en effet à la manière dont le monde des affaires, sous la houlette d'Hydrogen Europe, a œuvré « en coulisse » à la publication d'une stratégie européenne hydrogène, et à son orientation générale.

« Décroissance » n'est pas un gros mot

D'autres chemins existent pourtant, et sont abordés dans des travaux souvent regroupés sous la bannière de la *décroissance*. Cette pensée, plurielle, ne court pas après une croissance

1 Alain Gras et Gérard Dubey, *La servitude électrique. Du rêve de liberté à la prison numérique*, Seuil, 2021, p. 89-90.

infinie dans un monde fini, mais réfléchit au contraire à la manière dont le plus grand nombre peut vivre bien tout en respectant les limites physiques inhérentes à une planète finie. La priorité est donc d'ordre politique, et non technique, puisqu'il s'agit de réduire drastiquement la production et la consommation des pays les plus riches dont les niveaux sont devenus insoutenables. Dans un tel cadre de pensée, les moyens de production de biens matériels répondent à des *besoins*, non plus à une demande incontrôlée, et le recours à l'hydrogène pourrait par exemple s'avérer intéressant dans la production de l'acier. Pour construire des éoliennes, des voies ferrées, ou autres infrastructures collectivement utiles, il semble en effet difficile de renoncer au secteur sidérurgique, qui ne compte quasiment aucune alternative technique sans charbon, hormis la réduction directe à l'hydrogène. Il serait donc urgent d'ouvrir une réflexion collective sur la question des besoins.

Si je réduis la focale sur le secteur de l'énergie, particulièrement subordonné aux ressources fossiles, complexe, mondialisé, et donc difficile à appréhender, l'un des chantiers à ouvrir en priorité, à mon sens, est celui de la gouvernance : Qui décide ? Qui contrôle ? Qui détient les informations ? Qui informe ? Le travail de terrain de la sociologue Laure Dobigny révèle l'importance d'impliquer l'ensemble des acteurs locaux dans les projets d'énergies renouvelables – citoyen·nes, agriculteur·rices, PME, municipalités –, et démontre qu'une meilleure compréhension des enjeux énergétiques par les habitant·es peut aboutir à une baisse de leur consommation d'énergie. Ses observations, menées en Allemagne et en Autriche, concernent principalement des communes énergétiquement autonomes, où les projets d'installation d'éoliennes ou de méthaniseurs sont initiés par des agriculteur·rices *et* des habitant·es, puis gérés sous forme d'association ou de coopératives citoyennes ou agricoles, permettant aux personnes sur place de se réapproprier les enjeux énergétiques. « La compréhension des nécessités de la production permet d'en accepter les contraintes, qui ne sont d'ailleurs pas perçues comme telles puisque ces installations résultent de concertations entre les habitants. Parce qu'elles sont choisies et non subies, les habitants considèrent donc avant tout ces installations au regard du bénéfice fourni : la production d'énergie, non polluante et économique », explique la chercheuse[1]. « On comprend qu'il est difficile de produire 1 kilowattheure et qu'il est très rapide d'en consommer un. Ce sens devient apparent : produire dévoile. De ce fait, on observe une modification des représentations de l'énergie, et des usages plus sobres. [...] Beaucoup d'utilisateurs de chauffe-eau solaires diront que par une belle journée, ils feront fonctionner trois ou quatre fois leur lave-linge afin de profiter d'une eau chauffée. On observe une modification radicale des pratiques. Ce n'est plus le besoin qui entraîne la consommation d'énergie, c'est la présence d'énergie qui entraîne des usages », éclaire encore Laure Dobigny[2]. Dans le cas des réseaux énergétiques actuels,

---

1 Laure Dobigny, « Produire et échanger localement son énergie. Dynamiques et solidarités à l'œuvre dans les communes rurales », dans François Papy, Nicole Mathieu et Christian Ferault (dir.), *Nouveaux rapports à la nature dans les campagnes*, Quae, 2012, p. 139-152.
2 Assemblée nationale, Commission d'enquête sur l'impact économique, industriel et environnemental des énergies renouvelables, sur la transparence

des macro-systèmes techniques dont la matérialité est cachée, tracer les conditions de production et de circulation du kilowatt-heure consommé pour faire fonctionner le chauffe-eau est impossible; les électrons produits par les centrales nucléaires sont mélangés à ceux issus des barrages hydroélectriques, des éoliennes ou centrales thermiques, puis dispatchés sur le territoire national en fonction de la demande en temps réel. Sans prétendre qu'une autonomie énergétique à l'échelle territoriale représente forcément un « bon » modèle, qu'il faudrait le systématiser partout, et de manière uniforme, il est instructif de constater que la réappropriation d'une ressource collective, l'énergie, par les citoyen·nes, et le *dévoilement* du dispositif technique capable de la produire débouche sur une modification des comportements, voire sur « de nouvelles façons d'être au monde[1] ».

En extrapolant la réflexion, plutôt que de forcer les énergies renouvelables à s'adapter à notre système énergétique existant, conçu pour des énergies fossiles facilement stockables et transportables, nous pourrions imaginer un nouveau modèle énergétique adapté aux contraintes des énergies renouvelables. En clair : pas de soleil ni de vent, pas ou peu d'électricité disponible. Des aménagements sont évidemment à prévoir; l'historienne de l'architecture Fanny Lopez propose ainsi de doter certains lieux, jugés sensibles et primordiaux, d'une haute sécurité d'approvisionnement énergétique continu, comme le

---

des financements et sur l'acceptabilité sociale des politiques de transition énergétique, Compte rendu n° 61, 17 juillet 2019.

1 Laure Dobigny, « Produire et échanger localement son énergie », *op. cit.*

secteur de la santé (par exemple les hôpitaux), une partie du secteur industriel, agricole, ou encore des transports. Tous les autres secteurs, jugés secondaires, comme certains complexes industriels non prioritaires, les infrastructures de loisir, de luxe, certains centres de données, « se décrocheraient » lors de saturation sur le réseau ou de pénurie électrique pour ne fonctionner que quand les ressources renouvelables sont disponibles, développe Fanny Lopez[1].

Ces quelques pistes, appliquées au domaine de l'énergie, montrent que d'autres modes d'organisation sont possibles, d'autres imaginaires sont à inventer. Si la décroissance et toutes les réflexions associées (post-croissance, sobriété, redirection écologique, etc.) sont les seules offres intellectuelles qui s'emparent frontalement de la question de l'origine du désastre – le modèle de développement productiviste et extractiviste –, il n'existe pas de recette miracle face à la catastrophe écologique en cours, protéiforme, dont les conséquences sont aussi bien environnementales que sociales, économiques, culturelles, et les questions qu'elle ouvre sont vertigineuses. Dans quel délai pourraient démocratiquement fleurir des sociétés plurielles et conviviales qui rompent avec l'omniprésence des rapports marchands ? Comment embarquer celles et ceux qui chérissent leurs modes de vie carbonés ? Quid des dynamiques géopolitiques pour les territoires décroissants ?

1 Fanny Lopez, *À bout de flux*, Divergences, 2022, p. 108-109.

Politiser la question climatique

Il serait malhonnête de prétendre que « l'enjeu démocratique » est totalement absent des conférences ou des tables rondes consacrées à la filière hydrogène. Lors du salon de Belfort, en septembre 2023, dans le cadre d'un échange consacré aux infrastructures de transport de la molécule H_2, Philippe Boucly a par exemple pris soin de souligner qu'« il faut prendre en compte *l'acceptabilité sociale* des projets de canalisation hydrogène, ce qui prend du temps ». Mais il n'est nullement question de négocier avec les habitant·es un avenir encore ouvert, compatible avec des pratiques locales et adapté aux valeurs que portent les citoyen·nes ; une mise en débat sur laquelle est pourtant censée reposer la démocratie. La « société civile » est réduite à un paramètre parmi d'autres. « Face à un problème, nous avons l'habitude de penser les choses en deux temps : d'abord, nous réfléchissons aux solutions techniques, puis nous voyons comment elles s'adaptent à la société », explique Laurence Raineau, socio-anthropologue de l'environnement[1]. « Cette vision simplifiée du social, fort répandue dans les sphères technocratiques – car elle correspond à une conception du monde saisissable par les sciences de l'ingénieur et basée sur la logique technique et positive cause/effet, problème/solution – ne résiste pourtant pas à l'épreuve des faits (sociaux) et se traduit la plupart du temps

1 Entretien avec Laurence Raineau, le 22 juin 2023.

par un échec des politiques de communication », confirme Frédérick Lemarchand, lui aussi socio-anthropologue[1].

C'est ainsi que la population locale du Yorkshire du Nord, en Angleterre, a exprimé ses réticences vis-à-vis du recours à l'hydrogène pour le chauffage domestique, jugé trop cher et dangereux[2]. Coup sur coup, les projets visant à transformer les communes de Whitby et de Redcar en « villages hydrogène » ont été abandonnés en 2023 après des mois de protestation. Autre exemple : « À l'été 2019, le maire d'une commune de Normandie reçoit par la poste un dossier envoyé par le syndicat d'énergie du département faisant part de l'installation d'une station hydrogène sur le territoire de sa commune. Au cours d'un entretien, cet élu assurera n'avoir jamais été mis au courant d'un tel projet : le choix du terrain ou les aménagements n'avaient fait l'objet d'aucune discussion antérieure. Finalement, après discussion avec les riverains du projet, le maire et son conseil municipal refuseront l'implantation de la station », raconte le sociologue Rudy Amand après avoir réalisé une enquête de terrain sur place[3]. Citons également le chantier de la Centrale électrique de l'Ouest guyanais (CEOG), porté par l'entreprise bordelaise Hydrogène de France (HDF), qui fut l'objet

---

1 Frédérick Lemarchand (dir.), *Transition énergétique bas-carbone. Obstacles et enjeux*, L'Harmattan, 2022, p. 113.
2 Jillian Ambrose, « "Hydrogen village" plan in Redcar abandoned after local opposition », *The Guardian*, 14 décembre 2023 ; Kalyeena Makortoff, « Cheshire villagers will not be forced to join hydrogen energy trial », *The Guardian*, 30 mars 2023.
3 Rudy Amand, *Hydrogène et transition énergétique. Analyse socio-anthropologique d'une trajectoire régionale*, L'Harmattan, 2021, p. 96-97.

de vives oppositions locales entre 2021 et 2022[1]. Pensé sous le prisme de « l'acceptabilité sociale », le *problème* démocratique consiste simplement à « lever les obstacles à la bonne marche du projet et à la réalisation d'une "feuille de route" [grâce à] l'appui de la logique managériale », complète Frédérick Lemarchand[2]. Le chantier de CEOG, qui a redémarré sous haute surveillance policière et dans une ambiance répressive[3], est-il désormais considéré comme « socialement accepté » ?

Cette forme de gouvernance des expert·es par les expert·es et pour les expert·es s'inscrit dans un programme politique bien identifié : le néolibéralisme. « Le néolibéralisme a tendance à se méfier des institutions de la démocratie représentative pour lui préférer des organismes administrés par des experts non élus, indépendants de l'influence directe ou indirecte de la souveraineté populaire », écrit Bruno Amable, spécialiste de la philosophie néolibérale[4]. Les investissements massifs des gouvernements du monde entier ainsi que la mise en place de mécanismes et réglementations en faveur de l'hydrogène bas-carbone s'ancrent également dans une logique néolibérale. Contrairement au libéralisme classique, fondé sur le « laissez-faire », le néolibéralisme s'apparente en effet à un interventionnisme, dans lequel le rôle de l'État consiste simplement à assurer le bon fonctionnement du marché concurrentiel, empêcher les situations de monopole et garantir

1 Voir la section « Dompter les énergies renouvelables », p. 198.
2 Frédérick Lemarchand (dir.), *Transition énergétique bas-carbone, op. cit*, p. 113.
3 Enzo Dubesset, « En Guyane, la lutte d'un peuple amérindien contre une centrale électrique », *La Croix*, 24 novembre 2023.
4 Bruno Amable, *Le néolibéralisme*, PUF, 2023, p. 37.

un environnement monétaire stable nécessaire au bon fonctionnement du mécanisme des prix[1] ; il devient une « police du marché et de la société[2] ». En d'autres termes, l'État *dépolitise* ses choix, ce qui l'exonère de toute discussion sur les problèmes de nature sociale qu'implique la crise climatique et environnementale, ou plus fondamentalement de tout débat sur l'ordre social capitaliste et sur les inégalités et les pollutions qu'il engendre[3]. C'est dans ce contexte idéologique – où l'État est réduit à un simple régulateur de marché et, c'est nouveau, à un comptable carbone – qu'il faut comprendre la totémisation de l'hydrogène. De la dépolitisation de la question climatique est née l'hydrogène mania, charge donc aux contre-pouvoirs de replacer le débat énergétique sur un terrain plus proprement politique, et de révéler les rapports de force, les impasses et les contradictions sous-jacentes à la « civilisation hydrogène », un projet présenté à tort comme consensuel.

J'espère que cette enquête y aura contribué.

1 David Caya, « Comment et pourquoi le néolibéralisme est devenu hégémonique », revuecite.fr, 5 novembre 2023.
2 Bruno Amable, *Le néolibéralisme*, *op. cit.*, p. 14-15 et p. 30.
3 Jean-Baptiste Comby, *La question climatique*, *op. cit.*

GLOSSAIRE

Cartes d'identité moléculaires

Ammoniac

L'ammoniac (NH_3), composé de 1 atome d'azote (N) et de 3 atomes d'hydrogène (H), représente l'ingrédient principal pour fabriquer les engrais azotés, sur lesquels repose l'agriculture industrielle mondiale. Le principal mode de production de l'ammoniac, le fameux procédé Haber-Bosch, permet de combiner des molécules H_2 aux molécules de diazote (N_2) au moyen d'une forte température (entre 400 °C et 650 °C); la production d'une tonne d'ammoniac génère près de deux fois plus d'émissions de CO_2 qu'une tonne d'acier, en partie à cause de la production de l'hydrogène. Les émissions indirectes de cette industrie, causées par l'épandage des fertilisants azotés, renforcent encore l'impact climatique de l'ammoniac, notamment en raison de la formation de protoxyde d'azote (N_2O), un gaz à effet de serre 273 fois plus puissant que le CO_2 sur une période de 100 ans[1].

Au-delà des usages actuels, l'ammoniac est pressenti pour devenir le principal mode de transport de l'hydrogène sur de

1 Groupe 3 du Giec, « Atténuation du changement climatique », AR6, 2022, p. 1017.

très grandes distances, ce qui en ferait une brique technologique clef du futur marché mondial de l'hydrogène. L'ammoniac présente en effet l'avantage d'être facilement transportable par voie ferrée, par canalisations dédiées, par voie maritime, ou par fret routier[1]. Il s'agit toutefois d'une substance hautement toxique, dont les effluents provoquent des brûlures et des irritations, voire la mort.

Électro-carburants

Les électro-carburants ressemblent à s'y méprendre à des carburants traditionnels. Mais leur mode de production est radicalement différent : les premiers sont fabriqués de manière artificielle, les seconds proviennent de l'extraction de pétrole brut. L'émergence d'un secteur des électro-carburants dépend de la filière hydrogène : les molécules bricolées sont fabriquées à partir de H_2 et de CO_2, à l'aide d'un processus appelé « réaction de Sabatier ». Le méthane artificiel qui en sort est ensuite liquéfié par le biais de la « synthèse Fisher-Tropsch », pour rendre le carburant synthétique digeste pour les véhicules (e-diesel, e-essence, e-kérosène, etc.). En bout de course, si l'hydrogène utilisé est fabriqué à partir d'électricité, seulement 13 % de l'énergie introduite dans l'électrolyseur contribue à faire tourner la roue d'un véhicule nourri aux électro-carburants[2], ce qui nécessite quatre à cinq fois plus d'électrons qu'une voiture à batterie[3].

1 « Feature Article: Securing Transportation of Ammonia. Agricultural Lifeline and Future Affordable, Clean Energy Source », dhs.gov, 17 juin 2021.
2 Carlos Calvo Ambel, « E-fuels too inefficient and expensive for cars and trucks », *op. cit.*
3 Aurélien Bigo, « L'Allemagne a bloqué temporairement l'adoption de la fin de vente des voitures thermiques dans l'UE d'ici 2035 », art. cit.

Les électro-carburants, qui émettent du CO_2 lorsqu'ils sont brûlés au même titre que les carburants classiques, bénéficieraient pourtant d'un bilan carbone neutre si l'hydrogène utilisé est bas-carbone (première condition) et que le CO_2 provient directement de l'atmosphère, ce qui n'existe pas encore à grande échelle, ou bien des fumées d'une centrale biomasse (deuxième condition). Sur le papier, si ces deux conditions sont remplies, la quantité de CO_2 rejetée pour faire avancer le véhicule est censée être égale à la quantité de CO_2 retirée de l'atmosphère pour fabriquer l'électro-carburant. À côté des électro-carburants, les agrocarburants, fabriqués à partir d'huiles usagées ou de résidus agricoles et forestiers, appartiennent également à la catégorie des « carburants alternatifs ».

Gaz naturel, gaz fossile

Le gaz naturel, au nom trompeur, est une source d'énergie fossile, présente sous forme gazeuse, issue de la décomposition de matières organiques au fond des océans[1]. La substance extraite d'un gisement de gaz naturel est un mélange gazeux d'hydrocarbures, principalement constitué de méthane (CH_4), un redoutable gaz à effet de serre. Pour souligner le caractère climaticide du gaz naturel, je lui préfère le nom de gaz fossile, ou bien simplement celui de méthane.

Hydrogène

Voir l'encadré « L'hydrogène, la molécule providentielle ? », page 13.

1 « Tout savoir sur le gaz naturel », ifpenergiesnouvelles.fr, consulté le 6 mai 2024.

Méthane

Le méthane (CH_4), qui comporte 4 atomes hydrogène (H) pour 1 atome carbone (C), est le composant principal du gaz fossile (l'autre nom du gaz naturel), ainsi que du gaz naturel liquéfié (GNL). Le méthane est surtout utilisé en tant que combustible pour produire de la chaleur et de l'électricité. Mais c'est également l'ingrédient clef de l'industrie hydrogène : la molécule CH_4 alimente les usines de vaporeformage de méthane, lesquelles fabriquent un mélange gazeux principalement composé de monoxyde de carbone (CO) et de H_2, appelé « gaz de synthèse », ensuite transformé en hydrogène, en *méthanol** ou bien, indirectement, en ammoniac.

Responsable de 30 % du réchauffement climatique depuis l'ère préindustrielle[1], le méthane est un puissant gaz à effet de serre : un volume de CH_4 largué dans l'atmosphère aura un impact climatique entre 28 et 36 fois plus important que le même volume de CO_2 sur une période de 100 ans, entre 84 et 87 fois sur une période de 20 ans (voir *Pouvoir réchauffant global**)[2]. Les émissions mondiales de méthane causées par les activités humaines, largement sous-estimées dans les inventaires nationaux, continuent d'augmenter, et représentent au moins 342 Mt chaque année, d'après des estimations satellites de l'Agence internationale de l'énergie. Juste derrière le secteur agricole, l'industrie des énergies fossiles est le principal

1 « Global Methane Tracker 2023. Understanding methane emissions », iea.org, consulté le 6 mai 2024.

2 « Methane Tracker 2021. Methane and climate change », iea.org, consulté le 6 mai 2024.

coupable des rejets de méthane, relarguant la molécule CH_4 de manière volontaire lors d'opération de maintenance, pour des questions économiques ou pour des raisons de sécurité.

Méthanol

Le méthanol (CH_3OH) est un type d'alcool, principalement utilisé comme matière première par l'industrie de la chimie pour fabriquer des plastiques, des résines, des peintures, des explosifs, des cosmétiques, ou en tant qu'additif dans l'essence[1]. La molécule concerne la filière hydrogène à plusieurs titres. Comme il est en partie composé d'hydrogène, et qu'il est facilement transportable (c'est un produit liquide), le méthanol est envisagé en tant que mode de transport de l'hydrogène, au même titre que l'ammoniac. En outre, le méthanol, ou plutôt l'« électro-méthanol », s'il est produit à partir d'hydrogène bas-carbone et de CO_2 récupéré des fumées des usines polluantes par un système de captage de carbone, représente un des seuls candidats susceptibles de remplacer le fioul lourd des navires-cargos – le secteur maritime étant responsable de 3 % des émissions mondiales de CO_2.

1 « Méthanol », societechimiquedefrance.fr, consulté le 6 mai 2024.

Organismes de référence cités

Ademe

Créée en 1991, l'Agence de l'environnement et de la maîtrise de l'énergie, plus simplement nommée Agence de la transition écologique, est un établissement public à caractère industriel et commercial. Sous la tutelle des ministères français de l'Enseignement supérieur, de la Recherche et de l'Innovation et de la Transition écologique, l'Ademe mène des missions d'expertise et de prospective, ainsi que de collecte et de diffusion de données en lien avec le changement climatique et la dégradation des ressources. L'Ademe exerce également le rôle de conseiller et octroie des subventions publiques et aides au financement de projets d'entreprises, de collectivités ou de recherche pour accélérer la baisse de la consommation d'énergie, développer les énergies renouvelables et réduire les émissions de gaz à effet de serre.

AIE

L'Agence internationale de l'énergie, basée à Paris, est une organisation intergouvernementale reconnue pour son expertise énergétique, et ses 31 pays membres pèsent pour 80 % de l'énergie consommée dans le monde. Fondée en 1974 par l'Organisation de coopération et de développement économiques (OCDE), en réponse au premier choc pétrolier, l'AIE avait alors pour objectif de sécuriser l'approvisionnement énergétique de ses membres – des pays du Nord importateurs de pétrole – au moment où les pays pétroliers, organisés au sein de l'Organisation des pays exportateurs de pétrole (OPEP), ont décrété un embargo sur le pétrole. L'AIE compte désormais 400 salarié·es, et ses missions se sont étoffées au cours de son histoire.

L'AIE est connue pour publier de solides statistiques relatives au secteur mondial de l'énergie, qui font référence dans les sphères politiques, économiques et scientifiques. La plupart des données chiffrées que je mobilise pour comprendre la réalité macroscopique et les grandes tendances du secteur de l'hydrogène proviennent de rapports de l'AIE. Sur la base des données collectées, les analystes, statisticien·nes et autres spécialistes des politiques publiques de l'AIE formulent des avis, qui constituent des aides à la prise de décision politique pour les gouvernements du monde entier. C'est une sorte de super cabinet de conseil[1] ; le conseil d'administration de l'AIE, son organe décisionnel, est d'ailleurs composé des ministres de l'Énergie, ou de leurs hauts représentants, de chaque pays membre. En ce sens, les analyses et recommandations qui émanent de l'AIE, si sérieuses soient-elles, promeuvent une certaine vision du monde, et celle-ci se rapproche, à mon sens, d'un idéal de mondialisation heureuse.

1 Agathe Beaujon, « Cinquante ans après sa création, à quoi sert encore l'Agence internationale de l'énergie ? », *Challenges*, 14 février 2024.

CEA

Le Commissariat à l'énergie atomique et aux énergies alternatives est un organisme de recherche français dans les domaines des énergies nucléaire et renouvelable, du numérique, de la défense et de la sécurité. En 1945, à l'issue de la deuxième guerre mondiale, Charles de Gaulle crée le CEA pour développer les sciences de l'atome et en obtenir des applications militaires et civiles, dans l'optique de faire de la France une puissance nucléaire de premier plan. Ses champs de recherche se sont diversifiés depuis, mais le CEA conserve sa mission de « fournisseur d'innovations au service de toute l'industrie française[1] ».

Giec

Le Groupe d'experts intergouvernemental sur l'évolution du climat (IPCC en anglais) est un organisme intergouvernemental chargé de synthétiser l'état des connaissances scientifiques, techniques et socio-économiques relatif aux changements climatiques en cours. Ce n'est pas un organisme de recherche : les chercheurs et chercheuses du Giec, qui rédigent les rapports de manière bénévole, se fondent sur la littérature scientifique existante, et expriment donc le *consensus scientifique* établi à l'échelle mondiale sur un sujet climatique donné.

Créé en 1988 à la demande du G7, le Giec est organisé en 3 groupes de travail : la première équipe est chargée d'évaluer les principes physiques et écologiques du changement

---

1 « Accompagner les industriels dans leurs projets d'innovation », cea.fr, 9 juillet 2021.

climatique, le deuxième étudie les impacts, la vulnérabilité et l'adaptation des sociétés aux bouleversements du climat, le troisième s'attarde sur les moyens d'atténuer le phénomène (parmi lesquels se trouve l'hydrogène). Le Giec a publié 6 rapports, en 3 volets, depuis 1990. Le dernier rapport, publié entre 2021 et 2022, a été rédigé par 234 auteurs et autrices issu·es de 66 pays, et se décline en 3 versions plus ou moins digestes (le rapport complet compte 2 000 à 3 000 pages selon les groupes, le résumé technique une centaine de pages, le résumé à l'intention des décideur·ses 30 à 50 pages). Chaque publication est soumise à un processus de validation par les gouvernements membres du Giec. Les informations du Giec que je mobilise tout au long de mon livre sont principalement issues du rapport complet.

Ineris

L'Institut national de l'environnement industriel et des risques, placé sous la tutelle du ministère français chargé de l'Environnement, est un établissement public à caractère industriel et commercial chargé de fournir des expertises en matière de maîtrise des risques technologiques et industriels. Créé en 1990, implanté à Verneuil-en-Halatte, dans l'Oise, l'Ineris et ses quelque 500 salarié·es évaluent la dangerosité des substances chimiques et autres expositions environnementales et les risques sanitaires associés, la sécurité et la sûreté des systèmes industriels, des nouvelles énergies, des exploitations souterraines.

Irena

L'Agence internationale pour les énergies renouvelables, dont le siège se trouve à Abu Dhabi, est une organisation intergouvernementale, mandatée pour promouvoir la transformation du système énergétique mondial en faveur des énergies renouvelables (énergies solaire et éolienne, bioénergie, géothermie, hydroélectricité, énergies marines). Fondée en 2009, l'Irena résulte de réflexions menées au sein de l'Eurosolar, un think tank européen porté par Hermann Scheer, un homme politique allemand (social-démocrate, SPD), et compte désormais 168 pays membres en plus de l'Union européenne. L'Irena collecte de précieuses données sur le secteur mondial des énergies renouvelables, et j'ai allègrement puisé dans son travail pour mon enquête. Toutefois, de la même manière que l'AIE, l'Irena est un organisme *expert* qui fournit des recommandations aux gouvernements dans le domaine de l'énergie, et valorise l'idée d'une transition énergétique conditionnée au renforcement d'un marché mondial de l'énergie. Il ne s'agit donc pas d'un observateur *neutre*, en marge de l'action politique.

Fiches d'identité des principales entreprises et lobbys de l'hydrogène

Air Liquide

- Type d'organisme : groupe industriel français d'envergure internationale (présent dans 72 pays).
- Création : 1902.
- Chiffre d'affaires : 27,6 milliards d'euros (2023)[1].
- Activité principale : fabrique et livre de l'oxygène, de l'azote, de l'argon, de l'hydrogène fossile, du monoxyde de carbone, de l'acétylène, du monoxyde de carbone, du dioxyde de carbone, et autres gaz rares.

Air Products

- Type d'organisme : groupe industriel états-unien d'ampleur internationale (présent dans une cinquantaine de pays, opère plus de 750 unités de production).
- Création : 1940[2].
- Chiffre d'affaires : 11,7 milliards d'euros (2023)[3].
- Activité principale : produit et livre des gaz industriels comme l'oxygène, l'azote et l'argon, l'hydrogène fossile, l'hélium, le dioxyde de carbone, le monoxyde de carbone et le gaz de synthèse.

---

1 « Air Liquide en bref », airliquide.com, consulté le 6 mai 2024.
2 « Company », airproducts.com, consulté le 6 mai 2024.
3 « Air Products Reports Fiscal 2024 First Quarter GAAP EPS of $2.73 and Adjusted EPS of $2.82 », Air Products, 2024.

France Hydrogène

- Type d'organisme : lobby (échelle nationale).
- Création : 1991 (Afhypac[1]), renommée France Hydrogène en 2020.
- Membres : plus de 450 acteurs impliqués au sein de la filière française de l'hydrogène, des grands groupes industriels développant des projets d'envergure, des PME-PMI et startups soutenues par des laboratoires et centres de recherche, des associations, des pôles de compétitivités et des collectivités territoriales[2]. 12 délégations régionales.
- Activité : le groupe d'intérêt mène différentes actions de communication et de lobbying pour faire évoluer le cadre réglementaire en faveur des activités de ses membres, promouvant ainsi le déploiement des technologies hydrogène en France[3].
- Direction : France Hydrogène est présidé par Philippe Boucly depuis 2017. Retraité du secteur du gaz fossile, diplômé de Polytechnique et ingénieur de l'École des mines de Paris, Philippe Boucly fut directeur général de GRTgaz, l'entreprise chargée de gérer une partie du transport du gaz naturel en France, de 2009 à 2013, après avoir passé sa carrière au sein de Gaz de France, devenu GDF Suez puis Engie[4].

1 Pour Association française pour l'hydrogène et les piles à combustible.
2 « Qui sommes-nous ? », france-hydrogene.org, consulté le 6 mai 2024.
3 « L'Afhypac devient France Hydrogène », france-hydrogene.org, 8 octobre 2020.
4 « Philippe Boucly », chairgovreg.fondation-dauphine.fr, consulté le 6 mai.

Genvia

- Type d'organisme : coentreprise publique-privée entre Schlumberger, une multinationale parapétrolière, et le Commissariat à l'énergie atomique et aux énergies alternatives (CEA).
- Création : 2021.
- Activité : sorte de startup à visée industrielle, Genvia cherche à construire une giga-factory pour fabriquer la technologie d'électrolyse haute température à très haut rendement développée au sein des laboratoires du CEA, mais qui nécessite encore des ajustements. Ainsi, les équipes de Genvia peaufinent leur électrolyseur en même temps qu'elles mettent en place les lignes capables de produire en masse la future machine à horizon 2030[1].
- Direction : Genvia est dirigée par Florence Lambert, ancienne directrice du CEA-Liten[2], et soutenue par l'État français à hauteur de 200 millions d'euros dans le cadre des projets d'intérêt commun européen (IPCEI)[3].

HyDeal Ambition

- Type d'organisme : alliance d'une quarantaine d'industriels de l'énergie et d'acteurs financiers.
- Création : 2021.

1 « Hydrogène : la société Genvia officiellement lancée », cea.fr, 30 mars 2021.
2 Pour Laboratoire d'innovation pour les technologies des énergies nouvelles et les nanomatériaux.
3 « 2 milliards de plus pour l'hydrogène », france-hydrogene.org, 30 novembre 2021.

- Activité : mise en place de giga-zones de production d'hydrogène renouvelable destiné à l'industrie européenne. L'ambition initiale était de fournir 3,6 millions de tonnes par an d'hydrogène renouvelable aux secteurs de l'énergie, de l'industrie et de la mobilité à un prix équivalent à l'hydrogène fossile (1,50 €/kg), en mettant en place 95 GW de solaire et de 67 GW d'électrolyseurs à l'horizon 2030. Trois ans plus tard, on sait que le « projet d'hydrogène renouvelable le plus gigantesque au monde », selon le classement de 2022 de l'Agence internationale pour les énergies renouvelables[1], ne verra pas le jour. « HyDeal Ambition était une plateforme de consultation, une vision… ce n'était pas une entreprise à part entière », justifie Thierry Lepercq[2]. Pour la partie production, plutôt que le sud de l'Europe, Thierry Lepercq se tourne désormais vers la Mauritanie et le Maroc. Il devrait annoncer le lancement d'une société de trading et de service en octobre 2024, pour l'instant connue sous le nom de « HyDeal Africa », visant à structurer une marketplace capable d'agréger une demande et une offre de 20 millions de tonnes d'hydrogène renouvelable par an à 2,5 €/kg. Censée être connectée par pipeline, la production devrait être en partie destinée au marché européen[3].
- Direction : HyDeal Ambition a été lancée en 2021 par Thierry Lepercq, auteur de *Hydrogène, le nouveau pétrole*

1 Irena, « Geopolitics of the Energy Transformation: The Hydrogen Factor », 2022, p. 87.
2 Entretien avec Thierry Lepercq, le 6 mai 2024.
3 *Ibid.*

et entrepreneur dans le secteur de l'énergie. Il avait fondé l'entreprise d'électricité solaire photovoltaïque Solairedirect en 2006, rachetée par Engie, et a été directeur général adjoint chargé de la recherche, de la technologie et de l'innovation chez Engie entre 2016 et 2018[1].

Hydrogen Council (ou Conseil de l'hydrogène)

- Type d'organisme : lobby (échelle mondiale).
- Création : 2017.
- Membres : près de 150 multinationales représentant l'ensemble de la chaîne de valeur de l'hydrogène.
- Activité : le Conseil de l'hydrogène promeut le déploiement d'une « économie mondiale de l'hydrogène » et milite pour la mise en place de réglementations favorables à l'accélération des investissements dans la recherche et la commercialisation des techniques hydrogéniques[2].
- Direction : créé par Benoît Poitier, alors PDG d'Air Liquide, lors du Forum économique mondial de Davos, le Conseil de l'hydrogène est désormais coprésidé par Yoshinori Kanehana, président de Kawasaki Heavy Industries (multinationale japonaise spécialisée dans la fabrication de motos, d'équipements lourds et d'engins militaires, ainsi que dans la construction aérospatiale, ferroviaire et les chantiers navals) et Sanjiv Lamba, PDG de Linde, depuis juin 2023.

1 « Thierry LEPERCQ », e5t.fr, consulté le 6 mai 2024.
2 « Hydrogen Council », transparency-register.europa.eu, consulté le 6 mai 2024.

Hydrogen Europe

- Type d'organisme : lobby (échelle européenne).
- Création : 2007.
- Membres : au total, plus de 550 organismes adhérents, dont une large partie de lobbys nationaux, de sociétés industrielles, d'instituts de recherche, présents sur toute la chaîne de valeur européenne de l'hydrogène et des piles à combustible, ainsi qu'une trentaine de régions de l'Union européenne
- Activité : Anciennement connu sous le nom de NEW-IG[1], pour « New Energy World – Industry Group », Hydrogen Europe fédère l'ensemble de la filière européenne de l'hydrogène, et milite en faveur du déploiement de cette industrie auprès des institutions européennes.
- Direction : Hydrogen Europe est présidé par Jorgo Chatzimarkakis depuis 2016. Avant de devenir le visage de l'industrie européenne de l'hydrogène, Jorgo Chatzimarkakis, doté de la double nationalité allemande et grecque, était député au Parlement européen pour le FPD, le parti libéral d'Allemagne, entre 2004 et 2014. Son épouse, Manuela Ripa, est elle-même eurodéputée depuis 2020 pour le parti écologiste et conservateur allemand, ÖDP.

---

1 D'après l'entretien mené auprès de Jorgo Chatzimarkakis lui-même, et confirmé par Internet Archive [consultable sur : urlz.fr/qziS].

Lhyfe

- Type d'organisme : PME (Nantes).
- Création : 2017.
- Activité : fabrication et vente d'hydrogène renouvelable, et accompagnement pour la mise en place de sites de production d'hydrogène renouvelable. Après l'inauguration d'une première unité de petite taille à Bouin, en Vendée, en 2020 (300 kilos par jour jusqu'à son expansion prévue en 2025, pour atteindre 1 tonne par jour), puis l'entrée en opération de deux nouveaux sites en 2024 (dans le Morbihan et la Haute-Garonne, 2 tonnes par jour chacun), Lhyfe enchaîne les annonces de construction de sites de production dans toute l'Europe, et notamment en Allemagne (8 tonnes par jour), où l'entreprise ambitionne de devenir un acteur majeur dans la distribution par conteneurs d'ici à 2025[1].
- Financement : Lhyfe est entrée en Bourse en 2022 (Euronext® Paris) avec une levée de fonds de 118 millions d'euros[2]. Début 2024, un total de 238 millions d'euros de subventions publiques européennes et nationales (des États français, belge, espagnol et italien) a été fléché vers le financement des activités de recherche et les sites de production en cours de déploiement portés par Lhyfe[3]. Parmi

1 Échange avec l'agence de communication de Lhyfe, le 13 mai 2024.
2 « Notre histoire », fr.lhyfe.com, consulté le 6 mai 2024.
3 Pour le projet HOPE en Belgique, Lhyfe a remporté 9,8 millions d'euros de la Commission européenne dans le cadre du « Clean Hydrogen Partnership » et 13 millions du gouvernement belge ; pour le projet TH2ICINO en Italie, Lhyfe a obtenu 4,4 millions d'euros de la part de Commission Européenne ; pour

ces 238 millions d'euros, la PME pourrait décrocher jusqu'à 149 millions d'euros d'aide publique de l'État français pour la construction d'un méga site de production de 100 MW (34 tonnes d'hydrogène par jour) dans la zone industrielle du Havre, ainsi qu'une subvention de 5,5 millions relative au projet de site au Cheylas en France.

Linde

- Type d'organisme : groupe industriel international (plus de 80 pays).
- Création : 1879.
- Chiffre d'affaires : 30 milliards d'euros (2023)[1].
- Activité principale : Produit et distribue de l'oxygène, de l'azote, de l'argon, ainsi que de l'hydrogène fossile, de l'acétylène, du monoxyde de carbone, du dioxyde de carbone, et autres gaz spéciaux[2].

---

le projet Vallmoll en Espagne, 14,2 millions d'euros sont octroyés à Lhyfe par le gouvernement espagnol dans le cadre du programme « H2 Pioneros ». Échange avec l'agence de communication de Lhyfe, le 13 mai 2024.

1 « Linde Reports Full Year and Fourth Quarter 2023 Results », linde.com, 6 février 2024.

2 « Gases Division », linde.com.sg, consulté le 6 mai 2024.

Termes techniques du monde de l'énergie et du climat

Découplage

Le découplage désigne une situation où l'augmentation du produit intérieur brut (PIB), c'est-à-dire l'expansion *quantitative* des volumes de production dans un pays, rompt avec la hausse des destructions écologiques engendrées par les activités humaines. Ce concept, qui relève de l'économie, est au cœur des stratégies climatiques fondées sur la croissance verte. Pour garantir des conditions d'habitabilité sur Terre dans une économie en croissance, le découplage doit remplir plusieurs critères : il doit être absolu, suffisamment rapide, permanent, d'envergure mondiale et concerner tous les gaz à effet de serre et polluants (pas seulement le CO_2). Une décorrélation d'une telle ampleur n'a jamais été observée, et il n'y a aucune raison de penser que cela puisse changer à l'avenir[1].

Découplage absolu et relatif

La dissociation est dite *absolue* lorsque le PIB augmente en même temps que les dommages environnementaux se réduisent. À l'inverse, le découplage est qualifié de *relatif* lorsque la croissance économique reste corrélée à l'augmentation des effets délétères sur les écosystèmes, mais le rythme des destructions est moins soutenu qu'auparavant. Même un découplage

---

1 Timothée Parrique *et al*, « Decoupling Debunked », art. cit. Du même auteur, voir aussi le livre grand public *Ralentir ou périr*, *op. cit.*

absolu, observé dans quelques pays dont la France, n'est pas suffisant pour répondre à la catastrophe écologique en cours.

Énergie primaire, secondaire, finale

Une *énergie primaire* désigne un produit énergétique à l'état brut, dénué de toute transformation, puisé auprès d'une source d'énergie. Parfois les énergies primaires sont utilisables telles quelles (comme l'énergie solaire, l'énergie du vent, l'énergie hydraulique, l'énergie géothermique, le bois, le gaz fossile), parfois non. Par exemple, les produits énergétiques primaires que sont le pétrole brut ou le schiste bitumineux doivent subir une transformation avant de pouvoir être utilisés.

Une *énergie secondaire* est obtenue après la transformation d'une énergie primaire, et n'existe pas à l'état naturel. Par exemple, les produits pétroliers raffinés sont des énergies secondaires issues du pétrole brut. Une même énergie secondaire peut parfois s'obtenir à partir d'énergies primaires variées, comme l'électricité (issue de la transformation du charbon, du gaz fossile, de l'énergie solaire, de l'énergie nucléaire ou autre). L'hydrogène, lorsqu'il est produit à partir de gaz fossile, peut être considéré comme une énergie secondaire.

Une *énergie finale* désigne une énergie prête à l'emploi, livrée et facturée au consommateur ou à la consommatrice final·e, après avoir traversé toute la chaîne de transformation de l'énergie (et avoir subi des pertes de rendement énergétique à chaque étape). C'est le cas de l'essence à la pompe, de l'électricité à la prise et, peut-être un jour, de l'hydrogène en station-service.

Limites planétaires

Les limites planétaires désignent 9 processus, 9 seuils à ne pas franchir au risque de déstabiliser l'écosystème terrestre de manière irréversible. Il s'agit du changement climatique, de l'érosion de la biodiversité, de la perturbation des cycles biogéochimiques de l'azote et du phosphore, des changements d'utilisation des sols, de l'acidification des océans, de l'utilisation mondiale de l'eau, de l'appauvrissement de la couche d'ozone, de l'introduction d'entités nouvelles dans l'environnement (pollution chimique) et de l'augmentation des aérosols dans l'atmosphère.

Macro-système technique

Un macro-système technique est un concept élaboré par le socio-anthropologue Alain Gras pour désigner les réseaux d'échange, les infrastructures techniques, les institutions politico-économiques, ainsi que les enjeux de pouvoir et de puissance sous-jacents, tissés autour d'un objet technique. « Dans ce conglomérat techno-institutionnel, les flux sont régulés grâce à une vision centralisée des échanges, que l'on pourrait nommer panoptique », explique le chercheur. « Le célèbre prototype de prison imaginé par Jeremy Bentham et décrit par Michel Foucault en donne une image simple : une seule tour centrale permet d'embrasser tout l'espace et de contrôler toutes les cellules de prisonniers. La tour peut se concevoir dans sa plus grande généralité comme le système d'abord électrique et maintenant numérique qui a émergé peu à peu dans la modernité récente. Laquelle avait trouvé dans son berceau, dès 1840, le germe du macro-système : le réseau ferré et le télégraphe qui gérait les convois. Le XXe siècle nous a rendus, par l'interconnexion, peu à peu tributaires de cette forme d'organisation sociotechnique[1]. » Si le futur marché mondial de l'hydrogène se déploie réellement, la molécule H_2 sera au cœur d'un nouveau macro-système technique.

Neutralité carbone

La neutralité carbone désigne une situation où les émissions de gaz à effet de serre d'origine humaine sont complètement compensées par des séquestrations de quantités équivalentes de CO_2. La différence entre les gaz émis et absorbés est alors égale à zéro, d'où l'expression de *neutralité carbone*» ou de *zéro émission nette.* La séquestration du carbone repose sur des puits de carbone ; ceux-ci peuvent être « biologiques », comme les forêts et les sols, ce qui est à privilégier, ou bien « technologiques », comme les systèmes de captage de CO_2. Ainsi que le souligne l'Ademe, « l'objectif de neutralité carbone n'a réellement de sens qu'à l'échelle de la planète », et ne s'applique pas à l'échelle d'une collectivité territoriale, d'une entreprise, et encore moins d'un produit ou d'un service[2].

1 Alain Gras et Gérard Dubey, *La servitude électrique*, *op. cit.*, p. 12-13.
2 Ademe, « Les avis de l'Ademe. La neutralité carbone », juillet 2021.

Pouvoir de réchauffement global (PRG)

Le pouvoir (ou potentiel) de réchauffement global (PRG) est un indicateur permettant de comparer les différents gaz à effet de serre en fonction de leur impact sur le climat, et selon une période de temps donné. La mesure est exprimée en équivalent CO_2 ($eqCO_2$), ce qui se traduit donc, mathématiquement, par un PRG du CO_2 égal à 1. Par exemple, comme le PRG du méthane calculé sur une période de 100 ans est de 28, cela signifie qu'une entreprise qui relâche aujourd'hui une tonne de méthane dans les airs aura, sur le siècle prochain, le même impact sur le climat que si elle avait rejeté 28 t de CO_2. Soulignons que l'horizon temporel considéré par le PRG n'est pas anodin, en particulier pour les gaz dont l'impact climatique est fort mais la durée de vie est courte, comme le méthane (qui disparaît après 12 ans). Ainsi, en considérant les effets climatiques sur une période de 20 ans seulement, la même entreprise aurait envoyé dans l'atmosphère l'équivalent de 84 tonnes de CO_2. Dans les scénarios climatiques et autres documents officiels, les PRG utilisés sont ceux calculés sur 100 ans, au risque de minimiser les effets délétères des émissions de méthane.

Projets d'intérêt commun et mutuel (PIC-PIM)

Les projets d'intérêt commun et mutuel (PIC-PIM) désignent des projets d'infrastructures énergétiques reliant les pays européens (PIC) ou l'Europe et des pays tiers (PIM), censés aider l'Union européenne à atteindre ses objectifs en matière d'énergie et de climat, en cohérence avec le Green Deal européen. Ils sont sélectionnés par la Commission, puis validés par le

Parlement et le Conseil. L'obtention du statut de PIC ou PIM est hautement stratégique pour les entreprises de l'énergie : il s'agit d'une condition préalable pour éventuellement bénéficier d'un financement de l'UE, et le démarrage effectif du chantier est beaucoup plus rapide (les procédures d'octroi des autorisations et l'évaluation environnementale sont accélérées)[1]. De nombreux projets hydrogéniques font partie de la liste, dont certains tronçons de la « dorsale européenne de l'hydrogène » (par exemple H_2Med, censé relier l'Espagne à l'Allemagne via la France).

Rendement énergétique

Le rendement énergétique permet de mesurer l'efficacité d'un système (machine électrique, circuit de transport d'énergie, etc.). Il désigne le rapport entre l'énergie injectée dans le système (sous une certaine forme, électrique, mécanique, peu importe) et l'énergie qui sort du système (parfois sous une autre forme). Prenons le cas d'une voiture à hydrogène. Tout au long de la chaîne de valeur, depuis la production de l'hydrogène par électrolyse de l'eau jusqu'à la mise en mouvement du véhicule, l'énergie effectivement consommée par le véhicule pour avancer a subi de nombreuses transformations, et donc des pertes ; cette énergie est passée de la forme électrique, à une forme chimique (l'hydrogène), puis de nouveau électrique, et enfin mécanique (pour faire tourner la roue du véhicule). À cause de

1 Commission européenne, « Questions et réponses sur la nouvelle liste des projets d'intérêt commun et des projets d'intérêt mutuel de l'Union dans le domaine de l'énergie », 28 novembre 2023.

l'énergie qui s'échappe, par exemple sous forme de chaleur, à chacune de ces nombreuses étapes, seulement 25 % de l'électricité initialement injectée dans l'électrolyseur se retrouve dans le moteur électrique en bout de chaîne[1].

Sources d'énergie

Les sources d'énergie existent à l'état naturel, sous la forme de matière première (par exemple le bois) ou de phénomènes physiques (comme les rayons solaires), et sont à l'origine de tous les types d'énergies qui nous sont familiers (essence à la pompe, électricité dans les foyers, fioul, etc., aussi appelés les énergies finales). Il est courant de classer les sources énergétiques en deux catégories : les sources d'énergies renouvelables (rayonnement solaire, vent, géothermie, énergies hydraulique et marémotrice, bois, biomasse) et les sources d'énergies non renouvelables (charbon, pétrole, gaz fossile, uranium).

Typologie arc-en-ciel

Les différents modes de production de l'hydrogène sont souvent représentés par un joli arc-en-ciel. Les bilans carbone ne prennent pas en compte les émissions de méthane. Les coûts estimés concernent l'Europe et sont issus de la même source que les bilans carbone, sauf mention contraire[2].

---

1 Luc Bodineau et Pierre Sacher, « Rendement de la chaîne hydrogène. Cas du power-to-H2-to-power », Fiche technique de l'Ademe, janvier 2020, p. 6. Voir aussi la figure n° 2 – Rendement de la chaîne hydrogène, p. 176.
2 Source : Gérard Longuet (rapporteur), « Rapport d'information sur les modes de production de l'hydrogène », OPECST, n° 4098, déposé le 15 avril 2021.

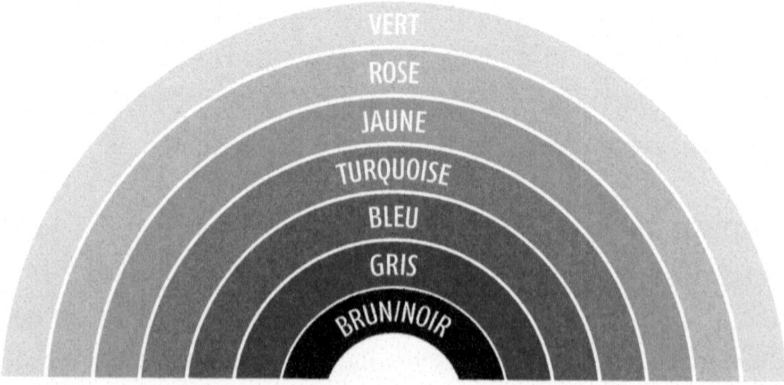

Hydrogène brun/noir :
- Origine : charbon ou pétrole
- Procédé : gazéification du charbon
- Bilan carbone : 20-24 t CO_2/t H_2
- Coût estimé : 1 €/kg H_2

Hydrogène gris :
- Origine : gaz fossile
- Procédé : vaporeformage de méthane
- Bilan carbone : 9-13 t CO_2/t H_2
- Coût estimé : 1,60 €/kg H_2

Hydrogène bleu :
- Origine : gaz fossile ou charbon
- Procédé : vaporeformage de méthane, associé à une infrastructure de captage-transport-stockage de CO_2
- Bilan carbone : < 5 t CO_2/t H_2
- Coût estimé : 2,10-3,60 €/kg H_2

Hydrogène turquoise :

- Origine : gaz fossile
- Procédé : pyrolyse (encore en phase de test)
- Bilan carbone : dépend de l'origine de l'électricité utilisée
- Coût estimé : 1,60 €/kg H_2

Hydrogène jaune :

- Origine : électricité du réseau
- Procédé : électrolyse de l'eau
- Bilan carbone : 19-21 t CO_2/t H_2 (Europe et États-Unis), 3 t CO_2/t H_2 (France)
- Coût estimé : entre 6,70-11,50 €/kg H_2 (Europe de l'Ouest), 4,1-5,6 €/kg H_2 [1]

Hydrogène rose :

- Origine : électricité nucléaire
- Procédé : électrolyse de l'eau
- Bilan carbone : 3 t CO_2/t H_2 (France)
- Coût estimé : 3,20-5,50 €/kg H_2 [2]

Hydrogène vert :

- Origine : électricité renouvelable (ou biomasse)
- Procédés : électrolyse de l'eau (ou thermolyse, encore en phase de test)
- Bilan carbone : 1,6 t CO_2/t H_2 [3]
- Coût estimé : 4-6 €/kg H_2

---

1 « Indicative production costs for hydrogen via electrolysis in selected regions compared to current references », iea.org, 12 janvier 2023.
2 « Hydrogen Production and Uses », world-nuclear.org, 30 avril 2024.
3 « Qu'est-ce que l'hydrogène décarboné exactement ? », infos.ademe.fr, avril 2021.

Vecteur énergétique

Un vecteur énergétique n'existe pas à l'état naturel, et désigne donc une forme d'énergie issue d'une source d'énergie ou d'une énergie secondaire. Il s'agit en quelque sorte d'un *véhicule* capable de transporter une quantité d'énergie d'un point A à un point B. L'électricité, par exemple, est un vecteur d'énergie en ce qu'elle permet de faire circuler, à travers des câbles électriques et sous forme de flux d'électrons, une part de l'énergie contenue dans les combustibles fossiles, dans l'uranium ou dans des ressources renouvelables. Il en va de même pour les carburants, ou bien la chaleur. L'intérêt de l'hydrogène réside précisément dans son utilisation potentielle en tant que vecteur d'énergie ; il serait capable de transporter et de stocker, sous forme gazeuse, de l'électricité renouvelable.

Procédés et équipements industriels aux noms étranges

Principaux usages et procédés de production actuels de l'hydrogène

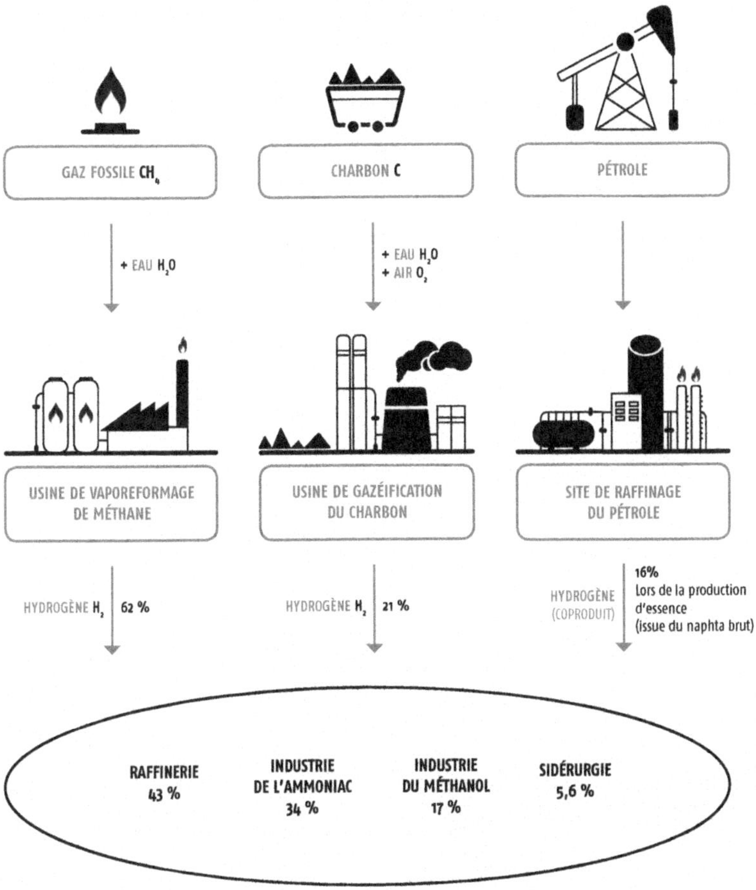

L'« économie hydrogène », en toute théorie

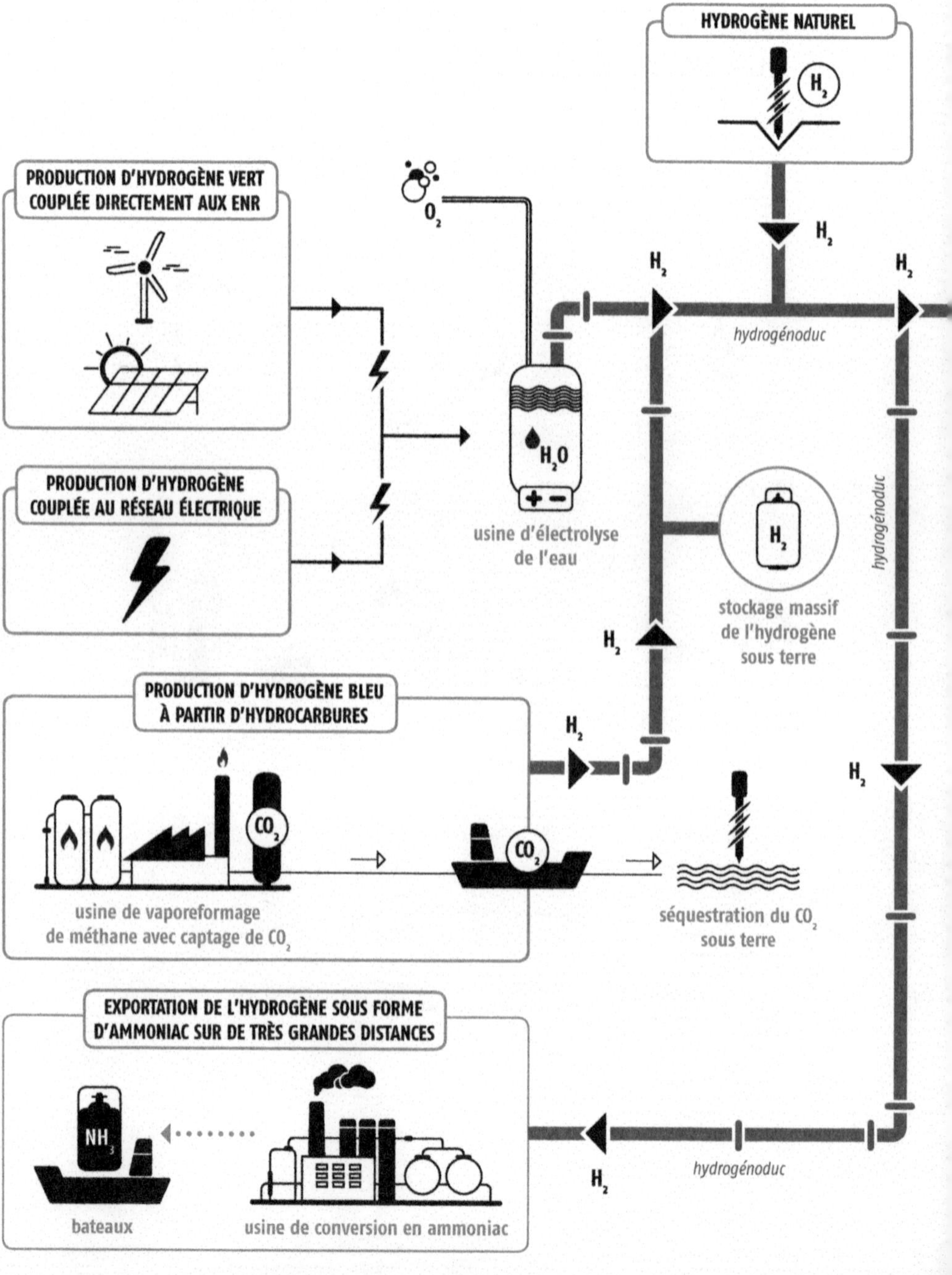

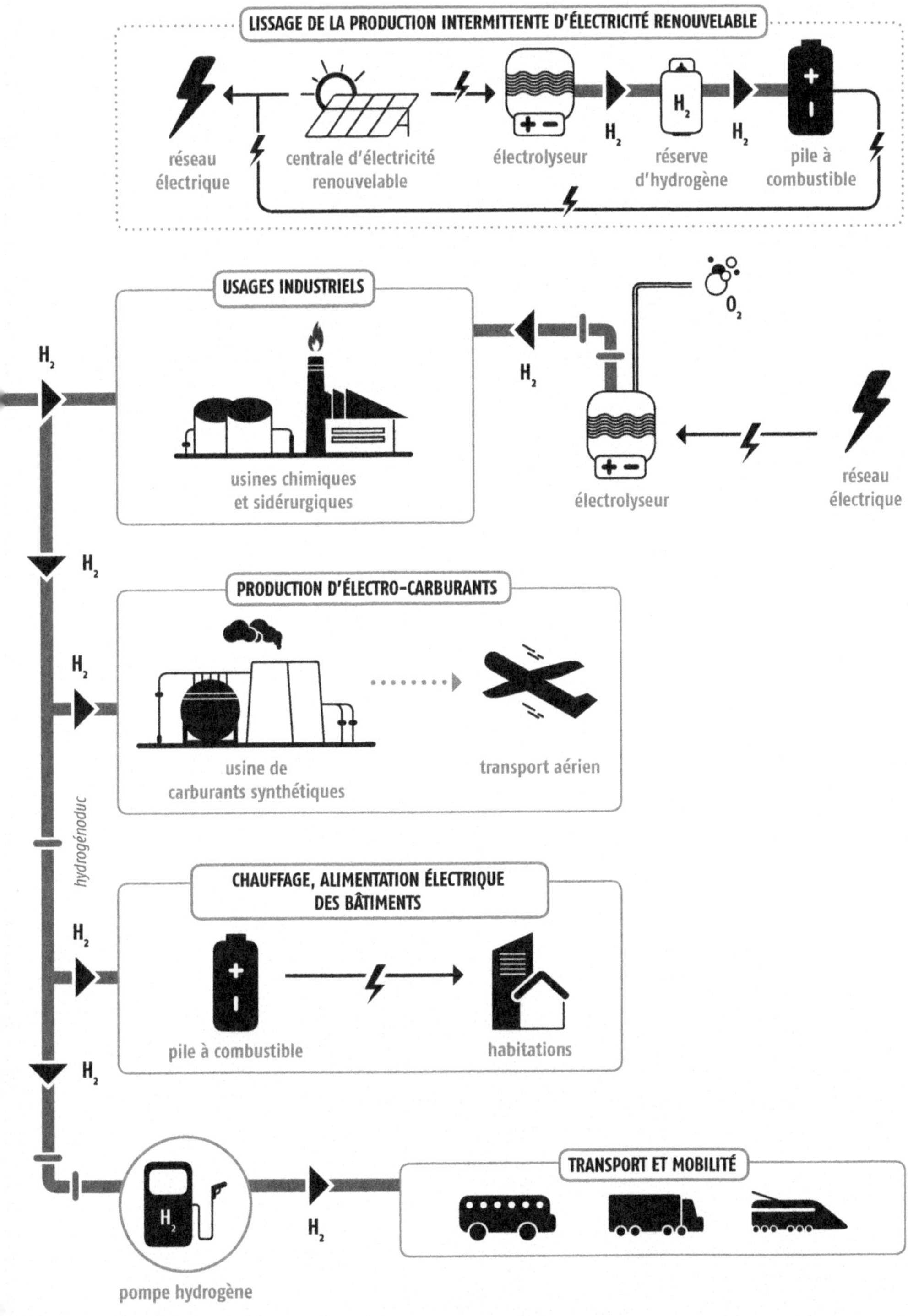
LISSAGE DE LA PRODUCTION INTERMITTENTE D'ÉLECTRICITÉ RENOUVELABLE
réseau électrique
centrale d'électricité renouvelable
électrolyseur
H_2
réserve d'hydrogène
H_2
pile à combustible
USAGES INDUSTRIELS
O_2
H_2
H_2
usines chimiques et sidérurgiques
électrolyseur
réseau électrique
H_2
PRODUCTION D'ÉLECTRO-CARBURANTS
H_2
usine de carburants synthétiques
transport aérien
hydrogénoduc
CHAUFFAGE, ALIMENTATION ÉLECTRIQUE DES BÂTIMENTS
H_2
pile à combustible
habitations
H_2
TRANSPORT ET MOBILITÉ
H_2
H_2
pompe hydrogène

Centre électrique à pile à combustible

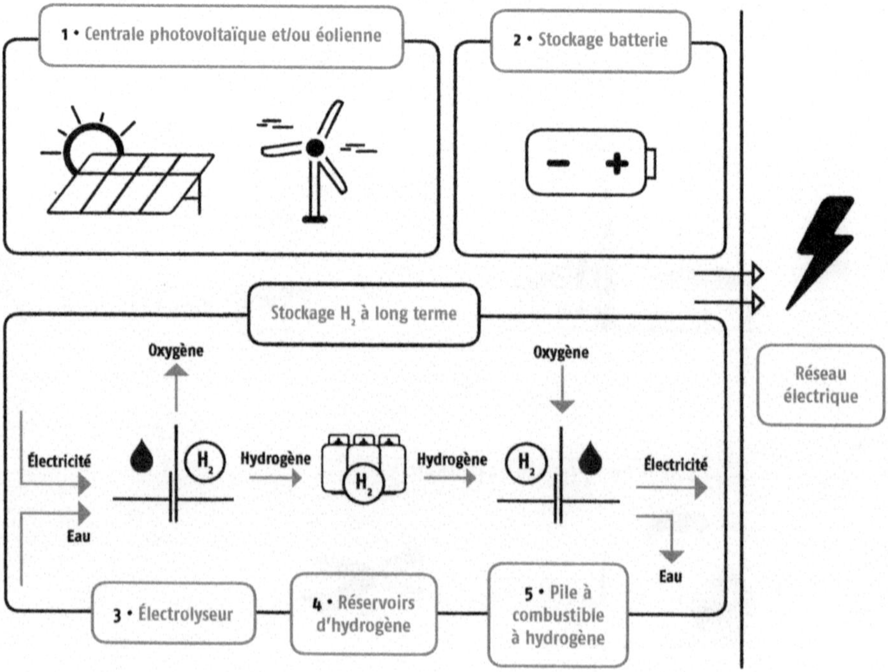

Les jours très venteux, ou caniculaires, l'électricité produite par les éoliennes ou les panneaux n'est pas entièrement consommée, alors les électrons excédentaires alimentent un électrolyseur pour fabriquer de l'hydrogène. Le gaz, comprimé et stocké, sera ensuite reconverti en électricité lors de périodes calmes ou nuageuses, par le biais de piles à combustible de forte puissance, avant d'être injectée dans le réseau électrique. Les batteries permettent de compenser les petites variations de puissance, par exemple lorsqu'un nuage passe[1].

1 Source : www.hdf-energy.com/fr/h2-infrastructure

Électrolyse de l'eau

L'électrolyse de l'eau est un procédé chimique qui décompose une molécule d'eau (H_2O) en ses deux éléments, le dihydrogène (H_2) et le dioxygène (O_2), sous l'effet d'un courant électrique. La machine capable de produire de l'hydrogène par électrolyse de l'eau s'appelle un *électrolyseur*. Il existe trois types d'électrolyseurs différents. L'*électrolyseur alcalin*, le seul qui fonctionne déjà à grande échelle, et donc le plus fiable, a pour désavantage d'être particulièrement gourmand en électricité et lent au démarrage. Cela le rend peu adapté à une alimentation provenant directement d'un parc solaire ou éolien, dont le flux électrique fluctue en fonction des caprices de la météo. La technologie concurrente, l'*électrolyseur à membranes échangeuses de protons* (PEM), qui n'a jamais fonctionné à échelle industrielle sur le long terme, réagit mieux aux fortes variations de puissance imposées par les énergies solaire et éolienne, un atout majeur. Pour fonctionner, un électrolyseur PEM requiert des métaux rares (platine et iridium) ainsi que des polymères fluorés, encore surnommés « polluants éternels » (PFAS). Enfin, il existe l'*électrolyseur haute température*; cette machine catalyse les fantasmes hydrogéniques, mais n'a pas encore passé le cap de l'industrialisation. Contrairement aux deux autres catégories d'électrolyseurs (les PEM et les alcalins) qui décomposent une molécule d'eau *liquide* (à basse température) pour produire de l'hydrogène, l'électrolyseur à haute température casse une molécule de *vapeur d'eau*, et présente un rendement de 95 % environ, soit une vingtaine de points de plus que les électrolyseurs actuellement disponibles[1].

Gazéification du charbon

La gazéification du charbon est un procédé à haute température (entre 750 °C et 1100 °C[2]) qui permet de convertir un combustible solide (le charbon) en un mélange gazeux valorisable d'un point de vue énergétique, appelé « gaz de synthèse » ou « gaz manufacturé », en opposition au « gaz naturel » directement extrait dans le sous-sol. Le mélange gazeux issu de cette première étape, gourmande en énergie, se compose principalement d'H_2, de CH_4, de CO, de CO_2 et de vapeur d'eau (H_2O), dans des proportions dépendant du procédé et de la qualité du combustible solide. Il est possible de produire de l'hydrogène à partir de la gazéification du charbon; auquel cas le gaz de synthèse subit la réaction dite « de gaz à l'eau » (également requise dans le procédé de reformage de méthane à la vapeur). Le bilan carbone associé à la production de 1 kg l'hydrogène à partir de charbon se situe entre 20 et 24 kg de CO_2[3]. Outre la valorisation directe en hydrogène, le gaz de synthèse peut être transformé en carburants liquides synthétiques, les fameux

1 Aruna Chandrasekar, Damian Flynn et Eoin Syron, « Operational challenges for low and high temperature electrolyzers exploiting curtailed wind energy for hydrogen production », *International Journal of Hydrogen Energy*, 2021.
2 Piu Saha, Sumi Handique, « A review on municipal solid wastes and their associated problems and solutions (waste-to-energy recovery and nanotreatment) with special reference to India », dans : Pardeep Singh *et al.*, *Waste Management and Resource Recycling in the Developing World*, Elsevier, 2023.
3 Gérard Longuet (rapporteur), « Rapport d'information sur les modes de production de l'hydrogène », *op. cit.*

« électro-carburants », via un procédé appelé « synthèse Fisher-Tropsch », ou bien être brûlé pour fabriquer de l'électricité.

Giga-usine

Le terme *giga-factory*, ou giga-usine en français, vient de la société Tesla qui, dès 2013, envisageait de construire une usine de production de batteries automobiles à très grande échelle[1]. Le terme s'est depuis diffusé dans les sphères officielles – et notamment au sein des institutions européennes – et s'est imposé dans le secteur de l'hydrogène pour désigner les futures usines géantes de production d'électrolyseurs[2].

Pile à combustible

Une pile à combustible est un générateur, c'est-à-dire une machine capable de produire de l'électricité. Elle fonctionne comme un électrolyseur inversé : au lieu de produire de l'hydrogène à partir d'électricité, ce générateur électrochimique génère de l'électricité à partir d'un combustible, qui peut être l'hydrogène. Pour développer l'utilisation de l'hydrogène en tant que vecteur énergétique, la pile à combustible représente un maillon technique essentiel. Dans une voiture à hydrogène par exemple, une pile à combustible est placée entre le système de stockage H_2 et le moteur électrique. Le générateur aujourd'hui commercialisé fonctionne à partir d'une membrane échangeuse de

1 « Gigafactory », glossaire-international.com, consulté le 6 mai 2024.
2 « Four electrolyser gigafactories to be built in France », hydrogeneurope.eu, 30 septembre 2022.

proton et, comme la technologie électrolytique sœur, requiert des métaux rares et des PFAS[1].

Reformage de méthane à la vapeur

Le reformage de méthane à la vapeur, encore appelé vaporeformage de méthane, représente le mode de production de l'hydrogène le plus courant, et permet de produire la molécule H_2 à partir du méthane, CH_4, présent dans le gaz fossile. Le cœur de la réaction consiste à faire réagir le méthane avec de la vapeur d'eau à haute température (800 °C) ainsi qu'un catalyseur à base de nickel. La molécule CH_4 se décompose alors en H_2, qui est récupéré, et en monoxyde de carbone, CO. Le monoxyde de carbone subit ensuite une « réaction du gaz à l'eau » à plus basse température (400 °C), histoire d'extraire encore un peu plus d'hydrogène. Au total, fabriquer 1 kg d'hydrogène à partir de gaz fossile revient à lâcher directement entre 9 et 13 kg de CO_2 dans l'atmosphère[2].

---

1 Voir aussi la figure n° 3 : « Centrale électrique à pile à combustible », p. 302.
2 Gérard Longuet (rapporteur), « Rapport d'information sur les modes de production de l'hydrogène », *op. cit.*

CHIFFRES ET ORDRES DE GRANDEUR

Les sources de production de l'hydrogène en 2022

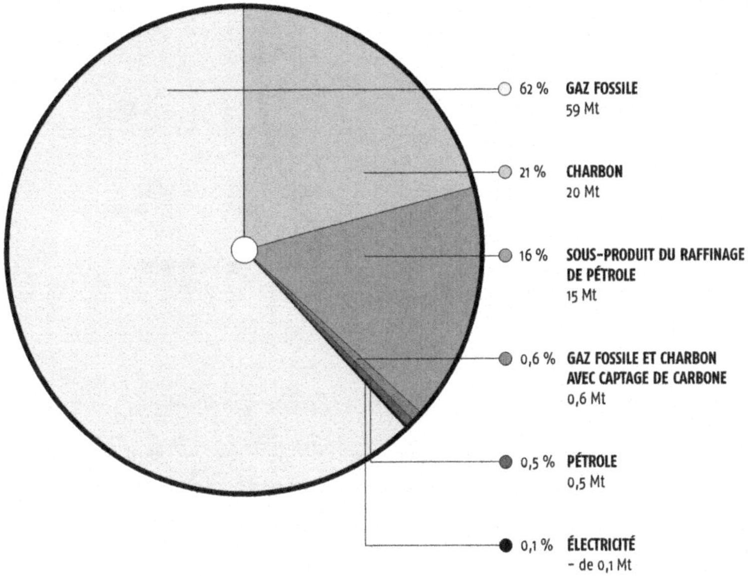

La production mondiale d'hydrogène a augmenté de 3 % pour atteindre 95 millions de tonnes entre 2021 et 2022. La production d'hydrogène à faibles émissions représente toujours moins de 1 % de la production totale[1].

---

1 Source : AIE, « Hydrogen Global Review 2023 », p. 64.

Secteurs consommateurs d'hydrogène en 2022

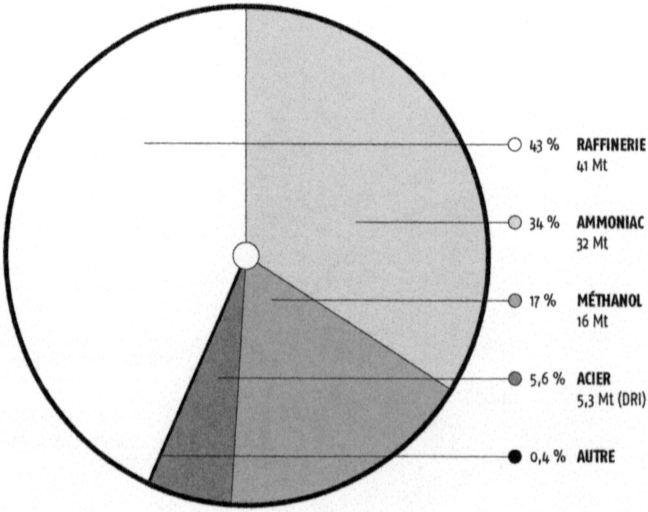

Les secteurs traditionnels (la raffinerie et l'industrie chimique) continuent d'accaparer la grande majorité de la production mondiale d'hydrogène. Le transport routier, la production électrique et le chauffage des bâtiments ont consommé moins de 1 % de l'hydrogène vendus en 2022[1].

1 Source : AIE, « Hydrogen Global Review 2023 », p. 20-63.

Émissions mondiales de CO2 d'origine anthropique classées par combustibles et procédés industriels (changement dans l'usage des sols inclus) en 2023

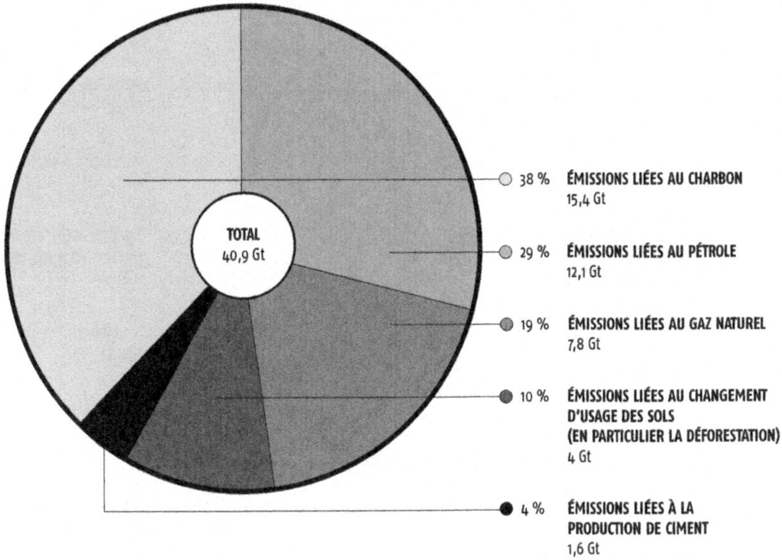

Au niveau mondial, l'équipe de recherche du Global Carbon Budget estime que les émissions mondiales de CO_2 d'origine fossile augmenteront de 1,1 % en 2023, atteignant ainsi les 36,8 Mt de CO_2, soit plus que les niveaux d'émission d'avant Covid-19 en 2019 (36,3 Mt de CO_2). Au rythme actuel, les températures mondiales moyennes risquent de dépasser la barre des 1,5 °C dans 7 ans à peine (probabilité de 50 %)[1].

1 Communiqué de presse présentant l'étude de Pierre Friedlingstein et al., « Global Carbon Budget 2023 », *Earth System Science Data*, 2023.

Répartition sectorielle des émissions mondiales directes de gaz à effet de serre (CO_2, CH_4, N_2O, etc.) causées par les activités humaines en 2019

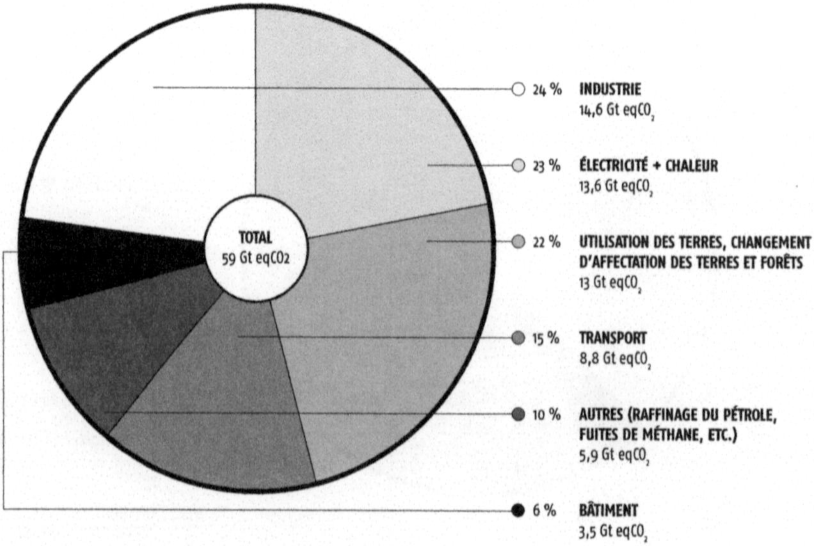

Les émissions directes, représentées par le camembert, attribuent les rejets de gaz à effet de serre au secteur où ils se produisent. Les émissions indirectes réaffectent, quant à elles, les rejets générés par l'électricité et la chaleur aux secteurs qui utilisent ces énergies. Par exemple, si l'on considère que le secteur du bâtiment est responsable des émissions générées lors de la production de l'électricité et de la chaleur qu'il consomme, son impact climatique fait plus que doubler. Notons que les émissions ont augmenté de 12 % par rapport à 2010 et de 54 % par rapport à 1990, principalement tirées par la combustion des énergies fossiles[1].

1 Groupe 3 du Giec, « Atténuation du changement climatique », AR6, 2022, p. 237 ; Giec, « Résumé à l'intention des décideurs », AR6, 2022, p. 4.

DÉCLARATION D'INTÉRÊTS DE L'AUTRICE

Je tiens à déclarer ici toutes mes activités, rémunérées ou non, avec des entités à but lucratif ou financées par des sociétés commerciales, en dehors de mes emplois principaux au cours des cinq dernières années, sur le modèle proposé par la journaliste Stéphane Horel, spécialiste des stratégies de lobbying, des dommages causés par les firmes, des conflits d'intérêts et de la désinformation scientifique[1]. C'est vrai, quoi, quand on prend la peine de lire tout un bouquin qui traite de l'hydrogène, n'est-il pas essentiel de savoir si l'autrice est actionnaire chez Air Liquide ou si sa maman est PDG d'Airbus ? (Laissez-moi d'emblée dissiper vos doutes : ce n'est pas le cas.) Plus généralement, toujours d'après Stéphane Horel, un conflit d'intérêts peut se définir comme « une situation dans laquelle un jugement concernant un intérêt public risque d'être influencé par un intérêt privé[2] », et je suis convaincue que systématiser la déclaration d'intérêts pourrait participer à renouer un lien de confiance entre les journalistes et les citoyens et citoyennes. Dans mon cas, ce sera très bref. Depuis janvier 2023, je suis journaliste rémunérée à la pige (ce qui signifie que je ne suis pas salariée à temps plein pour une seule et même rédaction, je suis amenée à publier des sujets auprès de différents médias),

1 Stéphane Foucart, Stéphane Horel et Sylvain Laurens, *Les gardiens de la raison. Enquête sur la désinformation scientifique*, La Découverte, 2020, p. 323.
2 Stéphane Horel, *Lobbytomie. Comment les lobbies empoisonnent nos vies et la démocratie*, La Découverte, 2018, p. 215.

et cela correspond à mon unique activité professionnelle. Bon, pour être honnête, comme j'ai pris la décision pas du tout lucrative d'écrire un livre, l'essentiel de mes revenus provient en fait de mes droits au chômage (merci Pôle emploi aka France Travail). En 2023, j'ai également reçu une bourse journalistique qui m'a permis de faire un petit tour d'Europe en train (en Norvège, en Belgique, en France) pour investiguer sur l'hydrogène bleu. Avant de devenir journaliste pigiste, j'ai travaillé pendant un an et demi pour un magazine spécialisé dans l'actualité de l'industrie et de l'innovation, où je racontais justement quelles étaient les innombrables nouvelles technologies *à peu près* bas-carbone inventées par le secteur de l'énergie et des transports. Lors de voyages de presse, qu'il s'agisse de visites de salons industriels, d'inauguration d'usines ou d'autres reportage en terre industrielle, il était fréquent que mes frais de transport en train et/ou en bus, les déjeuners, voire l'hébergement à l'hôtel, soient pris en charge par les entreprises ou agences de communication organisatrices de l'événement. Bien que cela pose d'évidents problèmes d'indépendance, rares sont les titres de presse professionnelle à décliner cet avantage en nature.

Dans un souci de transparence, et même si cela sort de la définition stricte d'un conflit d'intérêts, je vais également détailler mes engagements syndicaux et associatifs. Pour l'année 2024, je suis adhérente à l'Association des journalistes de l'énergie (AJDE), à l'Association des journalistes scientifiques de la presse d'information (AJSPI), ainsi qu'au syndicat des journalistes SNJ-CGT. Par ailleurs, à titre personnel, je suis membre d'une chorale féministe et d'une fanfare militante. Je ne suis adhérente à aucun parti politique.

REMERCIEMENTS

Croyez-le ou non, après avoir accouché d'une enquête de 300 pages, c'est la section dédiée aux remerciements que j'ai du mal à mettre en mots. Ce livre condense un nombre infini de rencontres, de lectures, de conversations. C'est l'aboutissement d'un long processus, ponctué par des moments de joie, de doute, de fatigue, d'exaltation. Alors, par où démarrer ?

Quitte à sortir des conventions, je commencerai par remercier les gens que j'aime – celles et ceux qui me connaissent savent combien l'amitié occupe une place centrale dans ma vie. Merci à mes formidables parents, et à mon amour de sœur, pour votre soutien inconditionnel, il m'est si cher, et merci à papy-vélo (qui prévoit de dévaliser les librairies alsaciennes). Pour ta précieuse amitié, Fanchon, ma confidente, ma camarade, mon amisœur, merci. Phane, Émilie, Emma, Ludi, Laurent, Yvon, merci de faire partie de ma vie ; Lara, Candice, Mélanie, Paul, merci pour vos petites attentions et votre malice ; merci aussi, ma chère Magali, pour ton brin de folie ; et merci, évidemment, à la bande de toujours (petit clin d'œil à bébée Ellie), à Benjamin et à Antoine. Et puis, merci Alinénor, Zita, Loïc, aux premières loges pour entendre mes proses sur la vie et la mort de l'hydrogène. Merci Pauline et Florence pour vos riches suggestions. Merci Gilles, pour tous tes compliments et tes analyses politiques piquantes.

Un merci très spécial à ma merveilleuse amie Pauline Fricot, également journaliste, sans qui ce livre n'aurait jamais vu le jour.

Stéphane Horel, je te remercie, du fond du cœur, pour tes conseils, tes encouragements, ta sororité, et pour tout ton travail journalistique inspirant.

Sur le travail d'enquête et d'écriture plus spécifiquement, je remercie chaleureusement les chercheurs et chercheuses qui m'ont reçue en entretien, ou que j'ai eu l'occasion d'interviewer par téléphone, cité·es au fil des pages du livre. Vos analyses m'ont bousculée, parfois (c'est ce que je préfère), elles ont en tout cas affiné ma compréhension du réel. J'espère avoir traduit votre pensée le plus justement possible. Je tiens également à remercier l'ensemble des spécialistes qui ont pris le temps de relire certaines parties du livre et de vérifier les chiffres et calculs que j'ai effectués ; Aurélien Bigo (chercheur sur la transition énergétique des transports), Loïc Bonifacio (consultant sur la mobilité hydrogène), Christophe Coutanceau (chimiste), Victor Court (économiste), Didier Hauglustaine (climatologue), Clair Juilliet (historien), Thomas Le Guenan (ingénieur de recherche), Fabrice Patisson (professeur en génie des matériaux), Philippe Quirion (économiste), Vincent Roche (géologue), Ndongo Samba Sylla (économiste), Sébastien Sauvé (chimiste), Nicolas Simoncini (historien).

Merci aux équipes de JournalismFund et de Climate Arena d'avoir soutenu mes projets d'enquête sur l'hydrogène bleu et, plus généralement, de financer l'investigation sur le long cours dans une perspective collaborative et transfrontalière ; dans l'époque qui est la nôtre, où les rédactions sont soit sans le sou, soit aux mains de quelques riches hommes d'affaires, parfois les deux, votre travail est absolument essentiel.

Merci, et c'est sincère, aux personnes du monde de l'industrie d'avoir accepté de me recevoir. J'ose croire que vous comprendrez ma démarche, et l'importance que je porte à la mise en débat des choix relatifs à notre avenir énergétique (et à notre avenir tout court).

Enfin, un immense merci à mon éditrice Josépha pour sa confiance et ses lectures (et relectures, et re-relectures) attentives, et merci aussi à Pauline et Lucie. Je suis fière de figurer parmi les autrices du passager clandestin.

TABLE DES MATIÈRES

Ce livre a été imprimé en France par les imprimeries Corlet sur un papier certifié PEFC provenant de forêts gérées de façon durable et sous le label Imprim'Vert, qui garantit des pratiques respectueuses de l'environnement au sein de l'imprimerie. Nos publications sont diffusées par Harmonia Mundi, diffuseur et distributeur indépendant situé à Arles. Le passager clandestin est une Scop (Société coopérative et participative) qui réunit trois éditrices. Ce livre est le résultat de leur travail organisé de manière collaborative, horizontale et joyeuse entre l'Ardèche, le Morbihan et le 18e arrondissement parisien.

IMPRIM'VERT®

IMPRIMÉ EN FRANCE
Dépôt légal : 2e trimestre 2024
Achevé d'imprimer en mai 2024
sur les presses de l'imprimerie Corlet en Normandie.

Numéro d'impression : 23110419
ISBN : 978-2-36935-354-6